Johann Brandstetter
Josef H. Reichholf

Symbiosen

Das erstaunliche
Miteinander in der Natur

NATURKUNDEN

NATURKUNDEN N° 35

herausgegeben von Judith Schalansky
bei Matthes & Seitz Berlin

Für

Sabine Brandstetter & Miki Sakamoto-Reichholf

Inhalt

Einführung

Bilder sagen bekanntlich mehr als tausend Worte. Die Bilder, um die es in diesem Buch geht, beeindrucken zudem durch die Art und Weise, wie sie uns nahebringen, was wir draußen in der Natur kaum erkennen würden. Zu vielfältig ist, was wir mit »Natur« meinen, zu schwer durchschaubar ihr Netzwerk von Beziehungen, und zu wenig geschult sind unsere der Natur entwöhnten Sinne. Es bedarf der Augen des Künstlers, der in der Lage ist, das herauszuholen und abzubilden, was wichtig ist und zusammengehört. Und auf all das verzichtet, was nicht direkt zu dem gehört, worum es geht. Hervor tritt nun das Verborgene, das schwer Erkennbare, das Besondere. In dieser Fähigkeit liegt das Wesen der Kunstfertigkeit, die den Künstler im Bereich der exakten Naturdarstellung auszeichnet und über die unerreichbare Präzision des Fotos hinaushebt in einen anderen Darstellungsbereich, der das Gegebene mit dem Sinn verbindet. Das solcherart entstandene Bild gibt es nicht wirklich, und es ist doch Abbild der Wirklichkeit; ein viel inhaltsträchtigeres und aussagekräftigeres Bild als die auf Berechnungen basierenden Bildmodelle, mit denen Computer arbeiten. Bei der Betrachtung der Bilder empfinden wir auch ohne große Erklärung, was sie ausdrücken wollen. Vage vielleicht zunächst, zumal wenn die Lebewesen, um die es geht, skurril, fast unwirklich aussehen, weil wir mit ihnen nicht vertraut sind. Oder weil es in Details geht, die man nicht direkt sehen kann. Wie etwa im Fall der so innigen Partnerschaft von Pilz und Alge, die wir, in vielgestaltigen Formen, als Flechten erkennen – und für ganz normal eigenständige Pflanzen halten mögen, so wie Lebermoose oder andere dem Boden aufliegende Kleingewächse. Doch sie unterscheiden sich so grundlegend von den Pflanzen, dass sie eigentlich gar nicht zu diesen gerechnet werden dürften. Oder doch? Denn wenn wir den Blick auf die Pflanzen im Allgemeinen richten und diese genau untersuchen, stellt sich heraus, dass auch sie eine Gemeinschaft darstellen, die sich schon in der fernen Frühzeit des Lebens auf der Erde entwickelt hat. Denn die grünen Körnchen, die erst bei stärkerer Vergrößerung unter dem Mikroskop erkennbar werden, die Chloroplasten, wie sie im Fachausdruck genannt werden, sind Untermieter, die in engster Gemeinschaft mit den Pflanzen leben und sie erst zu den grünen (!) Pflanzen machen. Damit ist die Grundlage allen höheren Lebens, die Pflanzenwelt, eine Symbiose. Dieses Prinzip, das Zusammenleben unterschiedlicher Organismen zu beiderseitigem Nutzen, durchzieht das ganze Leben bis zum Menschen. Auch wir stellen eine komplexe Lebensgemeinschaft dar, in der wir selbst, also das was an uns im eigentlichen Sinne »Mensch« ist, gar nicht einmal den Hauptanteil an lebenden Zellen stellen. Es gibt mehr Mikroben in und auf uns, als unser Körper Zellen hat. Wir brauchen sie. Ohne die Bakterien, die in unserem Darm leben, würden wir verhungern oder permanent am Tropf hängen müssen. Ohne die mikrobielle »Flora« auf unserer Haut, im Mund und Rachenraum sowie in anderen Körperöffnungen, die uns schützt, fielen wir in kürzester Zeit gefährlichen Keimen und wuchernden Pilzen zum Opfer. Schließlich würde unser zwischenmenschliches Leben nicht funktionieren, gäbe es nicht das, was wir so selbstverständlich Arbeitsteilung nennen und fürs tägliche Leben voraussetzen. Irgendwo stellt irgendjemand unser tägliches Brot her, erzeugt das, was wir »einfach einkaufen« und allenfalls kritisch betrachten, ob es auch hinreichend frei ist von Schadstoffen. Wir fahren mit Rädern oder Autos, die andere gefertigt haben, nutzen Informationen aus den unterschiedlichsten Quellen und das Internet, das inzwischen als fast ebenso selbstverständlich vorausgesetzt wird wie die Luft zum Atmen und der Strom, der aus der Steckdose kommt. Unser ganzes Leben hängt von einem höchst vielfältigen Geflecht ab, das wir Gesellschaft nennen und das längst nahezu die ganze Menschheit mit einschließt. Robinson allein auf entlegener Insel ist eine schöne Geschichte, und selbst darin ist der Diener Freitag eingebunden. Im wirklichen Leben ist niemand eine Insel für sich allein. Nicht einmal große Gesellschaften können sich über längere Zeit vom Rest der Welt abschließen, ohne zugrunde zu gehen. Auch wenn Diktatoren meinen, sie könnten dies erzwingen und der übrigen Menschheit die Stirn bieten. Noch weniger können wir uns von der Natur abschließen. Sie ist unsere Lebensgrundlage und bleibt es. Untrennbar sind wir in das Netzwerk des Lebens eingebunden und auf diese umfassende Symbiose angewiesen. Wie sie entstanden ist, in welch verschiedenen Intensitäten Symbiosen vorkommen und worin ihre Vorteile liegen, davon handelt dieses Buch. Die Bildtafeln führen uns die Formen von Symbiosen vor; einen Ausschnitt lediglich aus der schier unendlichen Fülle symbiotischer Beziehungen. Doch es sind bezeichnende und wichtige Symbiosen, die auf ihnen zu sehen sind. Und schöne, eindrucksvolle Beispiele zudem. Sie folgen keiner durchgängigen Linie, denn eine solche gibt es nicht im weit verästelten Geflecht des Lebens. Aber sie zeigen, dass es nicht nur unterschiedliche Intensitäten der Beziehungen gibt, sondern auch solche, die leicht umschlagen können in einseitige Ausnutzung, in Parasitismus. Symbiosen waren von Anfang an und bleiben zumeist ein Sichzusammenraufen von Partnern mit unterschiedlichen Interessen. Keineswegs immer funktioniert das gleichermaßen gut. Und das kommt uns irgendwie auch menschlich vor. Ideale Beziehungen gibt es selten, wenn sie überhaupt zustande kommen. Aber auch nicht ganz vollkommene können sehr vorteilhaft sein – und langfristig erfolgreich. Ganz so wie die Symbiose.

Lebensprinzip Symbiose

Symbiose, was ist das?

Symbiose bezeichnet das Zusammenleben verschiedener Arten von Lebewesen. Sym-Biose – Zusammen-Leben. Genau das soll der Fachbegriff mit den griechischen Wortteilen ausdrücken. Doch so einfach, wie das klingt, verhält es sich mit diesem Zusammenleben oftmals nicht. Das kennen wir von uns selbst.

Auch wenn Harmonie erstrebenswert wäre, kommt es allzu leicht und viel zu oft zu Dissonanzen und Brüchen, zu Konflikten und Trennungen. Läuft die Symbiose in der Natur besser? Was für ein Zusammenleben soll diese Bezeichnung überhaupt kennzeichnen? Die Bildtafeln führen beispielhafte Symbiosen vor Augen. Manche sind offenbar sehr eng und funktional. Andere locker; vielleicht eher Wunschbilder der sie beobachtenden Menschen als dauerhafte und stabile Bindungen unterschiedlicher Arten. Einige können wir gut nachvollziehen, weil die wechselseitigen Vorteile klar ersichtlich sind. Und um die

Fragen nach den Vorteilen geht es stets. Ein mehr oder weniger enger Zusammenhalt funktioniert dann, wenn die Beteiligten daraus Vorteile schöpfen. Diese müssen nicht gleich groß oder gleichermaßen bedeutend sein. Dem einen Partner können sie viel bringen, dem anderen weniger. Aber das Wenige ist mehr als nichts und daher letztlich doch ein Vorteil. Wägt die Natur so geradezu geschäftsmäßig ab? Vor- und Nachteile können wir berechnen. Oft nur unzureichend oder gar falsch, weil wir ein Geschäft für gut empfinden, auch wenn es, objektiv betrachtet, also aus der Sicht von Unbeteiligten, gar nicht so gut geraten war. Worauf sich eine Bilanz beziehen soll, ist im Geschäftsleben nicht immer klar. Wie könnten sonst Bilanzen so leicht gefälscht werden? In großem Stil sogar offensichtlich viel leichter als im kleinen täglichen Leben. Vorsicht ist also geboten, wenn wir »die Natur« ökonomisch betrachten. Weil in unserer eigenen Ökonomie vieles nicht stimmt. Aber auch weil die allermeisten, im wirklichen Leben in der Natur forschenden Biologen Idealisten sind. Vorübergehendes, Vergängliches wird allzu leicht für dauerhaft gehalten. Auch das kennen wir aus dem politischen und wirtschaftlichen Leben, wollen es aber zumeist nicht wahrhaben. Denn durch die gebotene Skepsis könnte eine schöne Vorstellung als illusorisch entlarvt werden. Andererseits ist es unumgänglich, Ideale zu verfolgen, Förderliches zu unterstellen, um zu einem halbwegs guten Zustand zu gelangen, in dem das Zusammenleben der Menschen funktioniert, Wirtschaft und Gesellschaft allen Widrigkeiten zum Trotz gedeihen und Nachteile in Kauf genommen werden können, weil die Vorteile letztlich überwiegen. Wenn für dieses mittel- und längerfristige Abwägen über die unmittelbare Bewertung hinaus Bilanzen erstellt werden, sollten diese aber nicht zu technisch verstanden werden. Worum es geht, ist das Leben, das Überleben. Versuchen wir daher, uns den Beziehungen möglichst unvoreingenommen zu nähern. So leben in der Natur beispielsweise Vögel und Insekten zusammen. Wenn die Vögel die

Insekten fangen, ist das aber noch keine Symbiose. Oder wenn sie die Samen und Sprosse von Pflanzen verzehren. Das bloße Resultat der Notwendigkeit der Ernährung ist mit der Symbiose nicht gemeint, auch wenn Vorhandensein und Häufigkeit von Insekten für die davon lebenden Arten der Vögel die Grundlage ihres Lebens bilden. Symbiose soll ein Verhältnis sein, bei dem alle Beteiligten Vorteile haben. Direkt, nicht über den Umweg eines komplexen ökologischen Systems, in dem langfristig auch die Insekten »etwas davon haben«, dass viele unter ihnen von Vögeln gefangen und gefressen werden und dadurch der Ausbruch von Krankheiten verhindert wird, die die Insekten viel stärker dezimieren würden als die Vogelschnäbel. Lassen wir daher solche Wechselwirkungen vorerst außer Acht, so wie wir bekanntlich gern verdrängen, dass der Tod zum Leben gehört und durch ihn letztlich das Weiterleben über die Generationen und die Weiterentwicklung in der Evolution ermöglicht wird. Im Hier und Jetzt geht es bei Mensch, Tier und Pflanze um das individuelle Leben und Überleben. In vielfacher Hinsicht ist es ein »Kampf ums Dasein«, wie es Herbert Spencer im frühen 19. Jahrhundert ausgedrückt und Charles Darwin übernommen hatte. Allerdings nicht als »fight« (Kampf), sondern als »struggle«, was durchaus ein Durchwursteln bedeuten kann. Und für so ein Durchkommen, für das Überwinden möglichst vieler Fährnisse des Lebens, helfen Kämpfe meistens weniger als passende Partnerschaften, Kooperationen. Symbiose meint solche Kooperationen. Nicht immer sind sie offensichtlich oder leicht zu erkennen. Manche sehr vorteilhafte Symbiosen entwickeln sich im Verborgenen oder sie sind so eng geworden, dass die Partner nach außen wie eine Einheit wirken. Die schon genannte Symbiose zwischen Pilz und Alge in den Flechten ist das bekannteste Beispiel dafür. Sie ist so innig, dass die pflanzenartigen Flechten wie eigenständige Lebewesen aussehen. Die Pilz-Algen-Partnerschaft wird erst bei sehr genauer mikroskopischer Untersuchung erkennbar. Und es gibt noch

Für das Überwinden möglichst vieler Fährnisse des Lebens helfen Kämpfe meistens weniger als passende Partnerschaften, Kooperationen. Symbiose meint solche Kooperationen. Nicht immer sind sie offensichtlich oder leicht zu erkennen.

engere Partnerschaften. Ihre Gemeinschaft ist so weit fortgeschritten, dass man kaum glauben kann, wie sie in ferner Vergangenheit zustande gekommen sein sollen, um dann eine neue, höchst erfolgreiche Einheit zu bilden, wie die Körnchen von Blattgrün in den Pflanzen, die einst frei lebende Bakterien gewesen waren. Wenn wir uns über einfachere Fälle die Entwicklung zur Gemeinschaft klargemacht haben, werden wir schließlich auch diese Symbiosen als solche erkennen und verstehen. Hierfür wird es nötig, die Symbiose genauer in das Spektrum der Beziehungen von Organismen untereinander einzuordnen. Die meisten Formen sind uns vertraut aus Entsprechungen in unserer Menschenwelt.

Beginnen wir mit gut überschaubaren Fällen. Solche zuerst zu betrachten, hat den Vorteil, dass sie nicht vorbelastet sind von Parallelen bei uns Menschen, die wir mit Wertungen verbinden. Beispiele hierfür gibt es genug. Auch dafür, welch ungünstige Folgen Eingriffe in Symbiosen haben können, die Menschen um eines kurzfristigen Gewinnes willen vornehmen. Andere Fälle von Symbiosen werden uns danach zeigen, dass durchaus viel Gutes im Schlechten stecken kann. Und manch kurzfristige Verbesserung wird sich tatsächlich als mittel- und langfristige Verschlechterung herausstellen. Schließlich werden wir Symbiosen entdecken, die aufgrund der Erkenntnisse der biologischen Forschung unsere Vorstellungen vom Leben selbst revolutioniert haben. Es sind dies die höchsten, die intensivsten Stufen der Symbiose.

(Kein) Einfaches Miteinander

In einem ostafrikanischen Nationalpark haben Löwen gerade eine Antilope erbeutet und fangen an, sie aufzufressen. Von irgendwoher aus der Savanne kommen zwei Schakale, umschleichen die großen Raubkatzen und versuchen, durch blitzschnelle Vorstöße zum Kadaver einige Fleischstückchen davon abzubekommen. Sie betätigen sich als »Mit-Esser«, Kommensalen. Klein und unbedeutend sind sie im Vergleich zu den Löwen. Sie wiegen nur 5 bis 10 Kilogramm, also kaum ein Zwanzigstel der Löwen. Zwar verhalten sie sich sehr dezent, aber irgendwie bekommt man als Betrachter der Szene den Eindruck, dass die großen Löwen auch für die kleinen Schakale mitjagen. Den Löwen fehlen die Stückchen nicht, die sich die kleinen Hunde aneignen. Die Portionen sind zu winzig, um sich für die Großkatzen als Verlust an der Beute auszuwirken. Für die Schakale sind die erhaschten Stückchen aber groß genug zum Überleben. Und anders als die hart gepanzerten Käfer, die sie an den Mistkugeln der Elefanten finden, besonders attraktiv, weil »voller Fleisch«. Bei ihrer Kleinheit wären sie nie in der Lage, ein Tier zu erbeuten, das zehn- bis hundertmal schwerer ist als sie selbst. Den Prankenschlag einer ärgerlichen Löwin riskieren sie allerdings. Zu selten einmal trifft dieser den schnellen Schakal. Die Menge an Energie, welche die Löwen aufzuwenden hätten, um die ihnen vielleicht doch lästigen Mitesser fernzuhalten, würde größer werden als der Gewinn. Also weisen sie deren Dreistigkeit bloß einigermaßen in die Schranken, mehr nicht. Weil mehr nicht lohnt. Die Menge macht den Unterschied.

Die Schakale eignen sich als Einstieg für die Betrachtung, wie Symbiosen zwischen recht unterschiedlichen Partnern zustande kommen – und auch dafür, wie es nicht geht. Als beobachtende Dritte empfinden wir die Dreistigkeit, mit der sie die mächtigen Löwen heimsuchen, als irgendwie liebenswürdig. Sie kommen nicht als unterwürfige Bettler, denen Stückchen vom üppigen Mahl aus Mitleid abgegeben werden. Eher wirken sie wie kleine Diebe, die schnell genug sind, um ihren Mundraub nicht verheimlichen zu müssen. Wäre ihnen dieser noch mehr zu gönnen, wenn die Schakale eine, wenn auch nur geringe Gegenleistung für die Löwen erbringen würden? Etwa indem sie vor sich nähernden Hyänen warnten, die den Löwen die ganze Beute streitig machen könnten, wenn sie in Überzahl anrückten. Entsprechende Warnrufe würden die Schakale wenig bis nichts »kosten«, könnten aber hilfreich sein für die Löwen, um sich auf die drohende Gefahr einzustellen. Nur eine Denkmöglichkeit? Nein! Nicht selten spielt sich Ähnliches im Verhältnis zwischen anderen Tieren in der afrikanischen Savanne ab. Da fliegen bei drohender Gefahr Madenhacker, starengroße, buntschnäbelige Vögel, warnend auf, wenn sich Löwen oder Menschen nähern. Nach Art der Spechte klettern die Madenhacker an den Körpern großer Säugetiere herum (Bildtafel 4). Ihr plötzliches Auffliegen wirkt als Signal. Für Giraffen, Büffel, Antilopen und

Gazellen, ja selbst für Elefanten ist es zudem gewiss vorteilhaft, von Zecken befreit zu werden. Nach diesen suchen die Madenhacker an den Tierkörpern und werden dabei toleriert und nicht abgeschüttelt. Auch wenn sie mitunter offene Wunden anpicken und sich Fleischstückchen daraus holen.

Für die Madenhacker könnten die Tierkörper einfach nur geeignete Orte zur Nahrungssuche sein. Nichts weiter. Büffel und Co heißen ja keine Zecken willkommen, damit diese von Madenhackern abgepickt werden. Ziemlich sicher würden die Tiere auf Zecken und andere Außenparasiten verzichten, wenn sie sich davon dauerhaft befreien könnten. Wie wir Menschen auch. Trotz der ins Auge springenden Vorteile ist die Wechselseitigkeit also vielleicht gar nicht so ausgeprägt, wie es den Anschein hat. Der Alarm der Vögel beim plötzlichen Wegfliegen bringt möglicherweise auch kaum etwas, weil die angreifenden Löwen längst zu nah sind, bis sie von den Madenhackern bemerkt werden. Eher sieht es bei den Rehen und Gänsen (Bildtafel 2) nach beiderseitigem Vorteil aus, wenn die einen dank ihrer guten Augen sich nähernde Gefahren auf größere Entfernung und unabhängig vom Wind rechtzeitig erkennen, während die anderen bei schlechter Sicht mit ausgezeichnetem Gehör und Geruchsvermögen im Vorteil sind. Angewiesen aufeinander bleiben Rehe und Gänse trotz dieser beiderseitigen Vorteile jedoch nicht. Den weitaus größten Teil des Jahres und fast überall in ihren Verbreitungsgebieten kommen sie allein zurecht. Die Madenhacker hängen hingegen in ihrer Lebensweise und Existenz voll und ganz von den Großtieren und den Zecken, die an diesen sitzen, oder den Hautverletzungen ab, die sie sich im dornigen Gelände zugezogen hatten. Das Verhältnis Madenhacker – Savannentiere wäre folglich recht einseitig zugunsten der Vögel gelagert, würden diese nicht in beträchtlichem Umfang Zecken vertilgen. Das vermeintlich oder tatsächlich wichtige Warnen, das uns beim Zusehen auffällt, ist gewiss ungleich weniger bedeutsam als die Dezimierung der Zecken, die Blut saugen.

Könnten wir uns da nicht auch täuschen? Denn wenn die von den Zecken verursachten Blutverluste für Büffel, Antilopen und Gazellen gar nicht wichtig sind und sich durch Scheuern an Baumstämmen größere Zeckennester auf der Haut vernichten ließen, wären die Madenhacker verzichtbar. Es gibt sie ja auch nicht bei Großtieren in Amerika und Asien, sondern nur in Afrika südlich der Sahara. Vielleicht halten nur wir Menschen ihre Existenz für so bedeutsam, weil uns die Zecken so lästig sind und wir ihre Gefährlichkeit als Überträger von Krankheitserregern kennen. Die afrikanischen Großtiere könnten längst immun gegen von Zecken übertragene Erreger sein. Sie sind es gegenüber Trypanosomen, die von den ebenfalls Blut saugenden Tsetsefliegen übertragen werden und beim Menschen die Schlafkrankheit, bei nicht aus Afrika stammenden Rindern und Pferden die Naganaseuche verursachen. Der Blutverlust an die Zecken kann ohnehin nicht sonderlich bedeutsam sein. Dafür ist die Masse dieser Blutsauger zu gering. Madenhacker gibt es nur in Afrika südlich der Sahara, Zecken aber fast global. Wie kann es dann sein, dass bei uns Rehe oder die so stark von Zecken befallenen Igel keine den Madenhackern entsprechenden Helfer brauchen, die sie davon befreien? Sind diese Vögel vielleicht doch nicht so bedeutsam, wie es aussieht?

Das schöne und bei der Betrachtung draußen in der afrikanischen Savanne recht überzeugende Beispiel einer Symbiose zu beiderseitigem Vorteil zwischen zwei ganz unterschiedlichen Partnern – Vogel und Huftiere – wirft somit bei vertiefter Betrachtung Fragen und Zweifel auf. Es könnte ja sein, dass sich die Madenhacker einfach die Möglichkeit erschlossen haben, Zecken an den Körpern der Tiere in der afrikanischen Savanne als Nahrungsquelle zu nutzen, ohne dass damit eine richtige Symbiose verbunden ist. Die Warnung vor sich nähernder Gefahr beim Auffliegen der Vögel wäre dann gar nicht von Bedeutung. Sie könnte lediglich von uns als bedeutsam eingestuft werden, weil wir meinen, dass es so sein müsse.

Aber wie steht es um die Zecken? Die Tiere, denen sie abgelesen werden, haben gewiss etwas davon und die Madenhacker allemal auch. Diese Wechselbeziehung macht den Kern der Symbiose aus. Ihr können wir entnehmen, dass kleine Vorteile bereits genügen, das Zustandekommen zu ermöglichen. Es geht nicht von Anfang an um alles oder nichts. Auch die faszinierende Putzersymbiose im Korallenriff (Bildtafel 26) dreht sich »nur« um die Entfernung von Parasiten. Das ist wichtig genug.

Betrachten wir die Madenhacker und die Zecken noch auf eine andere Weise. Und zwar mit folgender Ausgangsfrage: Sind die Madenhacker wirklich gut im Ablesen der Zecken? Wenn das der Fall ist, sollten diese mit der Zeit seltener werden; so selten, dass es schließlich nur noch sehr wenige Zecken gibt – allerdings dann auch fast keine Madenhacker mehr. Von einer solchen Grundannahme geht man in der biologischen Schädlingsbekämpfung aus. Die natürlichen Feinde sollten die Häufigkeit der Schädlinge so weit senken, dass sie keine Schäden mehr verursachen. Am besten wäre es, wenn sie so selten würden, dass wenige natürliche Feinde ausreichten, sie auf ganz niedrigem Niveau unschädlich zu halten. In Afrika hatten die Madenhacker Hunderttausende Generationen Zeit, diesen Zustand zu erreichen. Es gibt sie lange genug. Klugen Madenhackern, wie wir sie zur Vereinfachung nennen wollen, wäre empfohlen, die Häufigkeit der Zecken tatsächlich auf einem für sie günstig hohen (!) Niveau zu halten zu versuchen, um eine beständig ergiebige Nahrungsquelle zur Verfügung zu haben. Womit sich die Deutung ihres Tuns als Symbiose fast ins Gegenteil verkehrt. So betrachtet, wären die Madenhacker eher Parasiten und für die von Zecken befallenen Tiere alles andere als vorteilhafte Symbionten. Als absurd ausschließen können wir solch eine Möglichkeit einer quasi intendierten Zurückhaltung nicht, denn auch die Madenhacker unterliegen ökonomischen Zwängen. Wird ihre Nahrung zu selten, können sie als Spezialisten nicht überleben. Büffel oder Gazellen mit nur wenigen Zecken lohnen für die Madenhacker nicht, sie gründlich abzusuchen. Ergiebig sind nur Großtiere mit starkem Befall. Nicht selten müssen Hautwunden zusätzlich das hergeben, was die Madenhacker brauchen, auch wenn diese nicht mit Maden befallen sind.

Wie wir sehen, sind Symbiosen komplizierte, verschlungene und prekäre Konstellationen, Nutzen und Ausnutzung sind häufig relativ, und so schwingt in ihnen, wie sich noch öfters zeigen wird, ein mehr oder minder großes Maß an Parasitismus mit.

Eine bessere Form der Annäherung …

Nähern wir uns daher entsprechend vorsichtig der Frage, wie aus wilden, gefährlichen Wölfen Hunde werden konnten. Zweifellos handelt es sich dabei um eine echte Symbiose, denn beide Beteiligten, Menschen wie Hunde, haben davon Vorteile, sehr große sogar. Anders als bei den Madenhackern und den Großtieren der afrikanischen Savannen lassen sich diese Vorteile sogar in Zahlen klar ausdrücken. Mit sicherlich weit über einer halben Milliarde Hunde, die es global gibt, genauere Zahlen liegen nur für wenige Länder vor, in denen Hundesteuer erhoben wird, übertreffen diese die wilde Stammform, den Wolf, um das Zehntausendfache.

Die Hunde haben enorm von der Symbiose mit den Menschen profitiert. Wölfe könnten sich nie und nimmer ähnlich stark vermehrt haben. Auf den Anfang bezogen, auf die Jahrzehntausende der letzten Eiszeit, sind die Hunde längst die großen Gewinner, die Wölfe hingegen die klaren Verlierer. In einer geradezu fatalen Weise sogar, denn vielfach richten sich Hunde in Kooperation mit den Menschen, ihren Partnern, gegen die Wölfe, ihre Ahnen. Für die Seite des Menschen ist ebenfalls klar, dass die Hunde große Vorteile gebracht haben. Sie kommen in so vielfältiger Weise zum Einsatz, dass ihre Nützlichkeit absolut außer Frage steht. Die Symbiose Mensch–Hund hat mit dem Blindenhund einen schier unfassbaren Höhepunkt erreicht. Dieser führt die blinde Person mitunter sogar zuverlässiger, als eine Sehende dies könnte. So subtil erfasst der Hund, was für den Menschen wichtig ist. Eine der ganz besonderen Symbiosen ist uns also die Nächstliegende und Vertrauteste. Gleichwohl gehört sie zu den besonders umstrittenen, was ihr Zustandekommen betrifft. Viele, die meisten Menschen wahrscheinlich, die überhaupt über den Hund nachgedacht haben, halten die Hundwerdung des Wolfes für reines Menschenwerk. Durch

gezielte Züchtung sei er zum gezähmten Haustier gemacht, also domestiziert worden. Diese Vorstellung zur Hundwerdung des Wolfes schmeichelt unserer Eitelkeit. Doch zunehmend mehr Hundekenner, zumal solche, die sich mit den frei lebenden Pariahunden intensiv befasst haben, bezweifeln dies und schreiben die Hundwerdung dem Wolf selbst zu. Er habe sich über die Jahrtausende hinweg nach und nach den Menschen angeschlossen, die als Jäger und Sammler während der letzten Eiszeit durch Europa und Asien zogen, und dabei so weit selbst domestiziert, dass aus diesen Hund-Wölfen schließlich die verschiedenen Rassen und Gebrauchsformen echter Hunde gezüchtet werden konnten. Dies geschah erst, nachdem die Menschen sesshaft geworden waren. Es lohnt, in diese Symbiose genauer hineinzuleuchten. Sie wird sich als sehr aufschlussreich erweisen.

Wie kommen die Partner zusammen?

Bei der Hundwerdung des Wolfes wie bei jeder anderen Symbiose geht es zunächst um den Anlass. Warum sollten sich wilde Wölfe, die effizientesten tierischen Jäger der eiszeitlichen Mammutsteppen, den mit Wurfspießen, Pfeil und Bogen jagenden Menschengruppen während der Eiszeit angeschlossen haben, wenn diese doch Konkurrenten um das Großwild gewesen sein mussten? Gerade die Gemeinsamkeiten von Wölfen und Menschen, das Leben in eng zusammenhaltenden Gruppen und die Jagd nach Großtieren, hätte von Anfang an konfliktträchtig sein können. Sogar in unserer Zeit fällt es den allermeisten Jägern sehr schwer, den Wölfen ein Lebensrecht zuzubilligen und sie bei ihrer Jagd nach Wildtieren gewähren zu lassen. Die Wölfe werden immer noch verteufelt. Ihre Gefährlichkeit für die Menschen wird maßlos übertrieben. In Wirklichkeit sind die Haushunde ein Vielfaches gefährlicher als ihre wilde, nicht gezähmte Verwandtschaft. Hundebisse mit tödlichem Ausgang werden jedoch hingenommen und Zehntausende Bissverletzungen Jahr für Jahr allein in Deutschland geradezu als Selbstverständlichkeit erachtet. Die Hundehalter haben entsprechende Versicherungen. Und so kontrastiert der »böse Wolf« mit dem »guten Hund«, dem »besten Freund des Menschen«. Dies als Ambivalenz zu bezeichnen mutet wie eine massive Untertreibung der Schwarz-Weiß-Malerei des Verhältnisses vom Wolf zum Menschen und vom Hund zum Menschen an. In Gesellschaften, in denen seit Langem keine Wölfe mehr leben, würde ihre Wiederkehr archaische Ängste erwecken. Davor warnen die Jäger und bieten sich an, uns vor den Bestien zu schützen. Sie allein, ausgestattet mit der Lizenz zu töten, können dies.

Kein Wunder, dass man in der Züchtung des Hundes eine besondere zivilisatorische Leistung sehen wollte. Der wilde Wolf ist gezähmt, den Menschen untertan und handhabbar gemacht. Woher die Motivation gekommen sein sollte und warum nicht die viel mächtigeren Löwen Ziel der Domestikation gewesen waren, lässt sich dem Gegenwartsbild des Wolfes nicht entnehmen. Noch weniger klar ist, woher die Steinzeitmenschen gewusst oder wenigstens erahnt haben könnten, wie nützlich die zu Hunden umgeformten, domestizierten Wölfe irgendwann in der Zukunft werden könnten. Genau hier tritt ein Kernproblem zutage, das bei der Deutung von Symbiosen im Speziellen und Vorgängen in der Evolution im Allgemeinen häufig gar nicht beachtet wird, das »um zu«-Problem. Wenn das Ergebnis gänzlich unbekannt in der Zukunft liegt, wie kann es dann angepeilt werden? Weshalb sollten sich Eiszeitmenschen mit gefährlichen Wölfen einlassen, wenn sie keine Ahnung vom Hund haben, der Jahrtausende später der Menschen bester Freund sein würde? Wir brauchen, um das Zustandekommen einer Symbiose nachvollziehen zu können, einen anderen Ansatz als die »um zu«-Erklärung. Wie wir dazu kommen, liegt auf der Hand: Am Anfang müssen Vorteile gegeben sein, zumindest für eine Seite der Beteiligten.

Die andere durfte nur keinen Nachteil haben. Wie bei den Löwen und ihren kleinen Mitessern, den Schakalen. Dass sie ein bisschen lästig fallen, zählt für die großen Löwen nicht wirklich. Deren Beute ist aber für die kleinen Schakale höchst ergiebig. Sie probieren, so viel davon abzubekommen, wie eben geht. Die Löwen tolerieren Verluste, die zu verhindern nicht lohnt. Unter diesem Aspekt können wir die Eiszeitjäger Mensch und Wolf betrachten. In ihrer Effizienz als Jäger übertrafen beide alle anderen Tiere, die wie die Eiszeitlöwen, Hyänen, Bären oder Tiger ebenso hinter den Großtieren des Eiszeitlandes her waren, bei Weitem. Diesen fehlte der hohe Grad an Kooperation, der Wolfsrudel und jagende Menschengruppen auszeichnet. Wir können dieses Manko an dem Niedergang der noch lebenden Vertreter dieser Raubtiere ablesen. Sie alle sind selten geworden, sofern sie überhaupt überlebten.

Wären die Löwen, denen sich die Schakale nähern, um an der Beute mitzufressen, keine Löwen, sondern Menschen der Eiszeit, und handelte es sich bei den Schakalen um Wölfe, bekämen wir ein plausibles Anfangsszenario. Menschen haben große Beute gemacht, zum Beispiel ein Mammut erlegt oder einen großen Hirsch. Die Wölfe versuchen nun einen Teil der Beute abzubekommen. Die Menschen, die diese verteidigen und für sich in Anspruch nehmen, sind gewiss weniger gefährlich, als die Jagd auf sehr große, wehrhafte Beute dies für die Wölfe gewesen wäre. Die Menschengruppe kann ohnehin nicht alles für sich verwerten. Es ist zu viel auf einmal. Ein andermal werden die Menschen vielleicht dem Wolfsrudel ein beträchtliches Stück Hirsch wegnehmen. In der Eiszeitwelt mit Großtieren, die schwierig zu erbeuten sind, kann sich die Häufigkeit der Menschen, wie auch jene der Wölfe, nicht auf die üppigsten Verhältnisse einstellen. Phasen des Mangels setzen die Grenzen, wenn es um das Überleben geht. Beute wird im Winter oder in der Trockenzeit knapp. Große Säugetiere führen zumeist weitläufige Wanderungen im Jahreslauf durch. Löwen, Bären und Hyänen sind nicht gut genug zu Fuß, um den Herden zu folgen. Wohl können dies die nomadisierenden Gruppen der jagenden Menschen und die Rudel der Wölfe. Beide sind Familiengemeinschaften. Beide teilen Beute innerhalb ihrer Gruppe und grenzen sich gegen andere aggressiv ab. An Planung der Jagd und Voraussicht sind die Menschen den Wölfen klar überlegen. Auch im Gewinn und Austausch von Wissen um Verteilung und Häufigkeit der Beute. Diese Überlegenheit der Menschen machte sie attraktiv für Wölfe. Es reichte, wenn von der Jagdbeute der Menschen immer wieder genug für sie abfiel, dass sich Wolfsrudel in Menschennähe aufhielten und sich zunehmend den Menschengruppen anschlossen. Und nach Wolfsart »ihre Menschen« als Teil ihres eigenen Wolfs(jagd)reviers gegen andere Wolfsrudel verteidigten. Je intensiver, desto besser für sie. Denn umso sicherer konnten sie am Jagderfolg der Menschen teilhaben. Sozial und lernfähig, wie Wölfe es sind, lernten sie das Verhalten der Menschen zu verstehen und sich darauf einzustellen. Sie verstanden es, der menschlichen Stimme mehr Bedeutung zu schenken als den eigenen Lautäußerungen. Und sie fingen an, die Körpersprache der Menschen ähnlich zu deuten wie ihre eigenen Ausdrucksweisen.

Viele Jahrtausende können Wölfe auf diese Weise in der Nähe der Menschen gelebt haben, ohne dass diese etwas dagegen unternahmen. Sie tolerierten die Wölfe, weil deren Nähe einen Schutz gegen andere Gefahren bot. Dass das, was die Wölfe verzehrten, aus Sicht der Menschen zumeist Abfall war oder einfach momentaner Fleischüberschuss, der sich ohnehin nicht für längere Zeit hätte aufbewahren lassen, mochte die Toleranz vergrößert und vielleicht dazu verlockt haben, den sich mit den klaren Zeichen von Unterwürfigkeit nähernden Wölfen Futter zuzuwerfen. Fütterung aber schafft Vertrauen und vertieft die Bindung. Mit diesem anfänglichen, sicher sehr lange andauernden »Kommensalismus«, diesem Mitessertum der eiszeitlichen Wölfe, war der Weg zur Hundwerdung eingeschlagen. Die Wölfe, die sich den Menschen angenähert und mit ihnen einen Modus Vivendi entwickelt hatten, überlebten besser als ihre distanzierten, »wilden« Artgenossen. In der Ökologie würde man sagen, dass sie eine »Öko-Form« entwickelt hatten, die sich schließlich stark genug von der Wildform unterschied, um selbständig bestehen zu können. Mit dem nacheiszeitlichen Sesshaftwerden der Menschen vor etwa zehntausend Jahren intensivierte sich diese Abhängigkeit, denn auch die Hund-Wölfe, zu denen sie geworden waren, mussten sich auf die neuen Verhältnisse einstellen, die Ackerbau und Viehzucht nach sich zogen. Mit der Sesshaftigkeit waren die Voraussetzungen für eine gezielte Zucht gegeben. Denn nun konnten Welpen oder läufige Hündinnen eingesperrt und von der frei lebenden Verwandtschaft getrennt werden. Dies ist die entscheidende Voraussetzung für die Zucht!

Die Betrachtung der Hundwerdung des Wolfes als anfängliche Selbst-Domestikation vermittelt eine Vorstellung, wie sich Symbiosen entwickeln können. Von Anfang an sollte eine Partnerschaft Vorteile bringen; einseitig zumindest, am besten aber wechselseitig. Klar wird auch, dass Symbiosen nicht einfach beliebig zustande kommen können.

Fütterung schafft Vertrauen und vertieft die Bindung. Mit diesem anfänglichen, sicher sehr lange andauernden »Kommensalismus«, diesem Mitessertum der eiszeitlichen Wölfe, war der Weg zur Hundwerdung eingeschlagen.

Die Partnerschaft von Menschen und Wölfen hatte nicht mit der Züchtung zum Hund beginnen können. Sie muss ihren Anfang genommen haben mit wilden Wölfen. Die Eiszeitmenschen konnten nicht wissen, was aus den Wölfen einmal werden würde, die sich von den Abfällen der Jagdbeute ernährten. Für die Hundwerdung des Wolfes war kein Ziel vorgegeben. Die sich entwickelnde Partnerschaft hatte sich jedoch zu jedem Zeitpunkt in ihrer viele Jahrtausende langen Geschichte bewähren müssen. Wölfe, die sich nicht unterwürfig genug verhielten, wurden vertrieben oder getötet. Gerade so wie gegenwärtig von den Zuchtzielen abweichende Welpen »verworfen« werden. Wölfe, die sich zu bereitwillig mit ihren wilden Artgenossen einließen, erging es nicht anders. Auch sie trugen nicht weiter zur Hundwerdung bei. Doch wie plausibel sind solche Schlussfolgerungen? Ergeben sie nur eine weitere, allenfalls in sich schlüssige Geschichte? Oder gibt es Stützen, die wir ähnlich wie einen Beweis verwenden können? Solche liefern vor allem die Pariahunde. Das sind weitgehend oder ganz frei lebende Hunde, die nach der untersten Kaste Indiens, nach den Ausgestoßenen (Pariahs), benannt wurden. Sie gelten als die häufigsten aller Hunde. Die Parias haben sich ihre eigenständige, vom Menschen nicht kontrollierte oder verhinderte Fortpflanzungsfähigkeit erhalten. Die lockere Vergesellschaftung ihrer Rudel mit Menschen reicht ihnen. Die Streuner profitieren von den Menschen, wie auch diese von den Hunden, ohne dass eine Abhängigkeit zustande kommt.

Auch die Hauskatze fügt sich besser in diesen Zwischenzustand als in die totale Abhängigkeit vom Menschen. Millionen von ihnen laufen in Mitteleuropa frei herum und leben bei den Menschen. Dennoch vermischen sie sich nur in sehr geringem Umfang mit den Wildkatzen, auch dort, wo sich die Wildkatze dank umfangreicher Schutzmaßnahmen wieder ausbreitet. Genetische Untersuchungen haben ergeben, dass nur etwa ein Prozent Mischlinge mit Hauskatzen zustande kommen. Haus- und Wildkatze halten sich also ohne Zwang gut genug getrennt, sodass weder die eine zu sehr verwildert, noch die andere ihre Eigenständigkeit einbüßt. Wir können daher annehmen, dass

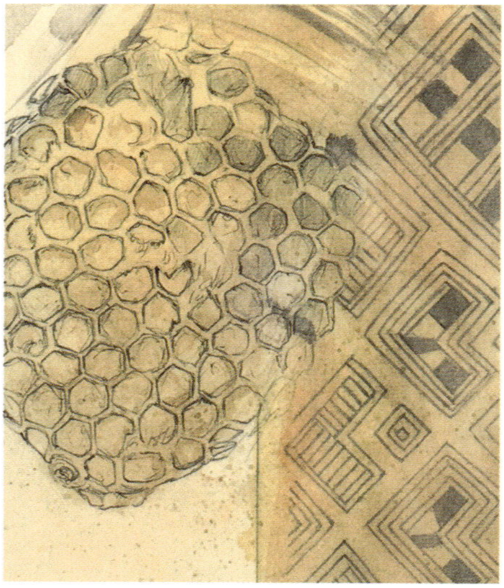

zwischen Wölfen und »Hund-Wölfen« während der Jahrtausende der Eiszeit eine ähnliche Trennung stattgefunden hat. Je mehr sich die Hund-Wölfe den Menschen anschlossen, desto stärker entfernten sie sich von ihrer wilden Verwandtschaft.

Der Anschluss des Hundes an den Menschen zeigt aber auch ganz deutlich, dass Symbiosen ihren »Preis« haben. Als die gezielte Zucht von Gebrauchshunden einsetzte, hörte der domestizierte Hund weitgehend auf, sich eigenständig fortzupflanzen. Die Zuchthunde wurden abhängig vom Menschen. Frei blieben die Pariahunde. Sie leben zwar mehr schlecht als recht in der Menschenwelt in Distanz zu ihrer wilden Verwandtschaft, den Wölfen, entziehen sich aber bei der Fortpflanzung der Kontrolle durch die Menschen. Damit nehmen sie eine Zwischenstellung ein zwischen den ums Überleben kämpfenden Wölfen und den total abhängigen Haushunden. Der Zahl nach sind die Pariahunde die Gewinner. Schließlich macht dieses Beispiel von Symbiose auch klar, dass der eine Partner, der Mensch, durchaus auf den anderen, den Hund, verzichten kann, während dieser in den gezüchteten Rassen ohne die Menschen nicht überleben könnte. Allenfalls wären dazu jene hinreichend wolfsähnlich gebliebenen Hunde in der Lage, die sich unter die Parias mischen könnten. Enge Symbiosen haben eine mehr oder weniger weitgehende Aufgabe von

Selbständigkeit zur Folge. Unter den zahlreichen Symbiosen finden wir daher vielfach solche, bei denen die Partnerschaft locker, gleichsam unverbindlich, geblieben ist. Andere wurden so eng, dass beide Partner aufeinander angewiesen sind. Wenden wir uns nun solchen Fällen zu.

Enge Symbiosen

Robinien sind Bäume, die recht zwiespältig betrachtet werden. Sie wachsen schnell, auch auf nicht so guten Böden und bilden Dickichte. Da sie aber in Europa nicht heimisch sind, sondern aus Nordamerika stammen, werden sie vor allem von Naturschützern als »invasive Fremdlinge« eingestuft und kritisch beäugt, zumal sie in ihrer Ausbreitung schwer eingedämmt werden können, weil ihr Wurzelwerk rasch wieder austreibt, wenn der Stamm abgeschnitten wurde. Doch die Frage, was »heimisch« und daher »richtig« ist, und was »fremd« und abzulehnen, soll hier nicht erörtert werden. Zu viele Vorurteile bis hin zu kaum verdeckter Fremdenfeindlichkeit stecken darin. Wichtiger, weil tatsächlich von allgemeiner Bedeutung, ist die Frage, warum diese Bäume, die weder besonders groß und massig werden noch irgendwie kräftig aussehen, so erfolgreich sind, dass sie für invasiv und gefährlich gehalten werden. Ihren langen hängenden Blütentrauben, die süßen Duft verströmen, können wir die verwandtschaftliche Zugehörigkeit ablesen: Schmetterlingsblütler, Leguminosen. Also Verwandte von Bohnen und Erbsen, Klee und Soja. Ja und? Was besagen Blütenbau und Verwandtschaft? Das würden Blicke auf die Wurzeln dieser Pflanzen und ihrer vielfältigen und in der Tat global sehr erfolgreichen Verwandtschaft zeigen. An diesen findet man kleine, unregelmäßig geformte Knöllchen, die wie Wucherungen aussehen. Diese haben es in sich, nämlich Bakterien eines besonderen Typs. Diese Knöllchenbakterien, wie sie genannt werden, sind dazu fähig, direkt Stickstoff aus der Luft aufzunehmen und chemisch zu binden. Stickstoffverbindungen sind aber in vielen, ja in den allermeisten Böden recht rar. Das liegt daran, dass sie sich leicht in Wasser lösen (Nitrate, Nitrite) und vom durchsickernden Regen ausgeschwemmt werden oder sich gasförmig davonmachen (Ammoniak und

Lachgas) und daher den Pflanzenwurzeln entgehen. Stickstoffverbindungen sind jedoch für das Wachstum unerlässlich. Die Landwirtschaft liefert sie in Form von Mineraldünger und/oder Gülle nach, früher über Stallmist. Täte sie dies nicht, ginge es rasch abwärts mit Bodenfruchtbarkeit und Ernteerträgen.

Das schier unerschöpfliche Reservoir des Luftstickstoffes anzapfen zu können, stellt für Pflanzen einen enormen Vorteil dar. Und genau dies vermögen die Knöllchenbakterien. Ihr Wuchern an den Wurzeln, das an Entzündungen, ja sogar an kleine Tumore erinnert, bringt den Pflanzen, die solche Symbiosen eingegangen sind, einen großen Gewinn. Es hilft ihnen bei einer der Hauptaufgaben, die ihr Wurzelwerk zu erfüllen hat, der Aufnahme einer genügenden Menge an Stickstoffverbindungen. Über diese hinaus brauchen sie zwar weitere Substanzen wie Phosphor- und Kaliumverbindungen. Der klassische Dünger, der vor gut einem Jahrhundert für die Landwirtschaft entwickelt worden war, enthält genau diese drei Hauptkomponenten und trägt sie in der Bezeichnung ›Nitrophoska‹ (»Nitro« für Stickstoff, »phos« für Phosphor und »ka« für Kalium). Da für das Pflanzenwachstum verglichen mit Phosphor aber rund das Zwanzigfache an Stickstoff gebraucht wird, bietet die Symbiose mit den Bakterien einen entsprechend großen Vorteil, auch wenn sie nicht alle Probleme der Ernährung löst. In durchaus vergleichbarer Weise profitieren die Bakterien. Sie können den Wurzeln Stoffe entnehmen, welche die Pflanze mithilfe der Fotosynthese erzeugt: Zucker und andere Kohlenstoffverbindungen, die ohne die Pflanzenwurzeln im Boden nur in sehr viel geringeren Mengen verfügbar wären. Was wie Verletzungen oder Wucherungen an den Wurzeln aussieht, drückt eine besonders effiziente Symbiose aus. Die Pflanzenfamilie der Leguminosen ist dadurch sehr erfolgreich geworden.

Wie immer in der Natur gibt es den absoluten Vorteil nicht. Wachsen Leguminosen zu schnell, verarmt der Boden in ihrem Wurzelbereich an Phosphor- und Kaliumverbindungen oder an anderen Mineralstoffen, die in geringeren Mengen benötigt werden, wie Eisen, Magnesium und sogenannten Spurenelementen. Wir kennen das aus unserer eigenen Ernährung, die allzu rasch einseitig werden kann, wenn wir zu viel von einem Typ (Zucker/Kohlenhydrate oder auch Eiweiß) zu uns nehmen. Optimal ist eine ausgewogene Kost. Das gilt für Menschen, Tiere und Pflanzen gleichermaßen. Und wie wir auch reichlich zu trinken haben müssen, benötigen Tiere und Pflanzen Wasser. Die Pflanzen ganz besonders, weil sie Wasser nicht nur für ihren Stoffwechsel brauchen, sondern auch für den Transport gelöster Stoffe von den Wurzeln nach oben bis in die höchsten Spitzen der Triebe und (Baum-) Kronen und für die Kühlung durch Verdunstung von Wasser (Transpiration). Die Leguminosen wachsen daher trotz ihrer besonderen Symbiose mit den Knöllchenbakterien nicht in den Himmel. Eher werden sie anfällig für Wasserstress oder geraten unter Mangel an anderen Mineralstoffen. Besonders üppig gedeihen sie, wo reichlich Wasser vorhanden ist, sei es durch regelmäßige und ausgiebige Niederschläge, sei es durch Erreichen des Grundwassers mit den Wurzeln. Genau darin sind die Robinien als Bäume recht erfolgreich, weil sie dank ihres durch die Knöllchenbakterien gesteigerten Wachstums ihr Wurzelwerk in größere Tiefe vortreiben und an Grundwasser gelangen, das anderen nicht zugänglich ist. Robinien wuchern daher nicht in Buchen- oder gar Fichtenwäldern, sondern am Rand offener Fluren, von Hecken aus oder in niederschlagsarmen, steppenartigen Gebieten. Weil sie dort tiefer liegendes Grundwasser erreichen, über dem Boden aber keine Konkurrenz durch andere Bäume haben. Aus ihrer reichhaltigen Verwandtschaft finden wir die meisten Arten in Randbereichen mit viel Sonne. Dort kommen ihre Blüten zur Wirkung, die mit Farben, Formen und Duft Insekten anlocken. Zahlreiche Arten ranken wie die Bohnen; sie können dies, weil sie dank der Symbiose schneller als die Pflanzen wachsen, derer sie sich als Stützen bedienen. Und noch etwas kommt vielen Leguminosen zugute. Da sie mit Stickstoffverbindungen in ihrem Stoffwechsel großzügig umgehen können, erzeugen sie nicht nur ungewöhnlich hohe Gehalte an Eiweiß (alle Eiweißstoffe enthalten Stickstoff), sondern sie bilden auch Stickstoffverbindungen, die Tiere vom Fraß abhalten. Cyanverbindungen nämlich, aus denen

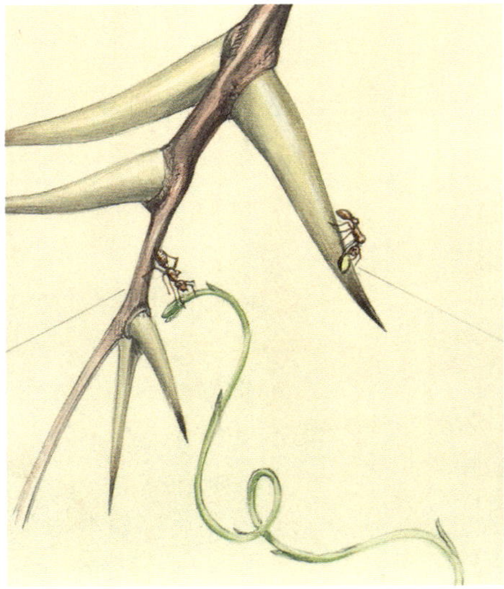

hochgradig giftige Blausäure entsteht. So attraktiv der besondere Eiweißgehalt der Leguminosen für von Pflanzen lebende Tiere wäre, so gut halten die Cyanverbindungen diese in der Regel vom Zubeißen ab. Spezialisten überwinden mit speziellen Anpassungen in ihrem Stoffwechsel die Giftigkeit. Menschen züchteten Varietäten, die wenig oder kein Gift enthalten. Besondere, vom Vieh gut zu verdauende Kleesorten – auch Klee gehört zu den Schmetterlingsblütlern mit Knöllchenbakterien-Symbiose an den Wurzeln – wurden daher früher in großem Umfang als eiweißreiches Grünfutter angebaut. Inzwischen hat der in dieser Hinsicht ganz unproblematische Mais, der sich zudem leicht zu Silage verarbeiten lässt, den Kleeanbau stark zurückgedrängt.

Knöllchenbakterien und Leguminosen sind ein Beispiel, ja geradezu das Paradebeispiel für den Typ von Symbiosen, in denen Mikroben wie die Knöllchenbakterien und Pflanzen sehr eng zusammenwirken. Ähnlich gelagerte Fälle gibt es in großer Zahl. Aber sie haben insgesamt bei Weitem nicht die Bedeutung der Knöllchenbakterien erlangt. Ein Beispiel dafür ist die wiederum knöllchenartige Wurzelwucherungen verursachende Strahlenpilzsymbiose, die Erlen in die Lage versetzt, im Überschwemmungsbereich von Flussauen und über stark schwankenden Grundwasserständen zu wachsen und Wälder zu bilden. Strahlenpilze, Aktinomyceten, sind keine den Knöllchenbakterien verwandten Mikroben, aber wie diese in der Lage, Luftstickstoff zu binden. Die auf tropisch-subtropischen Gewässern schwimmend wachsenden Algenfarne der Pflanzengattung Azolla können dies ebenfalls, jedoch nur in Symbiose mit einem wiederum anderen Mikrobentyp, nämlich den Cyanobakterien, die wir später genauer kennenlernen. Weitere ähnlich gelagerte Symbiosen sind in neuerer Zeit entdeckt worden. Ihnen gemeinsam ist die enge Kooperation von Pflanzen mit Mikroben, die sich Zugang zu dem unerschöpflichen Reservoir des Luftstickstoffs verschaffen können. Solche werden inzwischen sogar vom

Menschen in besonderen Zuchtbehältern, in Aquakulturen, zur Gewinnung von Eiweiß kultiviert. Mikrobeneiweiß ist keine Science-Fiction-Vorstellung, sondern bereits praktizierte Wirklichkeit.

Besonders bedeutungsvolle Symbiosen

Knöllchenbakterien, Strahlenpilze und Cyanobakterien als Symbionten sind »wichtig« im Sinne von gewichtig, weil sie die Produktivität von Pflanzen verbessern. Der beiderseitige Vorteil ist klar, sobald man das Zusammenwirken durchschaut hat. Die Pflanzen wachsen schneller und bilden mehr Substanz dank der kleinen Helfer an oder in ihren Wurzeln. Diese erhalten im Gegenzug die organischen Kohlenstoffverbindungen, die sie selbst nicht herstellen können. Dennoch beherrschen die Leguminosen nicht die Pflanzenwelt, so vorteilhaft diese Symbiose auch ist. Andere, sehr viele andere Pflanzen, vor allem Bäume, sind ihnen klar überlegen. Wie schon betont, breiten sich Robinien nicht in halbwegs natürlich gewachsenen Wäldern invasiv aus, sondern hauptsächlich in den Randbereichen, von Hecken aus und in trockenen Regionen.

Es gibt einen entscheidenden Grund, dass die Wälder nicht nur aus Robinien, Akazien und anderen Leguminosen bestehen, sondern in den kalten und kühlen Regionen vorwiegend aus Nadelbäumen (Koniferen) und in den wärmeren bis tropischen Gebieten aus unterschiedlichsten Laubbäumen. Symbiose ist auch da mit im Spiel, aber eine viel umfassendere und erheblich schwerer zu erkennende. Hauptpartner sind Pilze, Wurzelpilze. Sie leben wahrscheinlich schon seit Urzeiten in Partnerschaft mit Bäumen und zahlreichen anderen Pflanzen; eine Symbiose, die man durchaus auch für eine Infektion oder einen Parasitismus halten könnte. Denn die Pilze »befallen« die Wurzeln und dringen in sie ein. Manche arbeiten sich sogar bis in die Zellen der Wurzeln hinein, während andere in den Zellzwischenräumen leben oder die Wurzeln nur wie ein feiner Filz umhüllen. Spezialisten, die an der Wurzelpilzsymbiose forschen, haben dafür zungenbrecherische Fachbegriffe entwickelt. Auf solche wird hier verzichtet, denn das Grundprinzip lässt sich auch ohne diese darlegen: Die Pilzfäden sind viel dünner als die feinsten Würzelchen. Oft sind sie nur ein

Zehntel so stark. Dadurch kommen die Pilzfäden in winzige Zwischenräume und Spalten im Boden, vor allem im Mineralboden, und mit ihrer im Verhältnis nahezu hundertfachen Oberfläche können sie ungleich wirkungsvoller Wasser und Nährsalze aller Art aufnehmen. Nur nicht Stickstoff aus der Luft wie die Knöllchenbakterien. Diese umfassendere Nutzung der Mineralstoffe und des kapillaren Bodenwassers macht die Wurzelpilzsymbiose klar überlegen. Der Fachausdruck darf daher nicht fehlen: Mykorrhiza (Wurzel-Pilze).

Wie bei der Symbiose der Leguminosen mit den Knöllchenbakterien erhalten die Wurzelpilze von den Bäumen und den anderen Pflanzen, die Symbiosen mit ihnen eingegangen sind, Erzeugnisse der Fotosynthese (vor allem Zucker). Die Mykorrhiza liefert im Gegenzug das ganze Spektrum von Mineralstoffen, welches die Pflanzen benötigen, und Wasser noch dazu. Ohne diese umfassende Symbiose existierten weder die nordischen Nadelwälder, die als Taiga, wie die Formation nach dem russischen Ausdruck dafür genannt wird, das größte Waldgebiet der Erde überhaupt bilden, noch gäbe es die artenreichste Pflanzenfamilie, die Orchideen. Sie sind auf die enge Gemeinschaft mit den Wurzelpilzen angewiesen, die sie nicht nur beim Aufbau ausgedehnter Wälder auf mageren Böden erfolgreich macht, sondern auch im Leben unter Extrembedingungen, wie es bei den Orchideen der Fall ist. Diese sitzen auf Bäumen oder nackten Felsen und müssen mit den minimalen Nährstoffen auskommen, die Regen, Nebel und Wind heranführen, ohne dass ihre Wurzeln den Boden erreichen. So ein »Leben aus der Luft« ermöglichen die Pilze mit ihrer schier unglaublichen Fähigkeit, selbst feinstverteilte Mineralstoffe und Feuchte aus der Luft aufnehmen zu können.

Wurzelpilzsymbiosen prägen das Leben auf der Erde. Sie sind nicht nur wichtig für die gegenwärtige Ökologie, sondern waren gestaltender Teil der Evolution.

Wurzelpilzsymbiosen prägen daher das Leben auf der Erde. Sie sind nicht nur wichtig für die gegenwärtige Ökologie, sondern waren gestaltender Teil der Evolution. Doch immer noch sind die Partner so klar voneinander getrennt, dass unter dem Mikroskop eindeutig zu sehen ist, was in der Wurzelpilzsymbiose zum Baum und was zum Pilz gehört. Die Fruchtkörper vieler

Mykorrhiza-Pilze kennen wir übrigens als Pilze im landläufigen Sinne. Vornehmlich im Spätsommer und Herbst kommen sie hervor. In dieser Zeit ist das Hauptwachstum der Bäume beendet. Reserven fürs nächste Jahr werden gespeichert. Für die Wurzelpilze steht daher besonders viel Nahrung zur Verfügung. Manche Pilze zeichnet ein so besonderer Geschmack aus, dass sie deswegen gesammelt und zubereitet werden, obgleich ihr Nährwert gering oder nahezu null ist. Wir mussten nach 1986 leider auch zur Kenntnis nehmen, dass dieselbe Fähigkeit im Sammeln von feinstverteilten Mineralstoffen, die Wurzelpilze zu so guten Partnern für die Bäume macht, auch zur riskanten Konzentration radioaktiver Substanzen (Cäsium) nach der Reaktorkatastrophe von Tschernobyl geführt hat. Immer noch, mehr als ein Vierteljahrhundert danach, enthalten manche Pilze, aber auch das Fleisch von Wildschweinen, die diese Pilze verzehrt hatten, zu hohe Dosen Radioaktivität.

Noch engere Symbiosen sind erst durch neuere Forschungen erkannt und durchschaut worden. Die eine ist allgemein bekannt. Es sind dies die Flechten, die Doppelwesen aus Pilzen und Algen. Ihre wechselseitige Verbindung ist so eng, dass ihre Gestalt zwar Pflanzen ähnelt, aber mit diesen tatsächlich nichts zu tun hat (sofern wir sogenannte Höhere Pflanzen und nicht die Algen meinen, die durchaus auch »Pflanzen« sind, wie gleich begründet wird). In dem Text zur Bildtafel 28 lässt sich mehr über die Flechten und ihre Besonderheiten nachlesen. Dass sie aus der Symbiose von Pilzen und Algen gebildet sind, steht längst außer Zweifel. Es lässt sich inzwischen auch feststellen, welche Gruppen von Algen und Pilzen es waren, die sich zum neuen Lebewesen Flechte zusammengeschlossen haben. Dies näher zu erläutern, würde den Rahmen dieses Buches sprengen. Wichtig ist in unserem Zusammenhang: Der Algenpartner steuert die Fotosynthese bei und rückt die Flechten damit doch irgendwie in die Nähe der (echten) Pflanzen. Flechten brauchen deshalb Licht zum Leben. Also könnte man sie doch auch für Pflanzen halten. Doch so einfach ist es nicht. Was die Fotosynthese ermöglicht, sind Bestandteile in den Zellen, sogenannte Organellen. Sie wirken wie Organe in unserem Organismus. Weil sie so winzig klein sind, dass man sie nur unter dem Mikroskop mit entsprechender Vergrößerung als körnchenartige Gebilde erkennt, hielt man sie für natürliche Bestandteile der Zelle. Ihr Geheimnis steckt in abgegrenzten Gebilden mit grünem Farbstoff, dem Chlorophyll. Worum handelt es sich dabei?

Es dauerte lange, bis die Natur der Blattgrünträger erkannt worden ist. Inzwischen können wir ziemlich sicher sein, dass die Chloroplasten einst frei lebende Cyanobakterien waren. Früher wurden diese – und bisweilen immer noch, aber irreführend – Blaualgen genannt. Sie gehören jedoch überhaupt nicht zu den Algen. Von den Vorfahren der grünen Pflanzen sind sie in grauer Vorzeit, in der Anfangszeit des höheren Lebens auf der Erde vor über einer halben Milliarde Jahren, in ihre Zellen aufgenommen und in diese integriert worden. Das geschah sicher nicht einfach so. Wahrscheinlich waren die grünen, zur Fotosynthese befähigten Cyanobakterien von den Algenzellen ganz ähnlich aufgenommen worden, wie dies unsere Darmzellen bei der Nahrungsaufnahme tun. Aber nicht alle wurden sogleich verdaut. Manche überlebten, teilten sich im Innenmilieu der Zellen weiter, langsam zwar, aber genügend schnell,

um erhalten zu bleiben, bis irgendwann nach sehr langen Zeiten eine Art von Gleichgewichtszustand oder ein »Patt« entstanden war. Aus diesem ging die Symbiose hervor. Jede grüne Pflanze, ob Salat oder Baum, ob Gras oder Blume, hat die kleinen grünen Kügelchen in den Zellen, die Chloroplasten. Und diese enthalten, wie wir nun wissen, jene winzige Menge an Genen, die sie in die Lage versetzen, sich selbst nach Bedarf durch Teilung zu vermehren. Damit ist die Pflanzenzelle eindeutig eine Symbiose; eine Gemeinschaft mit den von Cyanobakterien abstammenden Blattgrünträgern. Und erst über diese, über die Symbiose, ist die Pflanze zur Pflanze geworden. Unseren Zellen wie fast allen Tieren fehlen die grünen Körperchen. Das macht uns alle abhängig von den grünen Pflanzen und ihrer Produktion organischer Stoffe, der sogenannten Primärproduktion. Die Pflanzenzellen erhalten eine besondere Zellwand aus Zellulose, die durch die Mitwirkung der Chloroplasten entsteht. Sie ist also auch ein Produkt der Symbiose.

Bis zu diesem Punkt herrscht Einigkeit unter den Biologen. Größere Schwierigkeiten bereiten weitere Bestandteile der Zelle, die ebenfalls durch Symbiose dazugekommen sein können. So gibt es winzige Teilchen in allen Tier- und Pflanzenzellen, Mitochondrien genannt. In ihren Fähigkeiten und in ihrem Feinbau weisen sie große Ähnlichkeiten mit Bakterien auf, die frei leben. Mitochondrien sind von größter Wichtigkeit. Sie stellen die Minikraftwerke der Zellen dar. In den Mitochondrien laufen die Energieumsetzungen ab, die das Funktionieren der Zellen gewährleisten. Viele Forscher sind der Ansicht, und die Indizien verdichten sich zunehmend, dass die Mitochondrien einst frei lebende Bakterien gewesen waren. Mit viel einfacher gebauten Zellen sind sie bereits lange vor der Entstehung der Flechten eine Symbiose eingegangen. Damit leiteten sie den Aufstieg des sogenannten höheren Lebens ein. Zellen ohne Mitochondrien könnten zwar leben, aber sie müssten sehr klein bleiben, weil zu wenig konzentrierte Energie zur Verfügung stünde. Wir wissen auch, um welche besondere Form von Energieträger es sich handelt. Es sind dies Phosphorverbindungen (genauer: das Adenosintriphosphat, kurz ATP).

Blenden wir zurück zu den Knöllchenbakterien und zur Düngung. Warum reichte es nicht, die Pflanze so überreich mit Stickstoffverbindungen zu versorgen? Weil die Zellen nur funktionieren, wenn sie auch genügend energiereiche Phosphorverbindungen, ATP, zur Verfügung haben und entsprechend die Mitochondrien gut gedeihen. Wir brauchen sie genauso wie alle Tiere und Pflanzen und Pilze. Die Symbiose mit den Mitochondrien-Bakterien ist uralt. Sie reicht, wie schon betont, zurück bis in die Anfänge des Lebens in komplexen Zellen. Erst nachdem diese durch Symbiosen entstanden waren, endeten die Jahrmilliarden des einfachen Lebens, in dem es nur Bakterien gegeben hatte. Die Symbiosen machten richtige Pflanzen, Tiere und auch den Menschen erst möglich. Wir Menschen brauchen nicht als »grüne Männchen« zu existieren, denen das Blattgrün die Energieversorgung sichert, weil wir die Mitochondrien haben, die uns zu weit höheren Leistungen befähigen. Vielleicht, so manche Biologen, die sich mit der Evolution der Symbiosen intensiv befassen, bewerkstelligt eine weitere Symbiose, dass wir überhaupt Menschen werden können. Das bewegliche Schwänzchen, das unsere männlichen Samenzellen vorantreibt und zur mütterlichen Eizelle bewegt, dürfte einst auch ein Bakterium gewesen sein, ein »begeißeltes Bakterium«. Es ist nicht direkt in die komplexe Zelle der Tiere und Pflanzen eingebaut worden, sondern als genetisches Programm, das verschiedentlich aktiviert wird. So bei der Bildung der Samenzellen im Hoden der Männer und in einigen anderen Organen oder Geweben. Dies näher auszuführen, würde ebenfalls den Rahmen sprengen. Aber es berührt uns doch irgendwie alle, sich vorzustellen, dass das Feuer des Lebens, der Umsatz an Energie in unserem Körper, der uns am Leben erhält, auf Bakterien zurückzuführen ist und dass geißeltragende Bakterien die Möglichkeit zur Verfügung stellten, den Antrieb für die Samenzellen zu entwickeln. Bei der Verdauung leben wir ohnehin sehr direkt von Bakterien. Und immer deutlicher wird, dass wir sogar viel Erbgut von Viren in unserem Genom tragen. Der Mensch ist eine Symbiose; eine großartige, bewundernswerte Gemeinschaft unterschiedlichster Lebensformen. Wir können nur staunen darüber, dass diese Symbiose fast immer recht gut funktioniert. Dass dies nicht selbstverständlich ist, merken wir in der Regel erst dann, wenn wir erkranken. Da drückt Durchfall aus, dass die Symbiose mit den Darmbakterien in Unordnung geraten ist. Bei Halsentzündungen oder gar bei Lungenentzündung überwältigen Fremdbakterien die guten, uns schützenden Bakterien. Und auch die Haut, das vielfältige Mikroleben auf ihr, unterliegt immer wieder Störungen, die ausgeglichen werden müssen. Es ist daher unumgänglich, dass wir anfällig sind für Schadstoffe aus der Umwelt – und unerlässlich, unsere Umwelt, das Leben auf der Erde, in einem Zustand zu erhalten, der das symbiotische Miteinander nicht (zer)stört. Gegenwärtig sieht es im Hinblick auf das globale Miteinander, die umfassende Symbiose aller Lebewesen, nicht gerade rosig aus. Weil die Menschen zu viel zu schnell verändert haben.

Menschheit und Umwelt – die ultimative Symbiose

Es fällt vielen Menschen schwer, das Miteinander mit und die Abhängigkeit von anderen Lebewesen anzuerkennen. Zu erhaben dünken sie sich über die

Natur, als deren Herr und Meister sie sich empfinden. Doch ebenso wenig, wie ein Mensch auf Dauer alleine ohne andere Menschen leben kann, vermag die Menschheit auf sich allein gestellt zu existieren. Die Natur ist unser aller Lebensgrundlage. Solche Warnungen haben wir oft zu hören oder zu lesen bekommen in den letzten Jahrzehnten des gewachsenen Umweltbewusstseins. Formal verpflichteten sich die Staaten der Erde auf der UN-Umweltkonferenz in Rio de Janeiro 1992 zur Erhaltung der Lebensvielfalt, der Biodiversität. Unternommen worden ist seither aber nahezu nichts. Die Vernichtung geht ungebremst weiter. Tiere, Pflanzen und naturnahe oder natürliche Landschaften gelten eher als Luxus, den sich reiche Staaten leisten. Und das auch nur, weil manche Menschen Natur in ihrer Wildheit und Gefährlichkeit erleben wollen. Sie erfahren im Dschungel, »wie es einstens war«, als unsere fernen Vorfahren als Jäger und Sammler umherzogen und den Naturgewalten hilflos ausgeliefert waren. Naturschutzgebiete werden eher wie Freilandmuseen betrachtet. Tatsächlich ähneln viele – bei uns in Mitteleuropa in ihrem Zustand die meisten – sogar den Ruinen vergangener Epochen, die man, wie das Kolosseum in Rom, die Pyramiden in Ägypten oder Angkor Wat in Kambodscha als Zeugnisse der Vergangenheit mit viel Aufwand vor dem weiteren Zerfall erhält. Richtet sich die Einstufung als Naturschutzgebiet nicht auch gegen den Zerfall, gegen die Veränderungen, die mit dem Pfeil der Zeit unweigerlich voranschreiten und mit jeder Generation eine »neue Zeit« schaffen? Im digitalen Zeitalter ist längst die gezielte Veränderung von Nutzpflanzen und -tieren Realität, auch wenn sich viele, vor allem Naturschützer, gegen die Gentechnik auflehnen und sie zu verhindern versuchen. Künstliche Symbiosen wurden bereits geschaffen, etwa durch Einfügung von Eigenschaften aus Bakterien, die Nutzpflanzen vor Krankheiten schützen. Sind in dieser unserer Zeit die Blicke auf natürliche Symbiosen nicht doch mehr Nostalgie als Programm für ein zukünftig besseres Miteinander

von Mensch und Natur? Solche Befürchtungen sind berechtigt, ja geradezu notwendig, um sich nicht in der trügerischen, zumeist vollkommen falschen Sicherheit zu wiegen, der Naturschutz würde schon dafür sorgen, dass im fortschreitenden Zeitalter des Anthropozäns genügend Natur erhalten bleibt. Sehen wir uns daher die Faktenlage aus einem anderen Blickwinkel an.

Das Beispiel der Hundwerdung des Wolfes hat einen Zugang eröffnet, der uns, konsequent angewendet, davor bewahren kann, zu einseitig aus unserer Sicht über das Zusammenleben mit anderen Organismen zu befinden. Wie betont, spricht viel dafür, dass die (Steinzeit-)Menschen keineswegs von Anfang an die Absicht hatten, Wölfe zu zähmen und zu Hunden zu züchten. Gegenwärtig lebt der beträchtlich größere Teil der Hunde der Welt weitgehend frei als Parias, die sich vermehren, ohne von Menschen dabei kontrolliert oder in bestimmte Richtungen gezüchtet zu werden. Dass unsere westliche Kultur und etliche andere Kulturen auch den Hund massiv ausnutzten und nach unse-

ren Vorstellungen durch Züchtungen umgeformt haben, ist nicht kennzeichnend für die ursprüngliche viele Jahrtausende währende Partnerschaft. Aber die Ausbeutung des Hundes ist bezeichnend dafür, wie wir mit Nutztieren und Nutzpflanzen umgehen. Diese sind geradezu versklavt worden und durch Züchtungen so verformt, dass sie in freier Natur ähnlich lebensuntauglich wären wie Pekinesen, Möpse oder andere extrem verzüchtete Hunde. Von Partnerschaft kann gleichfalls keine Rede sein, wenn Rinder, Schweine oder Hühner in Massenhaltungen stecken, die sie zu zwar lebenden, aber ihrer natürlichen Lebensäußerungen beraubten Automaten zur Herstellung tierischer Produkte machen. Nutzpflanzen wie Getreide, Mais, Kartoffeln und Reis könnten unter natürlichen Bedingungen längst nicht mehr auf Dauer existieren. Zu abhängig sind die Zuchtformen von unnatürlich hoher Versorgung mit Pflanzennährstoffen (Dünger), und zu anfällig sind sie für Krankheiten und Schädlinge. Die Menschen nutzen die Tiere und

Pflanzen zunehmend nach Art der Parasiten und nicht mehr wie in einer guten Symbiose. Der einzige Vorteil, der den Nutztieren und -pflanzen verbleibt, ist die Tatsache, dass die Menschen dafür sorgen, dass sie weiter existieren können. Ungleich mehr Zuwendung erhalten die Abermillionen von Heimtieren, im englisch-internationalen Sprachgebrauch *Pets* (von *to pet*: streicheln, hätscheln) genannt, weil ihnen die Menschen wenigstens Zuneigung entgegenbringen; Empathie, die für Meerschweinchen wie Kaninchen und andere Säugetiere sehr wichtig ist. Auch Fische lassen sich in artgemäß gestalteten Aquarien gut halten und vermehren. Oder Blumen unterschiedlichster Arten und Herkunft in den Gärten. Diese gewollte Lebensvielfalt, mit der sich die Menschen umgeben, drückt aus, dass uns anderes Leben nicht gleichgültig ist. Der Mensch hat diese Neigung. Sie äußert sich global in allen Kulturen. Der amerikanische Biologe Edward O. Wilson, einer der bekanntesten Biologen unserer Zeit, benutzt für diese Neigung die Bezeichnung Biophilie.

Die Biophilie bildet die Voraussetzung dafür, dass Menschen mit anderen Lebewesen »menschlich« umgehen, also Lebendiges achten, auch wenn es nicht unmittelbar Nutzen bringt. Sie war und ist auch die Basis für die Entwicklung eines vertieften Miteinanders, wie es etwa vor einigen Jahrtausenden in der Gemeinschaft von Reiternomaden und Pferden in den zentralasiatischen Steppen oder von Kamelen und Arabern in den vorderasiatischen Wüsten entstand. Schäfer mit ihren Herden, früher auch die Hirten mit ihren Rindern, bildeten Symbiosen, bei denen die Tiere als Partner hoch geschätzt und nicht bloß als »Produkte«, die Geld bringen, gewertet wurden, wie das in unserer Agrikultur der Fall ist. Deren Massenproduktion von Fleisch verdient die Bezeichnung »Kultur« längst nicht mehr. In dieser steckte die bäuerliche Mühsal, mit der das Vieh versorgt werden musste, auch wenn es letztlich den Zweck hatte, gegessen oder anderweitig verwertet zu werden. Wer im Sommer mit eigener Hand das Gras mähen und Heu daraus machen muss, von dem die Kühe oder Pferde im Winter leben, entwickelt eine andere – eine symbiotische – Beziehung zum Vieh als die Betreiber von Mastbetrieben, die eingekauftes oder maschinell erzeugtes Futter in die Tierbestände buchstäblich hineinpumpen, um nach möglichst kurzer Zeit Fleisch daraus entnehmen zu können.

Die gegenwärtige, auf allen Ebenen ihres Wirkens so problematisch gewordene Landwirtschaft hat die Rahmenbedingungen einer Symbiose, als die sie vor rund zehntausend Jahren entstanden war, gesprengt. Landwirt und Natur sind nicht mehr die Lebensgemeinschaft, die mit der Erzeugung von Nahrung das Leben der Menschen garantiert und mit der pfleglichen Gestaltung der Natur eine nachhaltig nutzbare Kulturlandschaft daraus gemacht hatte. Das Prinzip Nachhaltigkeit war beim Erdgipfel von Rio 1992 eng mit der Erhaltung der Biodiversität verknüpft worden; aus guten Gründen, denn für die Zukunft von Menschheit und Natur ist Nachhaltigkeit unerlässlich. Sie ist das Grundkriterium der Symbiose. Dauerhaft funktionieren kann das Zusammenleben nur, wenn Nachhaltigkeit gewährleistet ist. Diese bedeutet, um es nochmals mit Nachdruck zu betonen, dass beide Seiten langfristig Vorteile daraus ziehen. Einseitigkeit führt in den Parasitismus. Wir erleben dies gerade in Teilen der modernen Landwirtschaft, die Natur, Böden und Gewässer ausbeuterisch übernutzt und gleichzeitig die Gesellschaft ausnutzt, von der sie mit riesigen Subventionszahlungen erhalten wird. Ein derart »exploitatives System«, wie es vornehm fachlich ausgedrückt wird, um die allgemein verständlichen Begriffe Ausbeutung und Parasitismus zu vermeiden, hat keine Zukunft. Längst sollte aus der allgemeinen Wirtschaft, der Ökonomie, geläufig sein, dass Produzenten und Konsumenten eine Gemeinschaft, eine Lebens- und Schicksalsgemeinschaft bilden, die nur bestehen kann, wenn sich beide Seiten hinreichend aufeinander abstimmen. Das muss auch in der modernen Landwirtschaft geschehen; dringend sogar, denn sie ist global die mit weitem Abstand größte Belastung für das »Ökosystem Erde«. Wie es mit dem blauen Planeten weitergeht, wird in der Landwirtschaft entschieden.

Ein Ausdruck für das Unbehagen an dieser Entwicklung ist die zunehmende Angst vor der Globalisierung. Die Staaten des westlichen Lebensstils, zunehmend auch China und die Schwellenländer beuten den Rest der Welt aus, wie im 19. Jahrhundert die Europäer ihre Kolonien plünderten. Es ist eine andere Form des Kolonialismus, die mit der gegenwärtigen Globalisierung gerade abläuft, welche alles andere als auf guter Partnerschaft aufgebaut ist. Die Widerstände und Ängste gegen sie sind daher absolut verständlich und

begründet, auch wenn es keine Alternative für sie gibt. Die Menschheit muss lernen, eine Welt, eine Menschheit zu sein, und als solche in fairem Ausgleich von Interessen und wirtschaftlichen Leistungen zusammenzustehen. Auch das ist eine Art von Symbiose. Die Beteiligten wirken wie unterschiedliche Partner, obgleich es sich um Menschen, also Angehörige derselben Art handelt.

Symbiose durchzieht als Lebensprinzip alle Formen der Wechselwirkung von Lebewesen untereinander. Der bunte Korallenfisch zwischen den Tentakeln der tropischen Seeanemone oder der Krebs, der auf seinem Häuschen eine Anemone umherschleppt, sich selbst damit schützt und dieser von seiner Beute abgibt, sind, genauer betrachtet, Randfälle von ihr, die wir bestaunen können. Aber viel Umfassenderes geschah und geschieht im allgemeinen Leben. Alle Tiere und Pflanzen sind, wie ausgeführt, durch Symbiosen zustande gekommen, die sich in der Frühzeit des Lebens gebildet hatten. Jede Form von Landwirtschaft, ob die von Pilze züchtenden Blattschneiderameisen oder die von uns Menschen, stellt eine Symbiose dar – und überdauert nur dann die Zeiten, wenn sie symbiotisch bleibt und nicht zerstörerisch wirkt. Auch das Leben in den Gesellschaften hat sich durch umfangreiche Arbeitsteilungen zu einer komplexen Symbiose entwickelt. Sie ist uns so geläufig, so selbstverständlich geworden, dass man kaum noch darüber nachdenkt. Dabei funktioniert unser aller tägliches Leben nur, weil viele andere Menschen in vielfältiger Weise das erzeugen, bereitstellen, vertreiben und umgestalten, was wir brauchen. Auch Partnerschaften zwischen Menschen setzen symbiotisches Verhalten der Beteiligten voraus. Ansonsten zerbrechen sie sehr schnell.

Erst in neuerer Zeit ist klargeworden, dass es ein verbindendes Prinzip zwischen der »reinen Natur« der Tiere, Pflanzen, Mikroben und deren nicht lebendigen Umwelt einerseits und den Menschen mit ihrer Wirtschaft und den unterschiedlichen Kulturen andererseits gibt, das den Darwin'schen »Kampf ums Dasein«, die Konkurrenz, relativiert. Es ist die Kooperation. Leben lebt nicht allein durch Konkurrenz, sondern auch und oft viel besser durch Kooperation. Der »Kampf ums Dasein« wird dadurch zwar nicht aufgehoben. Aber er läuft eben nicht allein und in voller Härte ab. Kooperation kann ihn überwölben und damit Neues, Besseres und Dauerhafteres schaffen. Insofern bieten die für dieses Buch zusammengestellten Beispiele ein buntes Spektrum von Möglichkeiten, über die Kooperation nachzudenken. Es steckt viel mehr in ihnen als nur Kurioses. Sie zeigen uns, was für Formen von Zusammenarbeit bereits höchst erfolgreich in der Natur verwirklicht sind. Es liegt allerdings in unserer Verantwortung, die größte und wichtigste aller Symbiosen zukunftstauglich zu gestalten: die Symbiose von Menschen und Menschen und von Mensch und Natur.

Literaturhinweise

Zur Symbiose gibt es eine unüberschaubare Fülle von Fachliteratur. Wer sich in diese hineinvertiefen möchte, findet im Internet jede Menge Angaben zu den in diesem Buch zusammengestellten Beispielen. Bei den weniger bekannten Tier- und Pflanzenarten helfen die wissenschaftlichen Namen bei der Suche. Manche Symbiosen sind, wie in den Texten angemerkt, umstritten, was Ausmaß und Vorteilhaftigkeit der Interaktionen betrifft. Daher werden die Recherchen nicht in jedem Fall Übereinstimmungen mit der hier gewählten, vorsichtig kritischen Deutung ergeben. Sehr viel Fachliteratur ist auf Englisch veröffentlicht worden. Auch das ergibt sich aus den Nachforschungen zu den Einzelthemen. Eigentlich gehört fast die ganze Ökologie dazu, denn alle Organismen stehen in einer mehr oder weniger symbiotischen Wechselwirkung mit ihrer lebendigen Umwelt. Selbst Pflanzen, die in Hydrokultur ohne Bodenmikroorganismen gezogen werden, sind nicht wirklich autotroph, also reine Selbstversorger, sondern leben von und mit der Symbiose der einstigen Cyanobakterien, den Chloroplasten, in ihrem Pflanzenkörper. Um zu vermeiden, dass eine mehr oder weniger persönlich gefärbte Auswahl von Fachliteratur zustande kommt, werden hier nur einige wenige, aber sehr ergiebige deutschsprachige Bücher zu Kooperation und Symbiose angeführt.

David Bodanis, *Der geheimnisvolle Körper. Die Mikrowelt in uns*, Düsseldorf 1989.

Steve Jones, *Darwins Garten. Leben und Entdeckungen des Naturforschers Charles Darwin und die moderne Biologie*, München 2008.

Kurt Kotrschal, *Hund und Mensch*, Wien 2016.

Lynn Margulis und Dorion Sagan, *Leben. Vom Ursprung zur Vielfalt*, Heidelberg 1999.

Martin A. Nowak, *Kooperative Intelligenz. Das Erfolgsgeheimnis der Evolution*, München 2013.

Werner Schwemmler, *Symbiogenese als Motor der Evolution*, Hamburg 1991.

Edward O. Wilson, *Die soziale Eroberung der Erde. Eine biologische Geschichte des Menschen*, München 2013.

Honigdachs - Mellifora capensis
Schwarzkehl - Honiganz

1. Honiganzeiger – der Vogel, der Menschen für sich arbeiten lässt

1.

Honiganzeiger – der Vogel, der Menschen für sich arbeiten lässt

Die Geschichte klingt so märchenhaft, dass sie aus Tausendundeiner Nacht stammen könnte. Ein Jäger streift durch den afrikanischen Busch, ganz vorsichtig, um Gefahren nicht zu übersehen und auch, um vielleicht ein Tier erlegen zu können. Alle Sinne sind angespannt wie einst, als die Menschen noch als Jäger und Sammler in der afrikanischen Urheimat lebten. Da fliegt ein Vogel in auffälliger Weise herbei und beginnt vor dem Menschen wie unschlüssig herumzuflattern. Etwa starengroß ist er, mit graubraunem Rücken und Flügeln, hellem Bauch und schwarzem Kehlfleck. Er bewegt sich nicht in der Art, wie Vögel fliegen, die Junge in der Nähe haben und den Menschen weglocken wollen. Dieser Vogel stellt sich nicht krank. Doch er signalisiert dem Menschen, ihm zu folgen. Geht dieser darauf ein, fliegt er im passenden Tempo voraus und wartet gegebenenfalls, bis der solcherart Geleitete nachkommt. So geht es weiter, nicht durch dichtes, undurchdringliches Gebüsch, das im Weg wäre, sondern auf eine Weise, die es dem Menschen möglich macht, dem Vogel zu folgen. Schließlich wird dieser sehr erregt. Das Ziel ist nahe, und er weist es dem Menschen. Es ist ein Volk wilder Bienen, das einen hohlen Baum bewohnt; Bienen, die bereit sind, jedes Lebewesen anzugreifen, das sich ihrer Brut und den Honigvorräten zu sehr nähert. Die Savannenbewohner, die sich vom Vogel führen lassen, wissen das. Sind sie erfahren im Umgang mit den Bienen, entfachen sie ein rauchendes Feuer, bevor sie sich in die Gefahrenzone begeben.

Honig ist sehr attraktiv. Seit Urzeiten wird er geschätzt wie bei uns die leckersten Süßigkeiten. Aber die Bienen wehren sich gegen den Honigraub. Sie schwärmen aus und stürzen sich auf den Menschen. Der Rauch betäubt sie. Aber längst nicht alle. Viele stechen, und ihre Stiche sind schmerzhaft. In der Tropenhitze Afrikas hüllen sich die nach Honig suchenden Menschen auch nicht in dichte Gewänder. Sie tragen keinen Gesichtsschutz wie Imker hierzulande. An die begehrte Süße zu kommen, gelingt meist nur durch Aushalten der

Schmerzen vieler Stiche. Währenddessen sitzt der Vogel in der Nähe und sieht interessiert zu. Honiganzeiger wird er sehr treffend genannt; wissenschaftlich *Indicator indicator*. Er ist der bekannteste Vertreter einer kleinen, vorwiegend in Afrika, aber auch in Südasien verbreiteten Vogelfamilie. 17 Arten gehören ihr an. Aber nur zwei verhalten sich so wie geschildert und führen Menschen zum Nest der wilden Bienen.

Kaum zu glauben, mag man meinen. Wie kann ein Vogel auf die Idee kommen, Menschen zum begehrten Honig zu führen? Und was hat er selbst davon? Betrachten wir das Geschehen weiter. Der Vogel hatte mit seiner Flugweise, mit aufforderndem Schwanzzucken und markantem Schnattern, dem Helfer den Weg gewiesen. Es ist nicht leicht, im afrikanischen Busch Nester wilder Bienen zu finden. Vielerorts sind die Menschen dazu übergegangen, den Bienen Nisthilfen in Form ausgehöhlter Baumstämme passender Größe anzubieten, die im Astwerk großer Bäume so untergebracht werden, dass sie verhältnismäßig leicht erreicht und genutzt werden können. Doch nicht zu diesen, durchaus schon einer Bienenhaltung entsprechenden Vorrichtungen lockt der Vogel den Menschen, sondern zu echten Wildvorkommen in der Natur. Natürlich ist das nicht uneigennützig. Die Honiganzeiger bekommen ihren Teil; wobei nicht der Honig ihr Ziel ist, sondern das Wachs der Bienenwaben.

Damit ist die Geschichte noch merkwürdiger geworden. Was kann ein Vogel von 20 Zentimetern Körperlänge und kurzem, dickem Schnabel mit Wachs anfangen? Ein Nest bauen? Nein, das Wachs wird verzehrt. Die Honiganzeiger haben Bakterien als Verdauungshelfer, die in der Lage sind, Wachs zu verwerten. Das ist in der Tat eine Seltenheit, denn Wachse sind zwar reich an Energie, wie wir am Kerzenlicht direkt sehen, aber aufgrund ihrer chemischen Struktur eigentlich so gut wie unverdaulich. Pflanzen erzeugen Wachse als Schutz. Manchen Bakterien gelingt es, sie mit besonderen Verdauungsenzymen aufzuspalten und in kleinere Bestandteile zu zerlegen, die dann verdaut werden können. Allerdings liefert Wachs, auch wenn es von Bakterien aufgeschlossen wird, nichts weiter als »Brennstoff«. Vom Stoffwechsel lässt es sich lediglich ähnlich wie Zucker nutzen. Aus Zucker kann aber kein Eiweiß aufgebaut werden. Das geht weder bei uns Menschen noch bei irgendwelchen anderen Lebewesen, auch nicht bei den Honiganzeigern. Die Bildung von Eiweiß erfordert Aminosäuren und damit Stickstoffverbindungen. Den Honiganzeigern liefern zwar die Bakterien, die das Wachs verdauen helfen, etwas Eiweiß (Bakterienproteine), aber nicht genug, um den Bedarf zu decken. Vor allem, wenn es bei den Weibchen darum geht, Eier zu entwickeln. Die Vögel müssen daher immer wieder auch Insekten fangen, um das nötige Eiweiß zu bekommen. Bei ihrem Körperbau und mit dem dicken Schnabel sind sie darin nicht sonderlich geschickt. Ihre Fähigkeiten reichen für »dicke«, unbeholfen fliegende Insekten, wie größere Käfer. Günstig sind hingegen die Maden der Bienen in den Waben mit den Wachszellen. Durch die Plünderung von Bienenvölkern kommen die Honiganzeiger zur idealen Kombination von Energie lieferndem Wachs und Protein liefernden Maden. Ohne Hilfe kämen sie nicht an diese Nahrungsquelle. Dazu sind sie viel zu schwach und die Bienen zu wehrhaft. Die Zusammenarbeit mit den Menschen bildet daher für die Vögel eine geradezu ideale Symbiose.

Eine erweiterte Symbiose eigentlich, leben sie doch bereits in Symbiose mit den Bakterien, die das Wachs spalten und zur Verdauung verwertbar machen. Doch warum sollten sich weitgehend nackte Menschen stechen lassen, um just in dem Moment Bienenvölker zu plündern, wenn die Honiganzeiger sie dorthin führen? Die Menschen dürften klüger sein, sich den Baum merken und einen für sie günstigeren Zeitpunkt wählen, um an den Honig zu kommen. Ganz so sicher kann die Symbiose für den Vogel wohl nicht sein. Vielleicht wäre sie auch gar nicht zustande gekommen, hätten sich die Vögel allein auf die Menschen verlassen müssen. Diese sind nur eine von mehreren Optionen, deren wichtigste ein zur Familie der Marder gehörendes Tier ist, der Honigdachs *Mellivora capensis*. Er ist etwa so groß wie ein Europäischer Dachs, aber anders gefärbt. Die ganze Oberseite seines Fells von der Stirn bis zum Schwanzansatz ist grauweiß mit scharfer seitlicher Begrenzung zur dunklen kaffee- bis schwarzbraunen Unterseite. Die Haut ist dick und fest, sitzt aber merkwürdig lose am Körper und wird entsprechend wenig durchblutet. So können ihm die Stiche, die der Honigdachs abbekommt, wenn er die Nester von Wespen und Bienen aufreißt und den Inhalt frisst, kaum etwas anhaben. Er merkt sie kaum. Die Augen kann er so fest schließen, dass auch sie vor den Stichen geschützt sind. Honigdachse, englisch *Ratel* genannt, sind gefürchtet. Wenn man sie ärgert, greifen sie jeden Feind oder Störenfried bis zur Größe von Büffeln mit einer Wut an, die zurückschrecken lässt. Zudem haben sie am After Drüsen, die ein sehr übelriechendes Sekret abgeben. Honigdachse sehen zwar nicht sonderlich gut, verfügen aber über ein ausgezeichnetes Gehör. Und sie mögen Honig sehr gern.

Diese Eigenschaften prädestinieren sie als Mitarbeiter für die Honiganzeiger. Schnatternd fliegen diese niedrig vor einem *Ratel* her und versuchen ihn zum Bienenstock zu leiten, den sie gefunden haben. Schnaubend und grunzend folgt er nach. Und zerlegt dann den Bienenstock, so er ihn erklettern kann. Das gelingt nicht immer, denn Honigdachse sind wie unsere Dachse verhältnismäßig plump gebaut und mit 8 bis 16 Kilogramm Körpergewicht und kurzen Beinen keine sehr guten Kletterer. Doch wie die Menschen zieht sie der Honig an. Das Wachs und viele von den in den Wachszellen steckenden Maden lassen sie dem Vogel zurück. Alles spricht dafür, dass die Symbiose mit dem Honigdachs angefangen hatte und schon längst funktionierte, als Menschen entstanden und begannen, jagend und sammelnd durch die afrikanischen Savannen zu schweifen. Für den Honiganzeiger sind sie eine passende Erweiterung der Möglichkeiten. Denn Honigdachse sind zwar fast in ganz Afrika südlich der Sahara verbreitet, aber oftmals erst in der späten Dämmerung oder nachts aktiv. Menschen hingegen suchen am Tag nach Nahrung. Auch können die Honiganzeiger sie leichter führen, sobald ihr Interesse zu folgen erkennbar wird. Denn die Menschen haben dank ihrer aufgerichteten, zweibeinigen Fortbewegung weit mehr Übersicht als alle anderen afrikanischen, an Honig interessierten Säugetiere. Und sie sind besser im

Die Zusammenarbeit mit den Menschen bildet für die Honiganzeiger eine geradezu ideale Symbiose.

Erklettern von Bäumen als Honigdachse. Die Symbiose mit den Menschen funktioniert. Seit vielen Jahrtausenden wahrscheinlich. Doch nun immer weniger, weil die Menschen der Gegenwart sich nicht mehr so bereitwillig den Bienenstichen aussetzen, um an den Honig wilder Bienen zu gelangen. Die Süßigkeiten der Zivilisation bieten längst Ersatz. Paviane und andere entsprechend häufige Affen lassen sich auch nicht so leicht als Menschenersatz von den Honiganzeigern leiten. Und auch Wildbienen werden seltener, je mehr die Menschen mit Brandrodung oder Flämmen auf die Savannen einwirken. So kann es durchaus sein, dass die Honiganzeiger - evolutionär gesehen - in eine Sackgasse geraten sind. Die Spezialisierung auf Wachs war und ist problematisch. Das kommt in ihrer Fortpflanzung zum Ausdruck. Diese enthält weitere, schier unglaubliche Merkwürdigkeiten.

Honiganzeiger sind Brutschmarotzer, und zwar ganz ähnlich wie der Kuckuck. Die Weibchen legen ihre bis zu zwanzig Eier klammheimlich einzeln in Gelege von Bartvögeln, Spechten oder Bienenfressern. Die Bartvögel sind ihre Verwandten aus der Ordnung der Spechtvögel. Die jungen Honiganzeiger haben dementsprechend ähnlichen Nahrungsbedarf wie die Jungen der Wirtseltern. Frisch geschlüpft, machen sie den Eindruck eines kleinen Monsters. Denn der ansonsten ganz unförmige Jungvogel des Honiganzeigers hat einen Schnabel wie eine spitze Kneifzange. Damit tötet er die Jungen der Wirtsvögel, seine Nestgeschwister. Allein versorgt wächst er heran, schwer zu erkennen im Dunkel der Bruthöhle, denn anders als unser Kuckuck parasitieren die Honiganzeiger Höhlenbrüter. Dass die Hauptnahrung, das Wachs, bei der Entstehung dieses Brutparasitismus eine wichtige Rolle spielte, ist offensichtlich. Kein Jungvogel kann mit Wachs und den chemischen Spaltprodukten davon gleich nach dem Schlüpfen ernährt werden. Die Jungen brauchen zudem viel Eiweiß zum raschen Heranwachsen, aber wenig »Energie«, sitzen sie doch kaum beweglich im Nest in der Bruthöhle fest. Die Eltern des

Honiganzeigers täten sich schwer, mit ihren kurzen, klobigen Schnäbeln und ihrem Körperbau die nötigen Mengen an Insekten für ihre Jungen herbeizuschaffen. Mit der Spezialisierung auf die Wachsnutzung gerieten sie bei ihrer Fortpflanzung in die Abhängigkeit von Wirtsvögeln. Komplizierter könnte das Leben eines Vogels kaum sein, muss man wohl feststellen: Wachsverdauung durch Symbiose mit speziellen Bakterien zum Preis der »Auslagerung« der Fortpflanzung zu Wirtseltern und Symbiose mit dem »mürrischsten« afrikanischen Säugetier, dem Honigdachs, unter Einbeziehung von Menschen bei der Nutzung von Wildbienenstöcken als Nahrungsquelle. Dennoch keine Geschichte aus Tausendundeiner Nacht, sondern afrikanische Wirklichkeit.

Es wäre gewiss bedauerlich, wenn diese Symbiose eines Tages nicht mehr existierte. Denn in ihr kommt zum Ausdruck, wie wichtig die Häufigkeitsverhältnisse der Partner für ihren Fortbestand sind. In so einer Symbiose wirken nicht einzelne Honigdachse, Menschen und Honiganzeiger zusammen, sondern jeweils Populationen. Das Bild, das wir uns davon machen, auch in der Zeichnung und in der Beschreibung, vereinfacht, weil gleichsam ein Augenblick in einem Geschehen festgehalten wird, das über Jahr und Tag auf lange Zeit funktionstüchtig gehalten werden muss. Wir können jeweils nur das Schicksal der einzelnen Honiganzeiger, das Tun von Menschen oder Honigdachsen mitverfolgen, aber sie alle sind lediglich Glieder einer seit ihrer Entstehung endlosen Kette. Würde sie auch nur ein einziges Mal abbrechen, wäre dies das Ende dieser Symbiose. Wir wissen bislang nicht, *wie* wichtig die Menschen für die Honiganzeiger und ihre Fortpflanzung (gewesen) sind. Doch dass sie bedeutsam für sie waren, steht außer Zweifel.

2. Rehe und Gänse auf weiter Flur

2.

Rehe und Gänse auf weiter Flur

In Keilen und Stafetten kommen sie angeflogen, die Wildgänse aus der arktischen Tundra Nordwestasiens. Den Kennern verraten die Rufe, ob es sich um Saatgänse oder Blessgänse handelt. Oder auch um die in Nordostdeutschland verbreiteten und recht häufigen Graugänse. Auf den weiten, offenen Agrarflächen der Tiefebene haben sie viele Möglichkeiten zu landen. Doch es zieht sie anscheinend zu bestimmten Stellen, nämlich dorthin, wo Rehe in Rudeln stehen und in der Wintersaat äsen. Die Rehe heben kaum die Köpfe, wenn die Gänse mit sich überschlagendem Geschnatter in ihrer Nähe einfallen. Wenige Minuten danach ist alles ruhig. Die Gänse schütteln ihr Gefieder. Manche tun sich nieder. Nach dem langen, sehr anstrengenden Flug brauchen sie Ruhe zur Erholung. Auch ein Teil der Rehe legt sich hin und beginnt die aufgenommene Nahrung in kleinen Portionen hochzuwürgen und erneut gründlich durchzukauen. Rehe sind Wiederkäuer. Sie haben den für diese Tiergruppe bezeichnenden gekammerten Magen mit einem Pansen. In diesen gelangt zunächst die kaum gekaute, mehr oder weniger direkt verschlungene Nahrung. Pansenmikroben beginnen mit der Zersetzung. Aber viele Pflanzenteile sind zu gut von Hüllstoffen geschützt. Beim Wiederkäuen werden sie aufgebrochen und der Verdauung besser zugänglich gemacht. Damit steigt der Nutzungsgrad der Nahrung. Doch da der Pansen der Rehe klein ist, müssen sie oft Pausen zum Wiederkäuen machen. So erhalten sie sich auch die Fähigkeit, bei Gefahr schnell und anhaltend fliehen zu können. Mit vollem Bauch geht das nicht so gut.

Mehrere im Rudel bleiben immer stehen. Sie beobachten das Gelände, während die anderen Rehe wiederkäuen und verdauen. Auf diese Weise ist sichergestellt, dass sie draußen im Freien ihren natürlichen Hauptfeind, den Wolf, rechtzeitig entdecken. Und auch den Jäger als unnatürlichen, längst aber viel gefährlicheren Feind, als es die Wölfe und die Luchse im Wald jemals waren. Denn Jäger packen nicht mit Zähnen und Krallen zu. Sie sind bereits auf Distanzen tödlich, bei denen Wölfe noch keine große Nervosität auslösen würden. Die Rehe sind durch die Bejagung sehr scheu geworden. Die Scheuesten überleben. Oder solche, die rechtzeitig lernen, harmlose Spaziergänger von Jägern zu unterscheiden. Letztere kommen zudem oft mit Jagdhunden, den speziell für Jagdzwecke gezüchteten Abkömmlingen der Wölfe. Das macht Jäger und Jagdhund doppelt gefährlich. Und löst beim Wild reflexartig die Flucht aus, wenn es sich doch nur um einen harmlosen, frei laufenden Hund eines Spaziergängers handelt.

Herbst und Frühwinter sind Jagdzeit, die Hauptjagdzeit auf den Fluren. Da geht es auf Hasen und Feldhühner. Und wo sie nicht (mehr) unter Schutz stehen, auf Gänse. Auf Rehe ohnehin, da die Abschusspläne zu erfüllen sind. In dieser neuartigen Situation, die es erst seit knapp zwei Jahrhunderten gibt, kam eine Form von Kooperation zustande, die es von Natur aus wohl nicht gegeben hat, weil die Rahmenbedingungen hierzu menschengemacht sind. Beide kombinieren ihre besonderen Fähigkeiten, indem sie nahe beieinanderbleiben. Die Gänse sehen sehr gut. Sie recken ihre Hälse, um Übersicht zu gewinnen. In der Schar zu Dutzenden oder zu Hunderten suchen beständig einige von ihnen das Gelände bis zum Horizont auf verdächtige Bewegungen ab. Die Rehe hören sehr gut und sie »wittern« noch besser. Der Wind, der über die weiten offenen Fluren streicht, trägt die Gerüche mit sich, die von Jäger und Hund(en) ausgehen. Mag auch herbstliches Luftflimmern über den abgeernteten Feldern die optische Erfassung erschweren, Gehör und Geruchsinn gleichen das aus. Springen die Rehe ab, weil sie Verdächtiges in die Nase bekommen oder erlauscht haben, sind die Gänse alarmiert. Halten die Rehe nicht gleich wieder an, um genauer zu kontrollieren, erhebt sich die Gänseschar und fliegt davon. Tut sie dies zuerst, sind die Rehe alarmiert. Beide reagieren aufeinander. Zusammen verbessern sie ihr Frühwarnsystem. Dieses Verhalten haben sie erst in unserer Gegenwart gelernt. Denn große, offene Felder mit nahrhaften Wintersaaten oder Raps gibt es erst seit ein paar Jahrhunderten. In der modernen Form sogar erst seit fünf oder sechs Jahrzehnten. Weit reichende Jagdgewehre sind ebenfalls Entwicklungen der neueren Zeit. Wir wissen zwar nicht genau, seit wie vielen Generationen Rehe und Gänse dieses wechselseitige Warnsystem nutzen, das auch nur zu bestimmten Jahreszeiten nötig ist. Aber viele können es nicht sein. Dem »Wild« war der Mensch zwar seit jeher, seit es ihn als biologische Art gibt, der größte Feind. Doch Pfeil und Bogen oder Wurfspieße wirken nur auf Entfernungen, die den gejagten Tieren faire Chancen boten zu entkommen. Bei Kugel und Schrot ist das anders. Seit der Benutzung von Jagdgewehren musste das Feindbild Mensch neu justiert, musste die Fluchtdistanz um ein Vielfaches erhöht werden. Gänse und Rehe sind lernfähig genug, sich darauf einzustellen, wenngleich die panikartige Flucht vor den Menschen sehr viel Kraft und unter Umständen überlebenswichtige Energie kostet. Den Feind rechtzeitig auszumachen, ohne gleich mit voller Kraft flüchten zu müssen, ist ein klarer Vorteil für beide Partner, die doch einander so unähnlich sind. Für die vom Fernflug ermüdeten Gänse bedeuten die Rehrudel, dass dort eine hinreichend sichere, störungsarme Zone vorhanden ist. Sie profitieren vielleicht noch mehr als die Rehe, aber das hängt von den jeweiligen, sich oft rasch ändernden Verhältnissen ab. Lernen die Gänse schneller? Sie sind doch »nur Vögel«, noch dazu solche mit im Verhältnis zum Körper recht kleinem Kopf und noch kleinerem Gehirn. Dem Reh würden wir als Säugetier mehr zutrauen.

Tatsächlich sind die Gänse sehr »klug«, um ihre Leistungsfähigkeit in ein einfaches Wort zu fassen. Das wissen wir aus der Gänseforschung des Nobelpreisträgers Konrad Lorenz und seiner Arbeitsgruppe. Aber es gibt einen anderen, allgemein beobachtbaren Hinweis auf ihre Adaptionsfähigkeit an von Menschen geschaffene Verhältnisse. Das sind ihre Vorkommen in Städten. Auf innerstädtischen Gewässern und Parkanlagen leben seit Jahrzehnten Gänse verschiedener Arten. Das Spektrum reicht von den großen Kanadagänsen *Branta canadensis* aus Nordamerika über die in Mitteleuropa von Natur aus heimischen Graugänse *Anser anser*, die Stammart der Hausgänse, bis zu den kleinen, sich sehr »forsch« verhaltenden

Weißwangengänsen *Branta leucopsis*, die natürlicherweise in der hocharktischen Tundra nisten, sich aber durchaus in den Parkanlagen Münchens und anderer Großstädte wohlfühlen. Die Gänse lernten sehr schnell, dass sie just in der Stadt, wo so viele der gefährlichen Menschen leben, nicht bejagt, von ihnen sogar gefüttert werden. Und dass Hunde an der Leine bleiben oder, wenn frei laufend, keine wirkliche Gefahr für sie sind, sodass es letztlich besser ist, auch den Winter in den urbanen Zonen zu verbringen, als einen anstrengenden, lebensgefährlichen Flug in entfernte Winterquartiere zu unternehmen. Zwar erfasst sie, vor allem bei den Graugänsen wird dies im Herbst gut sicht- und hörbar, zu den Zugzeiten durchaus der Drang fortzufliegen. Aber nach einigen Runden über der Stadt kehren sie wieder zurück und bleiben. Und die Rehe? Sollte es sie nicht auch in die Städte ziehen? Gewiss, und manche versuchen es in größeren Stadtparks oder am Stadtrand. Aber sie schaffen es bei Weitem nicht so gut, meistens nur ausnahmsweise und sehr im Verborgenen. Zu lange selektierte die Jagd die Rehe auf Scheu. Zu sehr sind sie darauf angewiesen, einen Großteil ihrer Aktivität in die Nacht zu verlegen. Da schlafen die Gänse, an deren Verhalten sie sich orientieren könnten. Erschwerend kommt hinzu, dass die Rehe etwa das halbe Jahr verteilt im Gelände leben und sich erst im (Spät-)Herbst und Winter zu den Rudeln zusammenfinden, die dann bis in das Frühjahr, bis zum Beginn der Fortpflanzungszeit, bestehen. Danach verteilen sich die Rehe einzeln. Die Gänse beanspruchen zur Brutzeit jedoch nur kleine Nestreviere. Ihre Jungen führen sie häufig gemeinsam umher. Dieses Verhalten passt zur Stadt. Die jungen Gänse lernen bereits während ihres Heranwachsens, dass die Menschen in aller Regel ungefährlich und vielleicht sogar Spender von Futter sind. Menschenvertraut zu werden fällt den Rehen dagegen viel schwerer. Auch in großen Nationalparks ohne Jagd vermindern sie ihre Scheu nur sehr langsam.

Seit der Benutzung von Jagdgewehren musste das Feindbild Mensch neu justiert, musste die Fluchtdistanz um ein Vielfaches erhöht werden. Gänse und Rehe sind lernfähig genug, sich darauf einzustellen.

Ob in freier Natur Kooperationen zwischen verschiedenen Arten von (Wild-)Tieren zustande kommen, hängt jedenfalls sehr stark von den Fähigkeiten der Arten und von den Rahmenbedingungen der Umwelt ab. Vögel sind erstaunlich flexibel. Sie lernen oft schneller als Säugetiere und besiedeln

neue Lebensräume rascher als diese, von den typischen Kulturfolgern wie den Ratten und Mäusen abgesehen, die von Vorräten, Abfällen und Schmutz der Menschen leben. Die Vielfalt der Vögel in den Städten drückt dies aus. Manche Großstädte sind bezüglich ihrer Vogelwelt so artenreich, dass sie sich durchaus für Vogelschutzgebiete qualifizieren würden. Säugetiere zieht es zwar auch in die Städte, aber meistens Arten, die überwiegend oder ausschließlich nachts aktiv sind. Da Säugetiere viel stärker geruchsorientiert sind als die Vögel, fällt es ihnen vielleicht schwerer, das Verhalten der Menschen zu deuten. Die Nase teilt ihnen nur mit, dass es nach Mensch riecht, aber nicht, wie sich dieser verhält. Der Vogel hingegen sieht, was geschieht. So kann er rascher seine Schlüsse daraus ziehen und sich darauf einstellen. Dennoch dringen in die Städte immer mehr wildlebende Säugetiere ein. Wildschweine und Füchse lassen sich bereits am Tag in den Städten beobachten. Wo es sie in freier Natur gibt, auch Elche und Bären. Wahrscheinlich haben wir die Fähigkeiten der Tiere unterschätzt, das Verhalten anderer Arten oder auch deren bloße Anwesenheit zu deuten. Weil wir meinen, dass nur Menschen solche Schlussfolgerungen ziehen können. Und weil den größeren Säugetier- oder Vogelarten das Eindringen in die Menschenwelt durch Bejagung und Verfolgung verwehrt worden ist. Doch so wie Kraniche erkennen können, dass Rehrudel auf der offenen Flur und Gänsescharen in ihrer Nähe zumindest momentan Ruhe und Sicherheit bedeuten, und bei diesen zum Rasten niedergehen, so können große Adler durchaus in Städten nisten, wenn sie nicht mehr bejagt werden. Sie lernen die Unschädlichkeit der Stadtbevölkerung kennen, wie einst die Weißstörche die Sicherheit auf dem Land.

Die gegenwärtige Entstehung von Stadtpopulationen der Wanderfalken bietet ein höchst eindrucksvolles Beispiel dafür, wie wirkungsvoller Schutz vor Verfolgung das Verhalten ändern und eine noch vor zwei oder drei Jahrzehnten vom Aussterben bedrohte Vogelart durch neues Leben in der Stadt gerettet werden konnte. Die Schlussfolgerung für uns: Wir könnten den Tieren weit mehr Symbiosen bieten, als bisher realisiert sind. Rehe und Gänse sind ein gutes Zeichen. Auch wenn es sich bei ihnen nur um eine sehr lockere Symbiose handelt. Sie wirkt, und wenn auch nur für ein paar gefährliche Wochen in der Hauptjagdzeit im Herbst und Frühwinter. Jeder Überlebende zählt für die Zukunft. Die besten Chancen bieten die Städte mit ihrer naturfreundlichen Bevölkerung. Die Beziehungen zwischen Arten sind nicht ein für alle Mal festgelegt. Sie sind flexibel; sie können sich weiter entwickeln. Wenn wir es zulassen.

3. Mensch und Hund – eine besondere Symbiose

3.

Mensch und Hund – eine besondere Symbiose

Des Menschen bester Freund ist der Hund, heißt es. Auch wenn das nicht für alle Hunde und jeden Menschen zutrifft, so kennzeichnet diese Einstufung doch den Kern des Verhältnisses. Der Hund vertraut von Natur aus den Menschen, mit denen er zusammenlebt. Unberechenbar werden Hunde durch Fehlverhalten der Menschen. Und durchaus gefährlich. Allein in Deutschland gibt es Jahr für Jahr Zigtausende von Hundebissen, immer wieder auch solche, die zum Tod führen; durchschnittlich einen pro Jahr. Viele Hunde werden hingegen schlecht behandelt, bei der Dressur überfordert oder gar zu Tode gequält. Tausende leiden bei medizinischen Untersuchungen, die an ihnen als Ersatz für Tests am Menschen vorgenommen werden. Das Tierschutzgesetz hilft den Hunden nur unzureichend. Millionen Welpen werden getötet, weil sie nicht dem Zuchtziel entsprechen oder einfach nicht gebraucht werden. Rüden werden kastriert, Hündinnen sterilisiert, um zu verhindern, dass unerwünschter Nachwuchs zustande kommt oder die Rüden zu aufsässig werden. Und in Stadtwohnungen werden sie isoliert von anderen Hunden gehalten.

Längst nicht allen Hunden geht es hierzulande gut, auch wenn es noch nie so vielen Hunden so gut gegangen ist wie in unserer Zeit. Sie sind Ersatz für Kinder. Sie geben für Menschen in gesellschaftlicher Isolation lebendige, verlässliche Partner ab, und sie wachsen zusammen mit Kindern als erweitertes Mitglied der Familie auf. Hunde werden geschlagen, gescholten und dressiert. Sie erbringen kaum glaubliche Höchstleistungen, etwa als Spür- und Jagdhunde, im Polizeidienst und als Blindenhunde. In dieser Fähigkeit, Blinde führen zu können, und zwar so, dass sich diese Menschen auf ihren Hund buchstäblich blind verlassen können, übertreffen sie bei Weitem die uns Menschen biologisch nächstverwandten Menschenaffen. Wo diese nicht einmal bemerken, dass Hilfe nötig ist, macht der Blindenhund das Richtige. Auch wenn sehr viel davon Ausbildung ist, jahrelange Dressur, und sich nicht jeder Hund für eine derart anspruchsvolle Aufgabe eignet, bestätigen die Erfolge dennoch die höchst erstaunliche Fähigkeit des Hundes, sich umfassend auf den Menschen einzustellen. Es ist nicht übertrieben zu behaupten, dass mancher Hund die Stimmung seines Menschen schneller erfasst als dessen Mitmenschen. Zudem gibt es Hunde in so unterschiedlichen Größen und Formen, dass es schwerfällt, zu akzeptieren, dass sie alle aus dem Wolf gezüchtet worden sind, vom zwergenhaften Rehpinscher und nahezu katzenähnlich geratenen Pekinesen bis zu den kälbergroßen Doggen und Molossern, vom dünnbeinigen Windspiel bis zum bulligen Terrier.

Doch die moderne Genetik bestätigt, was längst angenommen worden war: Der Hund *Canis familiaris* ist Abkömmling des Wolfes *Canis lupus*. Die Menschheit lebt gegenwärtig mit mehr als einer halben Milliarde »Wölfen« zusammen. Genetisch gesehen sind die Unterschiede so gering, dass es sogar fraglich erscheint, ob wir dem Hund den oben angeführten, eigenen wissenschaftlichen Artnamen geben dürfen. Nach den Gepflogenheiten der zoologischen Systematik ist beim Hund die Abgrenzungsproblematik ähnlich kompliziert wie beim Menschen. Sind wir der dritte Schimpanse, weil wir mit den beiden Schimpansenarten fast 99 Prozent der Gene gemeinsam haben? In unserem Fall sind wir überzeugt, dass nicht die Menge der unterschiedlichen Gene unser Menschsein ausmacht, sondern die neue Qualität, die sich aus ihrer Kombination ergeben hat. Entsprechend dürfen wir davon ausgehen: Der Hund ist Hund, nicht einfach ein genetisch etwas abgewandelter Wolf.

Die Gemeinschaft von Mensch und Hund ist ganz klar eine Symbiose. Beide Partner ziehen Nutzen aus ihr.

Die Gemeinschaft von Mensch und Hund ist ganz klar eine Symbiose. Beide Partner ziehen Nutzen aus ihr. In der überwiegenden Mehrzahl zumindest, denn dass sich nicht wenige Menschen gegenüber ihren Hunden alles andere als partnerschaftlich verhalten, hat nicht als typisch zu gelten, sondern ist schlicht unmenschlich. Ethische Aspekte sollen hier aber nicht vertieft werden. Darüber sind zahlreiche Bücher geschrieben und heftige Diskussionen geführt worden. Das Tierschutzgesetz setzt bei uns und in zahlreichen weiteren Ländern den Rahmen für Erlaubtes und nicht Hinzunehmendes fest. Dies ist insofern bemerkenswert, als dadurch andere, nicht direkt beteiligte Menschen die Partei der Hunde ergreifen und diese gegen unzumutbare Behandlung verteidigen können. Die Hunde sind zwar nicht allein in dieser Hinsicht privilegiert, aber unter den Haustieren, die die tierschutzrechtliche Protektion genießen, sicherlich diejenigen, die am meisten davon profitieren. Weit weniger Rücksicht wird auf Katzen und noch viel weniger auf Nutztiere genommen, die wie Rinder, Schweine oder Hühner in Massenhaltungen zu lebenden Maschinen degradiert worden sind. Was ihnen noch als letzten Rest von Tierschutzgerechtigkeit zugebilligt wird, hat mit artgemäßem Leben, das ihnen zustehen sollte, wenn sie schon für unsere Ernährung sterben müssen, nichts mehr zu tun. Da geht es dem Wild in Wildparks (für Wildfleischerzeugung) weitaus besser. Wir dürfen den Tierschutz deswegen durchaus als Teil der Symbiose, gleichsam als juristische Abmachung dazu, in die Betrachtungen der Partnerschaft von Hund und Mensch miteinbeziehen. Was auch ausdrückt, wie wichtig sie sehr vielen Menschen, politisch gesehen der großen Mehrheit, tatsächlich ist.

Das Verhältnis zwischen Mensch und Hund bietet zwei Aspekte für die vertiefte Behandlung der Symbiose, die wir in anderen Fällen nicht oder nur sehr vage betrachten können. Es sind dies die Fragen nach ihrem Zustandekommen und ihrer Beständigkeit. Das auf der Bildtafel Dargestellte richtet die Betrachtung auf eine für uns gegenwärtige Menschen recht ferne Vergangenheit; zurück in die Zeit, in der unsere Vorvorfahren als Jäger und Sammler lebten und Ackerbau und Viehzucht noch nicht erfunden waren. Damals herrschte Eiszeit. Gletscher hatten sich von Skandinavien her tief nach Norddeutschland hineingeschoben, die Nordsee großenteils bedeckt, und Eis war auch von den Alpen her weit ins Vorland gedrungen. Im eisfreien Bereich dazwischen lebten vom atlantischen Westen bis in den fernen Osten Asiens Großtiere, die in mancherlei Hinsicht denen entsprachen, die es gegenwärtig noch in Afrika südlich der Sahara gibt. Die riesigen Eiszeitlöwen und Eiszeithyänen glichen ihren engen Verwandten in Afrika besonders stark. Im Durchschnitt waren sie lediglich noch größer. Mammut und Wollnashorn sowie der Riesenhirsch als markanteste der eiszeitlichen Großtiere Eurasiens sind ausgestorben. Moschusochsen, Rentiere, Großbären und andere Tiere der Kältesteppe folgten dem Rückgang der Gletscher und zogen sich mit diesen nach Norden in die heutige Tundra zurück. Menschen und Wölfe jagten die eiszeitlichen Großtiere und lebten weitgehend oder so gut wie ganz davon. Die Menschen ergänzten ihren Bedarf mit dem Sammeln pflanzlicher Nahrung. Sie waren aber ohne jeden Zweifel die besten Jäger im Eiszeitland, auch wenn ihnen die Wölfe an Effizienz sicher kaum nachstanden. Beide lebten in engen Gemeinschaften, in Gruppen bzw. Rudeln, und teilten die erjagte Beute innerhalb ihrer Gruppe. Infolgedessen hätten sie die größten Konkurrenten gewesen sein müssen. Umso erstaunlicher ist es, dass ausgerechnet hieraus die besondere Gemeinschaft zustande kam, bei der die Menschen unverändert Menschen blieben, die Wölfe aber zu Hunden wurden.

Die Hundwerdung wird üblicherweise mit der Zähmung der Wölfe durch die Eiszeitmenschen erklärt. Trifft das wirklich zu? Und was besagt das im Hinblick auf das Zustandekommen der vielen anderen Symbiosen? Haben sich Korallen die Algen domestiziert, mit denen sie leben und in Riffen die bei Weitem größten von Organismen stammenden Bauwerke bilden? Wohl kaum, denn Korallentieren unterstellen wir gewiss keine Absichten. Hatten die Eiszeitmenschen solche, als sie den Wolf domestizierten? Welche Rolle spielen Ziele und Absichten in diesen Vorgängen? So fern uns die Eiszeitmenschen ihrer Lebensweise und Umwelt nach auch sein mögen, so nah sind sie uns doch als Menschen, verglichen mit allen anderen Lebewesen. Mit der gebotenen Umsicht dürfen wir darüber nachsinnen, was in ihren Köpfen vorgegangen sein könnte, als sie den Wolf domestizierten. Noch besser können wir beurteilen, wie gegenwärtig die Symbiose von Hund und Mensch funktioniert, welche Formen sie angenommen hat und welche Schwierigkeiten in diesem Miteinander auftreten. Auch hierzu bietet der Hund unvergleichlich mehr als alle anderen Symbiosen von Tieren

untereinander oder gar solche mit Beteiligung von Pflanzen. Schließlich kennen die allermeisten Menschen den Hund, auch wenn sie selbst keinen halten. Fast jeder kann eigene Erfahrungen mit den Befunden und Erwägungen der Forscher abgleichen.

Zurück zum ersten Teil des Problems, nämlich wie der Wolf zum Hund (gemacht) wurde. Eines ist klar: Am Anfang der Domestikation konnte für die Eiszeitmenschen nicht das Ziel »Hund« gestanden haben. Die Wölfe, die zu den Lagern der Menschen kamen oder die darauf warteten, von großer Jagdbeute Reste abzubekommen, wurden sicher mit Argwohn betrachtet. Ein

Rudel Wölfe in der Nähe bedeutete für die Menschen Gefahr. Allzu großer Zudringlichkeit konnten sich die Menschen am besten mithilfe des Feuers erwehren. Mit einem brennenden Ast in der Hand lassen sich Raubtiere auch in unserer Zeit sicher fernhalten. Dennoch hegen wir möglicherweise eine übergroße Furcht vor Raubtieren, weil wir, zumindest der weitaus größte Teil von uns Menschen, seit Langem so sehr von der Natur entfremdet sind, dass wir ihre Gefahren überschätzen. Risiken hingegen, die sich aus unserem Lebensstil ergeben, unterschätzen wir, wenngleich sie mit extrem hohen Zahlen von Todesfällen verbunden sind: »Bekannte Gefahr gilt als gebannte Gefahr«. Diese Feststellung schützt das Auto (und ihre Hersteller) vor der Ächtung als todbringendes Gebilde, obwohl ihm allein in Europa im Verlauf eines Jahrzehnts die Einwohnerzahl einer Großstadt zum Opfer fällt. Wölfe hingegen töten Menschen äußerst selten einmal, Hunde viel häufiger. Die Wildnis des Straßenverkehrs ist unvergleichlich gefährlicher als die natürliche Wildnis.

In Regionen, in denen Großraubtiere wie Löwen, Tiger, Leoparden, Jaguare oder Grizzlybären leben, hegen die Menschen weit geringere Ängste, wenn ein Bär »auftritt« oder ein Wolf durchs Land wandert, als etwa die Bewohner West- und Süddeutschlands. Ein derart gefährliches Tier löst mediale Panik aus und ruft Lokalpolitiker auf den Plan, die in ihrer kleinen Welt gegen solche Untiere ein rigoroses Vorgehen fordern. Während die Todesstrafe in der hiesigen Menschenwelt schon längst geächtet und abgeschafft ist, trifft den Wolf, der entsprechend seiner Natur und mangels Verträglichkeit von Gras oder Brot ein Schaf tötet, gleich das Todesurteil.

Behalten wir diese Schieflage in der Wertung im Auge, wenn wir nach den Anfängen der Domestikation des Hundes suchen. Domestiziert zu sein, heißt unter Kontrolle zu stehen. Frei lebend, wie auch immer, gilt als »wild«. Und wild ist das Gegenstück zu zahm oder kultiviert. Diese Art von Wertung ist bis in die jüngste Vergangenheit auch auf »die Wilden« angewandt worden, die nach Vorstellungen von Menschen der westlichen Kultur (noch) als »Naturvölker« lebten. In diesem Zustand waren sie nicht gezähmt, domestiziert und damit zumindest in den Grundzügen ihres Verhaltens auch noch nicht zivilisiert. Doch es waren nicht die »Zivilisierten«, die aus dem Wolf den Hund schufen, sondern die »Wilden«, die in der Steinzeit als Jäger und Sammler umherzogen. Damals vor Zehntausenden von Jahren traf Wildtier auf Wildmensch. Und es entwickelte sich eine Partnerschaft, die heute Millionen von Menschen als einen der wichtigsten Bestandteile ihres Lebens empfinden.

Der Schlüssel dazu ist wahrscheinlich nicht im Einfangen von Jungwölfen zu finden, deren Mutter getötet wurde, denn das ganze Rudel hätte sie verteidigt und von den Menschen umgebracht werden müssen. Die Jungwölfe hätten sich, erwachsen geworden, auch nicht einfach »halten« und züchten lassen. Wenn ihre Zeit kam, wären sie auf und davon gewesen und zu den wilden Artgenossen geeilt, wie es die allermeisten Tiere tun, die von Menschen, weil jung oder verletzt, aufgefunden, gepflegt und großgezogen werden. Domestikation setzt gezielte, kontrollierte (!) Weiterzucht voraus, die gewünschte Eigenschaften erhält und möglichst fördert, aber andere, die mit dem Wildsein verbunden sind, zu unterdrücken oder zu eliminieren versucht. Im allgemeinen Teil über die Symbiose ist darauf ausführlicher eingegangen worden, weil es dort ums Grundsätzliche geht. Hier mag genügen, die Schwächen der Vorstellung aufzuzeigen, dass Wölfe von Anfang an absichtlich gezüchtet worden seien. Wahrscheinlicher, viel realistischer ist das Gegenteil: Wölfe näherten sich den steinzeitlichen Menschengruppen und profitierten von ihrer Jagdbeute. Sie betätigten sich als »Mit-Esser« (Kommensalen) ähnlich wie die Schakale bei Löwen. Aber anders als diese, die klein sind und weitgehend paarweise leben, waren solche Wolfsgruppen der Steinzeit groß und stark genug, »ihre« Menschen, von denen sie profitierten, gegen andere Wolfsrudel zu verteidigen. Das ermöglichte die intensivere Bindung.

Diese nutzte auch den Menschengruppen, weil die Wolfsrudel, die sich ihnen angeschlossen hatten, nach ihrer Wolfsnatur wie Wachhunde reagierten und die Menschen vor Gefahren warnten, die vor allem nachts drohen konnten. Das mag die Menschen veranlasst haben, ihre Wölfe verstärkt zu füttern, um sie noch besser zu binden. Über Zehntausende von Jahren hinweg bildete sich auf diese Weise ganz von selbst ein ökologischer Typ von Wölfen heraus, die man Hund-Wölfe nennen kann. Diese richteten ihr eigenes Verhalten immer stärker auf das der Menschen aus, lernten deren Tun verstehen und reagierten entsprechend passend darauf. Was wiederum den wechselseitigen Zusammenhalt verstärkte. Die Initiative ging also eher von den Wölfen als von den Menschen aus. Sie domestizierten sich selbst, zumindest was ihr auf die Menschen bezogenes Verhalten betrifft. Und sie waren damit bereit für die eigentliche, erst viel später einsetzende Züchtung inklusive der Auslese bestimmter Eigenschaften. Aus dem anfänglich sehr einseitigen Vorteil, den die von der Jagdbeute profitierenden Wölfe genossen, war im Lauf der Zeit eine Wechselseitigkeit zustande gekommen; eine echte Symbiose.

Sie enthält dennoch all die Probleme und Unwägbarkeiten, die zwischen einander letztlich doch recht unähnlichen Partnern vorkommen. Hunde können aggressiv und (lebens)gefährlich werden. Und viele werden sehr schlecht behandelt.

So wie Hunde ausgenutzt, geschunden und misshandelt werden, müsste man das menschliche Verhalten ihnen gegenüber eigentlich fast als parasitär bezeichnen. Dennoch bleibt den Vierbeinern in der Bilanz ein großer Vorteil. Nicht die Wölfe sind der Zahl und Überlebensfähigkeit nach global dominant, sondern die Hunde. Diese Feststellung gilt für alle Haustiere, ob Katze oder Kamel, Rind, Ross und Schwein ebenso wie für Hühner und Enten. Die

Domestizierten übertreffen der Menge nach ihre Wildformen um mehrere bis viele Größenordnungen. Das Urrind und die Urform des Kamels sind ganz ausgerottet. Aber es gibt durchaus auch den Weg zurück, wie die »verwilderten«, besser: die frei lebenden Hunde, die Pariahunde, zeigen. Ihrer Zahl nach gehen sie über die echten, d.h. direkt an die Menschen gebundenen und von ihnen vollständig abhängigen Hunde beträchtlich hinaus; vielleicht um das Doppelte oder Mehrfache. Auch Ziegen und Schweine, ja sogar die von ihrer Wildform durch Züchtung schon so weit entfernten Pferde verwildern rasch und können damit erhebliche Probleme in freier Natur verursachen. Wie die Wildschweine, die in die Kulturen der Landwirtschaft eindringen, oder die Ziegen, die verwildert auf Inseln alles kurz und klein fressen. Damit drückt die Verwilderung aus, dass die Domestikation, die Symbiose mit den Menschen, die darin steckt, durchaus nicht so stabil und unveränderlich ist, wie man sich dies zumeist vorstellt. In vielen Symbiosen ist die Spannung erkennbar, die zwischen den Partnern herrscht. Sie muss immer wieder neu austariert werden, um weiter Bestand zu haben.

4. Madenhacker, Büffel und Co

4.

Madenhacker, Büffel und Co

Sind sie eigentlich nicht lästig, diese Vögel, die nach Art der Spechte an Büffeln, Antilopen und Giraffen herumklettern? Deren langen Hals behandeln sie geradezu wie einen Baumstamm. Manchmal schütteln sich die Tiere und entledigen sich damit gleich eines ganzen Schwarms dieser etwa starengroßen Vögel. Madenhacker nennt man sie; englisch »Ochsenpicker« (*oxpecker*). Wo von der Sahara bis Südafrika auf den Savannen Wildtiere oder Viehherden unterwegs sind, werden sie nicht fehlen. An den großen Wildtierherden der Serengeti gibt es sie häufig. Und mancher Safaritourist wird festgestellt haben, dass das plötzliche Auffliegen der Madenhacker die Büffel alarmiert, an denen sie herumsuchen. Von Spechten sind wir gewohnt, dass sie an Baumstämmen klettern. Wenn sich aber andere nicht sehr spechtähnliche Vögel so verhalten, sollte es einen besonderen Grund geben. Verfügen Büffel, Antilope und Co mit ihnen über einen eigenen Wachdienst? So wie unser Wald, der gemäß der forstlich-jägerischen Folklore von ›Markwart‹, dem Eichelhäher, bewacht wird? Dort hört man die Häher laut rätschend warnen, wenn jemand in den Wald kommt. Würden sie dies nur bei Jägern tun und Spaziergänger davon ausnehmen, bewiese ein so differenziertes Verhalten durchaus Häherintelligenz. Leider sind sie selbst oft die Leidtragenden ihres Mitteilungsbedürfnisses, denn sie werden zu Zehntausenden abgeschossen. Wovor warnen die Häher dann? Vor allen Menschen? Vor Füchsen, die ihnen nichts anhaben können? Vor dem Habicht, der zu schnell für sie kommt, die Beute überrascht und nur einen Haufen Federn, darunter die kleinen so schön bayrisch weiß und blau gezeichneten vom Schulterbereich, zurücklässt? Ihr unüberhörbares Warnen richtig zu deuten, fällt schwer, weil wir uns einen Urzustand des Waldes ganz ohne Menschen kaum vorstellen können. Vor wem warnen sie? Warum vor Menschen? Naturfreunde, die Häher nicht schießen, möchten dennoch in den Wald. Behalten wir diese offene Frage im Gedächtnis, wenn wir das Verhalten der Madenhacker genauer betrachten.

Offensichtlich tun sie etwas Nützliches. Sie picken Zecken von der Haut ab oder Fliegenmaden von Wunden, die sich die Tiere im dornigen Gestrüpp oder im Rivalenkampf, vielleicht bei einem Raubtierangriff, dem sie entkommen sind, zugezogen haben. Zecken und Fliegenmaden stellen die betroffenen Tiere zwar nicht freiwillig zur Verfügung. Sie sind einfach davon befallen. Aber gut tut es ihnen sicher, von den Parasiten befreit zu werden.

Damit ist die Grundanforderung erfüllt, die jede Symbiose auszeichnen soll: gegenseitiger Nutzen. Die Madenhacker sind eifrig. Alle Hautfalten und Nischen am Großtierkörper suchen sie ab, bis hin zu den Ohren und zum After. Manchmal klammern sie sich an die Schnauze, um sogar die Nasenlöcher zu untersuchen. Abschütteln lassen sie sich nicht wirklich, auch wenn sie kurz auffliegen. Sie kehren nach kurzem Flug zurück, so als wäre es ihnen zu gefährlich im freien Luftraum. Sie wirken jedenfalls nicht sehr flugtüchtig. Da ist es vielleicht sogar besser für sie, am Büffel zu bleiben, wenn ein Greifvogel naht. In Afrika gibt es viele Greifvögel, die Vögel jagen. Für die Madenhacker ist es riskant genug, wenn sie zum Nisten Baumhöhlen aufsuchen und sich bei der Jungenaufzucht wie normale Vögel verhalten müssen. Doch die Nester lassen sich nun mal nicht auf den lebenden Großtieren anbringen. Auch zum Nächtigen verlassen sie diese und fliegen zu einem gemeinsamen Schlafplatz ins Gebüsch. Sie sind verwandt mit den Staren, was zumindest verständlich macht, weshalb sie mit Großtieren so eng verbunden sind. Denn auch unsere Stare setzen sich auf Schafe oder Rinder, zupfen an deren Wolle und begleiten sie auf der Weide. Der Hintergedanke ist bei Staren und Madenhackern der gleiche: Wo Vieh weidet, wird das Grasland kurzrasig. Und damit wird die Bodenoberfläche erreichbar für die Vogelschnäbel, um nach Nahrung zu picken.

In der afrikanischen Savanne, die seit Jahrmillionen voller Großtiere ist, findet das alles in größerem Maßstab statt als auf unseren heimischen Wiesen. Nirgendwo sonst auf der Erde gab und gibt es von Natur aus so viele Großtiere so großflächig verteilt. Also hatten die Starenvögel in ihrer Evolution dort besonders günstige Entfaltungsbedingungen. Wir können davon ausgehen, dass ihre Artenvielfalt etwa so alt ist wie die der großen Weidetiere Afrikas. Sie reicht zurück bis in die Zeit vor dem Eiszeitalter, in das (späte) Tertiär.

Damals breiteten sich im tropisch-subtropischen Bereich die Grasländer aus, während die Wälder schrumpften, weil Menge und Häufigkeit der Niederschläge zurückgegangen waren. Zeit genug, um die so auffällige Symbiose zu entwickeln, die hochspezialisierte Stare mit den Großtieren der afrikanischen Savanne verbindet. Da ist das Warnsignal des Auffliegens gleichsam das Mindeste an Gegenleistung, das die Madenhacker zu erbringen haben, wenn sie schon so sehr von den Großtieren profitieren.

Oder es bleibt ein unbedeutender Nebeneffekt, ließe sich entgegnen, weil sie die Tiere, auf denen sie herumklettern, ja von Ungeziefer befreien und Wunden reinigen. Ein »Putzdienst« an Land also, ähnlich dem von Putzerfischen und Putzergarnelen im Meer am Korallenriff. So friedlich, wie es bei oberflächlichem Blick aussehen mag, geht es bei den Madenhackern aber nicht immer zu. Haben sie mehr Hunger, als von Zecken und Maden gedeckt wird, schlagen sie mit ihren konischen Schnäbeln, wie im Fall des Rotschnabel-Madenhackers beobachtet, durchaus zu. Sie beginnen, Wunden freizuhacken oder vorhandene zu vergrößern. Dann erinnert das an jene falschen Putzerfische, die an den Putzstationen am Riff die echten in Körperzeichnung und Verhalten täuschend nachahmen, die ankommenden Fische aber beißen (Bildtafel 26).

So eine menschlich-wertende Sicht ist natürlich nicht angebracht. Besser ist es, die Symbiose aus den ganz unterschiedlichen Blickwinkeln der beiden Partner zu betrachten. Wegen der grundsätzlichen Bedeutung enthält der Einführungstext zur Symbiose mehr dazu. Hier soll der Hinweis genügen, dass es nicht im Interesse der Madenhacker liegen kann, die Wildtiere, die sie absuchen, ganz von Ungeziefer zu befreien. Damit würden sie sich die Nahrungsgrundlage selbst entziehen. Wären sie jemals in der ganzen langen Geschichte ihrer Beziehung zu den Großtieren diesem Zustand vollständiger Säuberung auch nur nahegekommen, gäbe es sie nicht mehr. Madenhacker muss es nicht geben, wo große Säugetiere in großer Zahl vorkommen. Es gibt sie nur in Afrika. Auch davon mehr in der Einführung.

Blenden wir zurück zu unserem Eichelhäher. Er ist nicht der einzige Vogel, der weithin hörbar vor dem Nahen einer Gefahr warnt. Auch viele Kleinvögel geben Warnrufe von sich, zumeist in hoher Tonlage, die nicht nur Angehörige der eigenen Art, sondern auch andere Vogelarten verstehen. Sind sie damit selbstlos, altruistisch? Mit dieser Frage setzten sich Evolutionsbiologen immer wieder intensiv auseinander. Im Kern geht es darum, ob das Risiko, das durch das Äußern des Warnrufes entsteht, von den Vorteilen überkompensiert wird, wenn auch andere bei Gefahr warnen. Viel ist daran herumgerechnet und modelliert worden. An der Tatsache, dass es in der Natur so ist, ändern die Modelle nichts. Jedenfalls ist es sehr schwer, wenn nicht so gut wie unmöglich, in der von Menschen so stark veränderten Natur, auch im Wald, wo die Vögel besonders häufig allgemein verständliche Warnrufe ausstoßen, das jeweilige Ausmaß der Gefährdung festzustellen. Gibt es doch Feinde, wie Sperber, bei Weitem nicht in den natürlichen Häufigkeiten wie zu jenen fernen Zeiten, in denen die Warnrufe entwickelt worden sind. Die Menschen haben zu viel verändert, um die jetzigen Verhältnisse auf einen Naturzustand beziehen zu können; eine Feststellung, die nahezu generell gilt. Wer aber jemals in einigermaßen naturnahen Regenwäldern der Tropen oder auch in Wäldern, die in Europa als Urwald bezeichnet werden, versucht hat, Kleinvögel zu beobachten, wird Vogeljäger wie den Sperber sicher nicht beneiden, von solcher Beute leben zu müssen. Die Möglichkeiten, kleine Vögel zu erbeuten, sind ganz gewiss viel geringer als im offenen Stangenwald unserer Forste oder gar in Ortschaften und Städten. Doch gerade in diesen leben die Kleinvögel in größter Siedlungsdichte. Also beinhalten die Warnrufe womöglich gar kein bedeutsames Risiko. Der Eichelhäher, der gewarnt hat, wird wahrscheinlich nicht geschossen werden können. Und auch nicht seine Artgenossen in der Nähe. Oder der Fuchs, der den Ruf richtig gedeutet hat. Allzu eng, wie sie in den Symbiose-Beispielen teilweise dargestellt werden, sollten wir daher Beziehungen nicht sehen. Es wird die komplexe Wirklichkeit der Natur zwangsläufig vereinfacht, um sie übersichtlicher zu machen. Und in vielen Fällen wissen wir längst nicht genau genug, wie es sich verhält. Alle nachfolgenden Interpretationen können durch verbessertes Wissen veränderungsbedürftig werden. Dies zeichnet Naturforschung aus und trennt sie von dogmatischem Festhalten am Geglaubten, weil für richtig Befundenen. Spannend bleiben die Beispiele trotzdem. Und vielleicht auch anregend für vertiefende Untersuchungen.

5. Raben und Wölfe – ein spannungsgeladenes Verhältnis

5.

Raben und Wölfe – ein spannungsgeladenes Verhältnis

Als das Eis große Teile von Nordeuropa, Westasien und Nordamerika bedeckte und die Wölfe sich den Menschengruppen annäherten, mag sich folgende Szene vielfach abgespielt haben: Raben fanden einen verendeten Hirsch, der Hunger und Kälte zum Opfer gefallen war. Beute dieser Größe konnte viele Raben mehrere Tage vor dem Verhungern bewahren. Doch der Kadaver war eingehüllt in eine lederartig zähe Haut mit dichtem Fell. Es gelang den Raben nicht, sie aufzuhacken, um an das Fleisch zu gelangen. Ein Auge, das sie dem toten Tier herauspickten, blieb das einzige für den Rabenschnabel fassbare Beutestück, sosehr sie sich auch mühten. Nicht einmal die andere Kopfseite mit dem zweiten Auge war ihnen zugänglich. Auch in gemeinschaftlicher Anstrengung hätten sie den Hirschkopf nicht umdrehen können. Was tun in so einer Lage? Diesem klügsten der Vögel stellte sich dieses Problem anders dar als den Geiern in Afrika oder Indien, die bei ihrer eigenen Unfähigkeit, einen toten Büffel aufzureißen, letztlich nur warten müssen, bis dieser durch die Gasentwicklung der Fäulnis in der Tropenhitze von selbst platzt, sollten keine Hyänen oder Löwen das Aas finden. Der Hirsch würde im Eiszeitwinter nicht nur nicht platzen, sondern zu Tiefkühlkost gefroren werden. Allenfalls im nächsten Sommer könnten die Raben mit seinem Auftauen und Mürbewerden rechnen, so sie den Winter bis dahin überhaupt überleben. Dennoch fanden sich immer mehr von ihnen ein. Ihre Rufe, das tiefe, weit schallende »Klonk«, wurden lauter. Ob sie sich stritten oder »palaverten« wäre damals ebenso wenig zu entscheiden gewesen wie in unserer Zeit, wenn sich Kolkraben an einem toten Großtier sammeln. Die Schnäbel der Raben, die selbst Adler beeindrucken und auf Distanz halten, sind für so ein Vorhaben einfach zu schwach. Doch die großen schwarzen Vögel wussten sich zu helfen. Ihr unschlüssig wirkendes Herumkreisen, Niedergehen, Rufen und Wiederauffliegen alarmierten das Wolfsrudel, das über einen Kilometer entfernt unterwegs war und auch nach Jagdbeute suchte. Die Wölfe, die wohl klügsten der

Säugetiere, verstanden die Signale der Raben, orientierten sich an ihnen und gelangten auf diese Weise rasch zum Kadaver. Riechen hätten sie ihn nicht können. Der Wind war nicht günstig dafür und die Luft viel zu frostig. Zu sehen wäre der halb im Schnee versunkene, auf der Seite liegende Hirsch nur aus der Nähe gewesen. Aber der dritte Fernsinn, das Gehör, funktionierte. Rabenrufe bedeuteten Beute. Für die Wölfe mag der Hirsch lebensrettend gewesen sein. Gegen Ende des Winters wird Beute extrem knapp. Die Schwachen sind längst tot. Kadaver, die nicht rechtzeitig gefunden und gefressen worden waren, wurden vom Schnee verdeckt, nachdem sie die eisige Kälte steinhart gefroren hatte. Nun aber konnten die Wölfe die Fülle eines mehrere Hundert Kilogramm schweren Tieres ausbeuten.

Und die Raben? Clever, wie sie sind, sicherten sie sich ihren Teil. Ob das ein fairer Anteil war, spielte in der akuten Lage, in der es ums Überleben ging, keine Rolle. Jedenfalls würden die Wölfe genügend Reste übrig lassen, vielleicht sogar einen erheblichen Teil des Fleisches und der Innereien, weil sie nicht mehr verzehren können als in ihre Bäuche hineingeht. Zudem sind die Raben den Wölfen in einer Hinsicht klar überlegen. Sie können fliegen und nicht bloß Sprünge machen, um in die Luft zu schnappen, wie die Wölfe. Mit zunehmender Füllung des Bauches geben sie solche Abwehrversuche ohnehin auf. Sie lohnen nicht mehr. Ob fünf oder zehn oder mehr Prozent Anteil, es ist allemal mehr, als nur das Auge und sonst nichts vom toten Hirsch abzubekommen. Für uns Menschen als unbeteiligte Beobachter mag der Eindruck entstehen, die Wölfe hätten (viel) mehr von diesem Zusammenwirken gehabt als die Raben. Pro Wolf ist jedoch auch eine beträchtlich größere Menge Nahrung vonnöten als für einen Kolkraben. Das ergibt sich aus den Unterschieden im Körpergewicht. Setzen wir für die Wölfe im Eiszeitklima einen groben Durchschnitt von 45 Kilogramm an und für die Kolkraben von 1,5 Kilogramm, kommt ein Gewichtsverhältnis von etwa dreißig zu eins zustande. Bei einem täglichen Bedarf an Nahrung (in Form von Fleisch und verdaubaren Knochen oder Knorpeln) von zehn Prozent des Körpergewichts braucht der Wolf für die nächsten drei Tage, die er auskommen kann, ohne wieder zu jagen, knapp 15 Kilogramm und das Rudel, so es zehn Wölfe umfasst, somit nicht mehr als ein Drittel des großen Hirsches von fast einer halben Tonne Gewicht. Für die Dutzenden Kolkraben läge der Bedarf bei nur 25 Kilogramm. Der Kadaver sollte also genug für beide enthalten haben, je nachdem, um welche Mengenverhältnisse zwischen Raben und Wölfen es sich gehandelt hatte.

Mehr soll die grobe Rechung auch nicht aufzeigen. Sie lässt sich durch eine Überlegung ergänzen, die geradezu zwingend folgt. Wenn Geier in Afrika größere tote Säugetiere zusammen mit Löwen, Hyänen, Schakalen, Marabu-Störchen und anderen Aasfressern, große Käfer mit eingeschlossen, gemeinsam verwerten, fällt offenbar für alle genug ab. Wenn nicht, würde es die Geier ja längst nicht mehr geben. Vor mehreren Millionen Jahren hatten sie sich aus noch selbst jagenden, adlerartigen Vorfahren zu Aasfressern entwickelt. Und dabei im Lauf der Zeit die Fähigkeit, selbst Beute zu machen, völlig aufgegeben. Ganz und gar, jahraus, jahrein sind sie davon abhängig, dass Löwen und andere Prädatoren Beute machen, von der für sie genug übrig bleibt, und zudem hinreichend viele Großtiere auf den Wanderungen ums Leben kommen, ohne dass Raubtiere diese gejagt und getötet haben müssen. Die Geier suchen im Segelflug das Gelände aus oftmals großer Höhe ab, um die Kadaver zu orten. Seit Jahrmillionen funktioniert dies. Und nicht nur für eine Art Geier, sondern gleich für mehrere, die sich auf die Aasverwertung spezialisiert haben. Das lässt den Schluss zu, dass die viel einfachere Beziehung zwischen Kolkraben und Wölfen ähnlich funktioniert haben müsste. Zudem decken sich die globalen Verbreitungsgebiete von Wolf und Kolkrabe weitgehend. Wo das nicht der Fall ist, herrschen andere Lebensbedingungen mit Alternativen. Zeit hatten beide Arten ebenfalls genug, sich aufeinander einzustellen. Wahrscheinlich lebten sie das ganze Eiszeitalter hindurch als lockere Partner. Erst in unserer Zeit sind ihre Möglichkeiten gering geworden, auf diese Weise zusammenzuarbeiten, weil die Menschen die Wölfe weithin ausgerottet oder so selten gemacht haben, dass es nur ausnahmsweise gelingt, die Interaktion zwischen Raben und Wölfen zu beobachten.

Deshalb musste die Schilderung des auf dieser Bildtafel dargestellten Vorgangs in der Vergangenheitsform geschrieben werden. Allerdings ist nicht nur die Symbiose von Raben und Wölfen verblasst, auch der gesamte Lebensrahmen, der ihre Basis darstellte, hat sich verschoben. Und zwar in den äußeren Lebensbedingungen, weil auf die letzte Eiszeit, das Würm- bzw. Weichsel-Glazial, das vor gut zehntausend Jahren zu Ende gegangen war, eine neue Warmzeit, das Holozän, folgte. Eiszeitähnliche Verhältnisse wurden vom erwärmten Klima in hochnordische geografische Breiten und in Bergeshöhen abgedrängt. Zwar existieren Lebensbedingungen mit viel Schnee, tiefer Kälte und kurzen Sommern noch in den nordischen Nadelwäldern und Tundren sowie in wenigen Hochlagen der eurasiatischen und nordamerikanischen Hochgebirge, aber die Menschen haben auch dort die Natur sehr stark verändert und insbesondere Vorkommen und Häufigkeit der Großtiere drastisch dezimiert. Eiszeitliche Lebensbedingungen mit ihrem Reichtum an großen Säugetieren gibt es nicht mehr. Wo es solche, wie bei uns in Mitteleuropa, vor zwanzigtausend Jahren noch gegeben hatte, dehnt sich intensiv genutztes Kulturland aus. Gruppen von Mammuts, Herden von Wildpferden, Rentieren, Moschusochsen und Riesenhirsche, stets beäugt von Eiszeitlöwen, -hyänen, großen Bären und vor allem auch von Wölfen, sind Vergangenheit. Nicht einmal Restbestände von Rothirschen werden im Kulturland noch geduldet. Wo es sie gibt, sind sie von den Jägern als »ihre Jagdbeute« in Anspruch genommen. Wie fast alles Getier von Kaninchengröße aufwärts. Die Jäger entscheiden, welche größeren Tiere in welchen Häufigkeiten oder überhaupt vorkommen dürfen. Nicht das Klima allein, sondern noch viel mehr die Menschen haben die Zusammensetzung der Tierwelt in den letzten zehntausend Jahren grundlegend verändert.

Dass Haustiere die früheren Wildtiere in durchaus vergleichbaren Formen ersetzen wie die Kühe auf der Weide die wilden Auerochsen und die Wisente sowie die Hausschweine die Wildschweine und die Hauspferde die Wildpferde, ist absolut kein Ersatz. Die weitaus meisten stecken zusammengepfercht in

Ställen der Massentierhaltung. Lediglich das Wildschwein, die Wildform des Hausschweins, bereitet allenthalben Probleme, weil Maisanbau und Überdüngungen der Fluren seit einigen Jahrzehnten das Anwachsen ihrer Bestände stark begünstigen. An ihnen scheitert die Jagd als Mittel der Regulierung. Sie ist bei uns nicht auf wirkliche Bestandskontrolle ausgerichtet. Die Wölfe dürfen nach Ansicht der großen Mehrheit der Jäger dennoch nicht mithelfen und auf Wildschweinjagd losziehen. Vielmehr sollten sie so selten und so zurückgezogen in den Wäldern bleiben, in denen kaum ein Reh lebt, dass sie möglichst nie ein Schaf reißen. Dabei zeigen die Kolkraben in Norddeutschland immer wieder an, dass sich in den Schafherden tote oder todkranke Lämmer befinden. Man macht sie dann gleich für diese Verluste verantwortlich, anstatt ihre Signale zu hinterfragen. Die Rufe der Raben nützen nichts, weil keine Wölfe vorhanden sind, die aufmerksam werden könnten. Werden jedoch tatsächlich Schafe von Wölfen getötet, ist dies fast immer gleichbedeutend mit dem Todesurteil für sie.

Viel Intelligenz werden sie weiterhin zum Überleben brauchen, die klugen Grauen und die cleveren Schwarzen.

Es liegt an der Intelligenz der Kolkraben, dass sie dennoch überlebten. Vielleicht wird es dem vernünftigen Teil der Bevölkerung, von der die Schafhaltung wie die ganze Landbewirtschaftung hochgradig subventioniert wird, irgendwann doch gelingen, einen ausgewogeneren Umgang mit Wölfen und Raben zu erzwingen. Vorerst sehen die Freunde der Natur immer noch »schwarz«. Zu tief verankert ist der Hass auf Wölfe und Raben bei Landwirten und Jägern. Viel Intelligenz werden sie weiterhin brauchen, die klugen Grauen und die cleveren Schwarzen, um zu überleben. Die Menschen der Eiszeit wussten es besser. Sie machten Rabe und Wolf zu Totemtieren, zum Zeichen ihres Clans oder ihres Stammes. Dabei lebten sie vom Jagen und Sammeln. Sie betrieben die Jagd nicht als durchaus verzichtbares Vergnügen, das es in der heutigen Zeit ist, und ihr Sammeln war nicht durch die Allgemeinheit gesponsert. Für die Eiszeitmenschen zählten die Gesetze der Natur. Diese funktionierten über Partnerschaften, genau wie jene, aus denen der Hund hervorging. Der Hund gewordene Wolf gilt nun als des Menschen bester Freund, im Wolf hingegen wähnen noch immer viele den Teufel, wie es in den finstersten Zeiten des Mittelalters kolportiert wurde. Die Raben und die Krähen ordnete man den »Hexen« zu, die damals zu Zigtausenden geschändet und verbrannt wurden. In der gegenwärtigen Behandlung von Raben und Wölfen wirken die düstersten Jahrhunderte unserer Geschichte noch immer nach.

Sus scrofa
Micorriza – Ife
Fliegenpilz
Amanita muscaria
Sommertrüffel
Tuber aestivum
Perigord-Trüffel
Tuber melanosporum
CECK CONTROL
Sceglitrice
Contatrice
Data
April
Juni

6. Wildschweine und Trüffeln

6.

Wildschweine und Trüffeln

Für einen Pilz mutet es wie eine Fehlentwicklung an, Fruchtkörper unterirdisch, im Boden versteckt, zu entwickeln, sind doch die Pilzsporen darauf angewiesen, oberirdisch auf irgendeine geeignete Weise verbreitet zu werden. »Normale« Pilze bilden Fruchtkörper mit Stiel und Hut aus. In einer besonderen Schicht auf der Unterseite des Hutes (Lamellen, Röhren, Stoppeln) entstehen die Sporen. Nach Art der Sporenbildung teilen die Pilzwissenschaftler, die Mykologen, die Welt der Pilze in Großgruppen auf, deren genauere Kennzeichnung nur etwas für Spezialisten ist. Wir begnügen uns mit der vereinfachten Charakterisierung, dass die Sporen, oft kugelige, aber auch ellipsenartige, fädige oder anders geformte Gebilde von wenigen Tausendstel Millimetern Länge und Breite, entweder außen am Pilz an der Spitze besonderer Zellen (Sporenständer, Basidien) entstehen oder im Innern, eingebettet in schlauchförmige Zellen (Schläuche, Asci). Erstere gliedern sich wiederum in verschiedene Gruppen, von denen jene, die auf der Hutunterseite »Blätter« (Lamellen) oder Röhren tragen, die bekanntesten sind. Zu diesen »Röhrlingen« gehört zum Beispiel der Steinpilz. Fliegenpilze und Champignons sind »Blätterpilze«. Unverkennbar sind die giftigen Fliegenpilze mit ihrer roten, weiß gepunkteten Kappe. Und sehr bekannt, weil sie angeblich verwendet wurden, Fliegen zu töten, und auch zum psychedelischen Fliegen. Das war eine gefährliche Angelegenheit zwischen Leben und Tod. Kaum weniger leicht zu erkennen sind einige Röhrlinge wie die Rotkappen (im Bild die als Speisepilz geschätzte Espen-Rotkappe *Leccinum aurantiacum = L. rufum*). Ist der Pilz ausgereift, fallen die Sporen, von der Schwerkraft bewegt, aus den Lamellen oder Röhren oder werden durch Berührung der Pilzkörper weitertransportiert – zum Beispiel an den Beinen von Tieren oder mit dem Regenwasser. Wie auch immer – Pilzfruchtkörper, die über die Bodenoberfläche hinaus wachsen, wirken als »Sporenstreuer«. Andere Pilze, wie viele Schlauchpilze, verfügen über einen aktiven Schleudermechanismus, d. h. bei der Reife entwickelt sich in den Schläuchen ein starker Druck, der zu einer explosionsartigen Entladung führt. Die wohl bekanntesten Angehörigen dieser sehr großen und sehr vielfältigen Pilzgruppe sind die Morcheln. Ihr wabenartig gekammerter »Hut« lässt auf den ersten Blick erkennen, dass ihre Struktur mit der Sporenverbreitung zu tun hat. Und so könnte man fortfahren, denn die Formenvielfalt der Pilze ist unüberschaubar groß. Was wir üblicherweise sehen, bildet nur einen geringen Teil der tatsächlich vorhandenen, überwiegend aber winzig kleinen Pilze. Parasiten gehören zu ihnen, wie Pilze, die Fußnägel oder die Haut befallen, Rostpilze am Getreide und Schimmelpilze, die lebensgefährlich oder – wie das Penicillin – lebensrettend sein können.

Die Echten Trüffeln aus der Gattung *Tuber* gehören zu den Schlauchpilzen, bei denen die typische Gliederung in Hut und Stiel eher zu den seltenen Ausnahmen zählt. Sie bilden Knollen von Kastanien- bis Kindskopfgröße und sind auf der Größenskala dieser Abteilung am oberen Ende angesiedelt. Seltsamerweise spielt sich das gesamte Trüffelleben weitgehend unter der Erdoberfläche ab – nur manche Arten zeigen bei voller Reife wenigstens ihren Scheitel dem Tageslicht. Wenn wir uns nun diesen besonderen Exemplaren zuwenden, geht es uns nicht um Preis oder Präferenz, daher trennen wir auch nicht nach Schwarzer oder Perigord-Trüffel (*Tuber melanosporum*), die nördlich der Alpen nur selten vorkommt, Weißer oder Piemont-Trüffel (*Tuber magnatum*), der auch bei uns häufigen grauschwarzen Sommertrüffel (*Tuber aestivum*) oder einer anderen der vielen Trüffelarten. Wie teuer welche Trüffel gerade ist, hängt ohnehin von den von Jahr zu Jahr und Region zu Region schwankenden klimatischen und bodenkundlichen Verhältnissen ab. Nach derzeitigen Internetangaben (*wikipedia*) kann ein Kilogramm Weiße Trüffeln 9 000 Euro, in Japan sogar bis zu 15 000 Euro erzielen. Wir nutzen solche Angaben zum Einstieg in das »Phänomen Trüffel«, um eine Vorstellung zu gewinnen, wie es zustande gekommen ist.

An dieser Stelle sind zwei kurze Einschübe angebracht. Der erste bezieht sich auf die Herkunft des deutschen Namens »Kartoffel« für die aus Südamerika stammende Knollenfrucht, die zu den für die Ernährung der Menschheit wichtigsten Feldfrüchten gehört. Tatsächlich handelt es sich um die Eindeutschung des italienischen Wortes *tartufo*, der Bezeichnung für Trüffel, und hat ganz offensichtlich mit der ähnlichen Knollenform beider Gewächse zu tun und nichts mit dem Geschmack. Die zweite Anmerkung betrifft die (zu)

ungenaue Benutzung der Bezeichnung »Trüffel«. Mykologen unterscheiden eine ganze Reihe von unterirdisch wachsenden, knollenförmigen Pilzen, die keineswegs alle zu den Schlauchpilzen gehören. Im Deutschen spricht man von Hirschtrüffeln, Rasentrüffeln, Gekrösetrüffeln, Schleimtrüffeln, Wüstentrüffeln, Wurzeltrüffeln und anderen mehr. Zu den klassischen »Edeltrüffeln« der Feinschmeckerlokale gehören nur einige wenige Vertreter der Gattung *Tuber,* und nur für diese sind manche Menschen bereit, exorbitant hohe Preise zu zahlen. Mehrere Arten verwandter Schlauchpilze vermitteln einen allmählichen Übergang zur eigentlichen Trüffelbildung. Sie beginnt mit rein oberirdischen Fruchtkörpern und endet bei solchen, die nur noch unterirdisch leben. Der Fachmann spricht von »epigäisch« (oberirdisch) und »hypogäisch« (unterirdisch) wachsenden Arten. Zu den oberirdischen und besonders auffälligen Trüffelverwandten zählen (in Mitteleuropa) die Orange- und die Scharlachroten Becherlinge aus den Gattungen *Aleuria* und *Sarcoscypha*, deren Fruchtkörper mehr oder weniger kelch- bis schalenartig ausgebildet und sehr auffallend gelb, orange oder rot gefärbt sind. Scharlachrote Kelchbecherlinge (*Sarcoscypha*-Arten) erscheinen bereits im Vorfrühling und sind dort, wo sie vorkommen, kaum zu übersehen. Manche Pilzfreunde nennen sie »unsere Schneeglöckchen«, weil sie zur Zeit der Schneeglöckchenblüte auftreten. Sie haben also eine besondere Verwandtschaft, die Trüffeln; eine Feststellung, die aber noch nicht erklärt, weshalb sie zur unterirdischen Fruchtkörperentwicklung übergegangen sind, wenn doch ihre Verwandtschaft oberirdisch auch ganz gut zurechtkommt. Unterirdische Fruchtkörper entstehen nicht dadurch, dass sich oberirdische nach und nach in den Boden zurückziehen, sondern umgekehrt. Denn das fädige Pilzgeflecht (Myzel) lebt im Boden oder in morschem Holz und beginnt dort mit der Fruchtkörperbildung. Trüffeln gelangen im Fruchtkörperstadium nicht oder kaum mehr an die Bodenoberfläche. Verwandte, wie der violette Kronenbecherling (*Sarcosphaera coronaria*), bilden zunächst unterirdisch geschlossene Hohlkugeln, die bei der Reife sternförmig aufreißen und aus dem Boden hervorbrechen – man spricht hier von einer »semihypogäischen« (»halb unterirdischen«) Entwicklung.

Die Frage stellt sich nun, welche Vor- oder Nachteile darin liegen, eine unterirdische Trüffel oder ein »normaler« Pilz zu werden. Nicht nur Pilzsammler wissen, dass anhaltendes Regenwetter und ausreichende Wärme für das Pilzwachstum günstig sind. Pilze brauchen Feuchtigkeit – Bodenfeuchtigkeit. Oder andere Feuchtbiotope, wie das Nagelbett der Zehen und Finger, feuchte Hautstellen oder moderndes Holz. Im klimatischen Grenzbereich vom niederschlagsreicheren temperierten atlantischen Klima zum sommerheißen Mittelmeerklima werden die Existenzbedingungen für die Fruchtkörper größerer und großer Pilze ungünstiger, vor allem je trockener es wird. Können sich die Pilze im Boden entwickeln, steht ihnen mehr Feuchtigkeit für längere Zeit zur Verfügung. Aber sie verlieren damit die Möglichkeit zur Verbreitung der Sporen auf herkömmliche Weise – indem sie ausfallen oder abgeschleudert werden, beides Voraussetzungen für die mittel- und langfristige Existenz der Pilze und ihre Verbreitung. Am selben Ort können sie nicht auf ewig leben.

Den bekannten Trüffelgeruch bzw. -geschmack rufen Substanzen hervor, die denen der Sexuallockstoffe der Schweine stark ähneln.

Der Vorteil günstiger Bedingungen der Fruchtkörperbildung im Boden ist demnach mit dem Nachteil eingeschränkter oder gar nicht mehr möglicher Sporenverbreitung verbunden. Die Lösung dieser Problematik gelang den Trüffeln über eine besondere Symbiose unter Beteiligung von Duftstoffen. Den bekannten Trüffelgeruch bzw. -geschmack rufen Substanzen hervor, die denen der Sexuallockstoffe der Schweine stark ähneln. Diese wirken jedoch nicht nur auf Wildschweine oder zur Trüffelsuche abgerichtete Hausschweine, sondern auch auf (manche) Menschen, die in den meisten Fällen gar nicht ahnen, weshalb ihnen die Trüffeln geschmacklich so zusagen. Und dass sie dabei ganz ähnlich wie Wildschweine reagieren. Die Schweine sind die eigentlichen, die natürlichen Adressaten des Trüffelaromas. Es veranlasst die Tiere, im Boden nach den reifen Knollen zu wühlen, wobei »reif« bedeutet, dass die Pilze keimfähige Sporen enthalten. Auch wenn die Trüffeln als solche verzehrt werden, bleiben genügend Sporen am Wildschweinrüssel, die verbreitet werden, wenn das Schwein sich an anderen Stellen im Wald auf die Suche macht. Solange es Wildschweine gibt (oder auch Hausschweine, die, wie früher vielerorts üblich, zur Nahrungssuche in die Wälder getrieben wurden), funktioniert die spezielle Verbreitungsweise der Trüffeln. Damit ist auch klar, warum es Trüffeln vornehmlich in Eichenwäldern gibt, denn in diesen wühlen die Wildschweine außerdem noch nach Eicheln und darum besonders intensiv.

Ist dies nun eine Symbiose? Profitieren auch die Wildschweine davon, um eine solche Einstufung zu rechtfertigen? In den Wirtschaftsforsten unserer Zeit vielleicht nicht mehr. Anders sieht es in den überwiegend als Niederwälder genutzten Eichenwäldern Frankreichs und am Südrand der Alpen aus. Das sind keine Forste unseres Typs, sondern in mancherlei Hinsicht trotz der dort vorgenommenen Holznutzung natürlichere Wälder. Hausschweine wurden und werden immer noch in solche Gehölze getrieben. Manche verdanken der Schweinehaltung sogar ihr Überdauern bis in unserer Zeit, wie die iberischen Eichenwälder, die von den Schweinen, von denen der berühmte Serrano-Schinken stammt, als Lebensraum genutzt werden. Bevor die Menschen kamen, lebten Wildschweine in solchen an Eichen reichen Wäldern. Und die Verbindung der Trüffelpilze mit ihnen funktionierte. Sie blieb uns erhalten dank der Schweine, die über die Jahrhunderte Jahr für Jahr in die Wälder getrieben wurden. Und mit der starken Zunahme der Wildschweine, wie sie gegenwärtig in großen Teilen Europas beobachtet wird, haben die Trüffeln sogar wieder bessere Chancen, mit ihrer unterirdischen Lebensweise weiterzukommen. Diese Verbindung ist durchaus wörtlich zu nehmen, denn ihr Träger ist eine chemische Verbindung: Sie erinnert die Säugetiere an einen bei ihnen weitverbreiteten Sexualduftstoff. Schweine verfügen über ein noch besseres Riechvermögen als die meisten Hunde. Aber auch Hunde können auf die Trüffelsuche dressiert werden. Und Menschen, dank der hohe Preise, aufs Genießen von Trüffeln, obwohl diese nach landläufigem Verständnis eigentlich »unanständig schmecken«. Und was haben nun die Schweine davon? Vielleicht nur Leckerbissen und Vergnügen!

SYMBIOSE ZWISCHEN PARANUSSBAUM, AGUTI, JAGUAR, PRACHTBIENE UND ORCH
Aguti
Dasyprocta leporina
Rodentia

7. Ein tropischer Nussbaum kooperiert mit »Goldhasen«

7.

Ein tropischer Nussbaum kooperiert mit »Goldhasen«

Den sich nähernden Jaguar erkennen wir auf der Bildtafel sofort als Großkatze. Er wird größer und stärker als der Leopard, sein Gegenstück in Afrika und Asien. In dessen Verbreitungsgebiet gibt oder gab es auch Löwen, die jedoch in Südamerika fehlen. Sie haben diesen Kontinent nie erreicht. Der »Silberlöwe«, der Puma, der in Nord- und Südamerika vorkommt, ist kleiner als der Jaguar. Dieser erfüllt, so ließe sich folgern, in Mittel- und Südamerika die Rolle des Löwen und Leoparden zusammen. Im Zentrum des Bildes steht aber nicht die mit Rosetten gefleckte Großkatze, sondern ein seltsames Tier, von dem nur Kenner sogleich wissen, worum es sich handelt. Es ist ein Aguti. Seine Kopfform und das Körperende erinnern an Meerschweinchen. Die Beine sind allerdings viel länger als bei diesem, vor allem die Hinterbeine. Dadurch trägt der »Goldhase«, wie man ihn früher nannte, das Hinterteil deutlich angehoben. Inzwischen hat sich der Gebrauch des ursprünglich indianischen Namens Aguti für diese Tiere auch im Deutschen durchgesetzt. Es gibt nicht nur eine, sondern sieben verschiedene Arten, die in geografisch unterschiedlichen Regionen Mittel- und Südamerikas vorkommen. Ihr wissenschaftlicher Gattungsname lautet für Laien nichtssagend *Dasyprocta*. Der lateinisch-griechische Sinn dieser Bezeichnung bezieht sich auf das dicht behaarte Hinterteil, was zwar zutrifft, aber nicht allzu viel mitteilt. Mehr lässt sich an der stumpfen Kopfform erkennen, von der die Ähnlichkeit zum Meerschweinchen herrührt. Der Anschein trügt nicht, es besteht eine nahe Verwandtschaft zwischen beiden. Alle sind Nagetiere, die es ursprünglich nur in Mittel- und Südamerika gibt; in einer Region, die Neotropis genannt wird. Das sagt mehr, denn es werden mit dieser Bezeichnung die »neuen Tropen« von jenen der Alten Welt, der Paläotropis, unterschieden. Die Gründe sind gewichtig. Denn sie beinhalten auch die zunächst ganz unpassend erscheinende Abtrennung Nordamerikas. Dieser Teilkontinent Amerikas gehört erdgeschichtlich zu Eurasien. Insbesondere mit Asien ist Nordamerika ungleich intensiver verbunden (gewesen) als mit Südamerika. Widmen wir uns kurz dieser tiergeografischen Region, bevor der erstaunliche Zusammenhang mit der großen Frucht geklärt wird, für die sich das Aguti auf der Bildtafel, wie auch in der Wirklichkeit, so sehr interessiert.

Die südamerikanische Natur ist reich an Besonderheiten. Das liegt nicht daran, dass große Teile des Kontinents im tropisch-subtropischen Klimabereich liegen und die Tropen ganz allgemein eine besondere Fülle des Pflanzen- und Tierlebens enthalten. Vielmehr ist der Hauptgrund die lange Isolierung von anderen Kontinenten. Südamerika war über 50 Millionen Jahre lang eine Insel; die größte Insel mit fast 18 Millionen Quadratkilometern Landfläche. Im Erdmittelalter gehörten Südamerika und Afrika jedoch noch zusammen. Die Westküste Afrikas entspricht in der Form der Ostküste Südamerikas. Man kann die Umrisse beider Kontinente aus Atlanten abzeichnen, ausschneiden und dann aneinanderfügen. Wird dabei der sogenannte Schelfbereich als Grenze gewählt, also der gegenwärtig vom Meer bis zu 300 Meter tief überflutete Sockel der Kontinente, passen die Teile besonders gut zusammen. Das war schon im 19. Jahrhundert aufgefallen. Anfang des 20. Jahrhunderts, im Jahre 1915, entwickelte der deutsche Meteorologe und Polarforscher Alfred Wegener als Erklärung für die Passung die Kontinentaldrift. Früher zusammenhängende Kontinente waren in fernen Erdzeitaltern auseinandergebrochen und über den Ozean gedriftet. Anfangs belächelt und verspottet, sind wir inzwischen nicht nur sicher, dass es diese Kontinentaldrift gibt, sondern wir wissen, dass sie weitergeht, und ihre Geschwindigkeit kann auch gemessen werden.

Südamerika entfernt sich von Afrika pro Jahr um einige Zentimeter. Im halben Jahrtausend, seit Südamerika den Europäern bekannt ist, wuchs der Abstand also bereits um rund ein Dutzend Meter. Was für die Lebensspanne von Menschen und die Dauer von Völkern oder Kulturen geringfügig erscheint, weitet sich aber in Jahrmillionen zu großen Abständen. Und die Drift verursacht Erdbeben und die Auffaltung von Gebirgen. Die Anden, das längste und zweithöchste Gebirge der Erde, entstanden durch die Westdrift Südamerikas. Doch nicht nur für die geografische Struktur, sondern auch für die lebendige

Natur waren die Folgen vielfältig. Nach der Trennung von Afrika wurde Südamerika zu einer riesigen Insel, auf der sodann gleichsam eine zur Alten Welt parallele Evolution ablief. Südamerika, wie auch auf der gegenüberliegenden Seite des Globus Australien, wurde durch die Insellage in »Neue Welten« verwandelt. 50 Millionen Jahre ohne Kontakt zu anderen Kontinenten bilden den Hintergrund für die Besonderheiten, um die es im Bild geht. Sie bedeuten, dass sich viele Formen von Pflanzen und Tieren auf der großen Insel Südamerika aus dem alten Bestand heraus weiterentwickeln mussten, der nach der Abtrennung von Afrika verblieben war. Neues kam aus der Alten Welt, von gut flugfähigen Tierarten abgesehen, nicht hinzu. Die Überquerung des Ozeans, der sich zum Südatlantik weitete, wurde umso schwieriger, je weiter Afrika und Südamerika auseinandergerückt waren.

Südamerika hatte aber einen reichhaltigen Tierbestand aus der Zeit der Kontinenttrennung mitbekommen. Zu diesem gehörten die Vorfahren der

nunmehr rein südamerikanischen Affen. Diese sind durch verschiedene Eigenschaften von denen der Alten Welt klar getrennt. So verfügen verschiedene Neuweltaffen exklusiv über Greifschwänze, die sie wie eine fünfte Hand beim Klettern im Geäst verwenden können. Eine absolute südamerikanische Besonderheit sind aber die sonst nirgends vorkommenden Faultiere, Gürteltiere und Ameisenbären sowie die Untergruppe von Nagetieren, die sich zu den Meerschweinchen und ihren Verwandten weiterentwickelt hatte. Die Säugetiere sind mit ihren speziell südamerikanischen Vertretern kein Ausnahmefall. Viele Vögel kommen mitsamt ihrer Verwandtschaft nur in Südamerika vor oder haben, wie unter den Kriechtieren die Leguane, dort ihr Hauptverbreitungsgebiet. Die Neotropis war in den 50 Millionen Jahren der Isolation zu einer eigenen Welt geworden. Dabei entstanden erstaunlicherweise Ähnlichkeiten zur Tier- und Pflanzenwelt von Afrika und anderen Kontinenten. »Konvergenzen« werden sie genannt.

Manche sind augenfällig, andere bemerkt man erst bei genauerer Betrachtung. So verhalten sich Agutis und ihre größeren Verwandten, die Pakas, recht ähnlich wie kleine Antilopen in den Tropenwäldern der Alten Welt. Beide sind »hinten überbaut«. Ihre Körper wirken wie Keile, wenn sie ins Unterholz eindringen. Die Beine sind so gebaut, dass die Tiere blitzschnelle Richtungsänderungen machen können, wenn Feinde wie Jaguar oder andere nicht so große Katzen hinter ihnen her sind. Von diesen Arten gibt es in Südamerika ein ganzes Spektrum. Dennoch sind Agutis oft nicht schnell genug, weil Katzen auf Beute lauern und sich, wie der Jaguar, geräuschlos anschleichen können. Sie müssen daher extrem scheu und vorsichtig sein. Zudem sind sie weitgehend wehrlos.

Auch von Meerschweinchen wird man nur gebissen, wenn man sich ungeschickt anstellt. Dann allerdings kann der Biss tief gehen. Die Nagezähne sind lang und scharf. Für die Meerschweinchen stellen sie das wichtigste Werkzeug dar; für die Agutis auch. Wie kräftig Zähne und Muskulatur des Gebisses sein müssen, geht aus der Herausforderung hervor, die im Bild vor dem Aguti liegt. In der kinderballgroßen, ohnehin steinharten Kugel stecken nochmals in sehr harte Schalen verpackte, dreikantige Nüsse: die uns bekannten, wohlschmeckenden Paranüsse. Manches Nussknackergerät, das wir anwenden, ist von ihrer Härte überfordert. Diese wirkt geradezu widersinnig, denn steinharte Nüsse, die in »Kanonenkugeln« verpackt sind, können nur direkt unter dem Baum zu Boden fallen, an dem sie über ein Jahr lang herangewachsen waren. Das ist in aller Regel der ungünstigste Ort für das Keimen und zum Aufwachsen für die Jungbäume, wird doch der Mutterbaum noch viele Jahrzehnte leben. Nur Nüsse, die kurz vor seinem Tod zu Boden fallen, hätten Chancen aufzukommen, zumal wenn ein Gewittersturm den Baumriesen kurz nach dem Fruchten umgeworfen hat. Paranussbäume, *Bertholletia excelsa*, werden sehr groß – bis an die 50 Meter – und auch sehr alt. Zwei- bis dreihundert Jahre dürfte ein Paranussbaum erreichen, so er groß genug geworden ist, um sich gegen die Konkurrenz der anderen amerikanischen Tropenbäume behaupten zu können. Es wäre also »ökonomisch« für so einen Baum, tatsächlich erst kurz vor seinem Lebensende Früchte auszubilden. Was jedoch das Risiko zur

Folge hätte, gleich an Ort und Stelle auszusterben, wenn es mit diesen nicht klappt. Überleben wird so ein Baum nur, wenn er sich erfolgreich ausbreiten kann. Kanonenkugelsamen könnten an Berghängen abwärtsrollen. Auch dies hilft zur Erzeugung von Nachwuchs nur für kurze Zeit. Denn unten im Tal ist Schluss mit dieser Verbreitung. Woraus sich die Frage ergibt, warum dieser Baum so schwere und so harte Samen erzeugt, die sich nicht für eine natürliche Verbreitung eignen.

Über die Ursachen können wir nur Mutmaßungen anstellen. Die Lösung des Ausbreitungsproblems wird sich hingegen als ziemlich einfach erweisen. Hauptbeteiligter ist das in der Bildtafel genau deswegen ins Zentrum gerückte Aguti. Mit seinem kräftigen Nagetiergebiss ist es in der Lage, unter viel Mühe zwar, aber in der Regel mit Erfolg, die Paranuss-Kugel so aufzubeißen, dass die Samen herausfallen. Die natürliche Öffnung ist zu klein dafür! Also brauchen die Paranüsse Geburtshilfe, damit sie aus der schier eisenharten Kugelhülle freikommen. Die Agutis befreien sie allerdings aus rein selbstsüchtigem Grund. Sie nagen auch die Schalen der einzelnen Nüsse auf und fressen den Inhalt. Dieser ist, wie wir wissen, sehr schmack- und nahrhaft. Mit diesem Endergebnis würde nun der ganze Aufwand des Baumes erst recht nicht lohnen. Die Behälter der Nüsse sind, wie schon betont, so groß wie Kanonenkugeln und am Boden sehr leicht zu finden, zumal sie aufgrund ihres großen Gewichtes unter dem Baum, von dem sie gefallen sind, gleich liegen bleiben. Selbst wenn die Agutis nicht alle Nüsse verzehrten, wäre die prekäre Situation somit nicht verbessert. Die verbleibenden Nüsse könnten auch wieder nur an der ungünstigsten Stelle unter dem Mutterbaum keimen.

> **Mit seinem kräftigen Nagetiergebiss ist das Aguti in der Lage, unter viel Mühe zwar, aber in der Regel mit Erfolg, die Paranuss-Kugel so aufzubeißen, dass die Samen herausfallen.**

Doch Agutis und Nüsse sind nicht allein im neotropischen Regenwald. Die Nager befinden sich ständig in der Gefahr, von Feinden, wie dem Jaguar, überrascht zu werden. Sie tun daher das, was in unseren Wäldern Eichhörnchen und Häher auch in großem Umfang machen. Sie verstecken die Paranüsse an den unterschiedlichsten Orten fernab vom Mutterbaum. Dazu graben sie die Nüsse in den Boden ein und merken sich die Stellen. Das Wiederfinden klappt in der Regel ganz gut. Doch Verluste treten immer auf. Sie werden zum Gewinn für den Baum. Manche gut vergrabene Nuss wird nicht wieder hervorgeholt, etwa weil sich das Streifgebiet (Revier) des betreffenden Agutis verlagert hat oder weil dieses, was häufig genug vorkommt, einem Feind zum Opfer fiel. Nicht allein Jaguare und andere Katzen bedrohen die etwa kaninchengroßen Nager. Auch für Schlangen wie die Boa constrictor sind sie mit ihrer Keilform und dem Körpergewicht von 3 bis 5 Kilogramm eine bestens passende Beute. Was das gefressene Aguti vorher noch versteckt hatte, bleibt nun ungenutzt, weil andere Agutis keine Ahnung haben, wo die Nüsse vergraben sind. Die allermeisten stecken irgendwo entfernt vom Mutterbaum in der Erde, denn unter diesem wäre es am gefährlichsten, länger zu verweilen. Es ist riskant genug, dort die Nusskugel aufzunagen, um an die Nüsse zu kommen. Jaguare prägen sich schnell solche Stellen ein und lauern auf Beute.

So betrachtet ist der Jaguar der Freund des Paranussbaumes, das Aguti aber das Werkzeug zum Öffnen und zum Verbreiten seiner so extrem fest verpackten Nüsse. Alle profitieren von dieser Symbiose. Doch die Frage bleibt, warum dieser Baum seine Samen so sehr einschließt. Eicheln und Bucheckern werden in unseren Wäldern von zahlreichen Tieren intensiv genutzt, dennoch bleiben genügend übrig, um Jungwuchs entstehen zu lassen. Häher tragen die Eicheln recht weit fort und »pflanzen« damit neue Eichen an Stellen, wo keine vorkamen, weil sie sie als Wintervorrat verstecken und einen Teil nicht wiederfinden. Für Wildschweine mit ihrer besonders guten Spürnase lohnt es nicht, nach jeder Eichel zu graben, die irgendwo ein Häher gelagert hat. Auch wenn Eicheln, Bucheckern oder noch besser verpackte, wie Hasel- und Walnüsse, des Transports von Tieren bedürfen, um an Stellen zu gelangen, die von den Mutterbäumen entfernt genug sind, ist keine derart extreme Verpackung wie bei

den Paranüssen nötig. Von den Eicheln bis zu den Walnüssen haben zudem alle mehrere Alternativen unter den Tieren, von Mäusen und Eichhörnchen bis zu Hähern und Krähen. An die Paranüsse kommen aber eigentlich nur die Agutis heran.

Das war vielleicht nicht immer so. Als im Lauf vergangener Jahrmillionen die Paranüsse ihre Verpackung erhielten, war Südamerika, wie oben ausgeführt, eine Insel fernab aller übrigen Kontinente mit einer ebenso einzig- wie eigenartigen Tierwelt. Es gab da Riesenfaultiere, die so groß waren, dass sie nur am Boden leben konnten, und gürteltierartige, tonnenschwere Glyptodonten. Ihre Kiefer waren außerordentlich kräftig ausgebildet, hatten aber keine Schneide- und Eckzähne. Zu wenig ist bislang bekannt bzw. lässt sich aus den gefundenen Fossilien ableiten, wovon sich diese eiszeitlichen und voreiszeitlichen Riesentiere Südamerikas ernährten. Da aber die ganze Großtierwelt der Neotropis während und gegen Ende der letzten Eiszeit ausstarb, liegt zumindest die Vermutung nahe, dass die schmackhaften, energetisch sehr gehaltvollen Samen der Paranuss die Schutzverpackung nötig hatten. Vor den Großen schützt diese perfekt, vor den Kleinen, wie Mäusen, ebenfalls. Die mittlere Nagergröße von ein paar Kilogramm Körpergewicht hingegen passt, weil solche Tiere mit ihren Nagekräften in der Lage sind, die Öffnung zu erweitern, auf dass die Samen herausfallen können. Deren Menge überfordert sie, alle sogleich zu verzehren. Im Verstecken steckt der Erfolg für den Baum. Und in der möglichst weiten Verteilung dabei. Diese kommt durch den hohen Feinddruck zustande. Das nervöse Aguti und die Kanonenkugelnuss passen tatsächlich bestens zueinander. Möglicherweise zu gut schon, denn sollten die Agutis aussterben oder zu selten werden, steht es schlecht um die Fortpflanzung der Paranussbäume. Dann müssten die Menschen das Pflanzen übernehmen.

Ist die Paranuss ein Sonderfall? Die Hinweise auf Eicheln und Bucheckern vermitteln bereits eine gewisse Einordnung. Sicher ist sie der wohl extremste

Fall unter den Bäumen mit Samenverbreitung durch Tiere. Viele lassen ja einfach ihre Samen mit dem Wind fortwehen. Oder vom Wasser davontragen. Aber es gibt auch Früchte in großer Vielfalt. Solche, die weder für Wind- noch Wasserverbreitung geeignet sind. Die nächste Bildtafel bietet dazu einen Überblick und Verallgemeinerungen, mit deren Hilfe sich die Besonderheit der Paranuss besser verstehen lässt.

DIE SYMBIOSE DER PRIMATEN MIT FRÜCHTETRAGENDEN BÄUMEN HAT

8. Früchte – oder warum sollten Pflanzen Tiere füttern?

8.

Früchte – oder warum sollten Pflanzen Tiere füttern?

Warum gibt es Früchte? Dumme Frage, könnte man meinen und salopp antworten: weil sie auf Bäumen oder Sträuchern wachsen. Ob sie uns oder anderen schmecken, ist dann eben Geschmackssache. Doch warum sind manche, sind viele Früchte giftig? Offenbar, weil sie nicht gefressen werden sollen. Warum werden sie dann ausgebildet? Und nicht bloß Samen, wie bei den meisten anderen Pflanzen. So ein »Warum?« bringt uns schnell in Verlegenheit, wenn wir etwas begründen wollen, das eben so ist, wie es ist. Fragt der Orang-Utan auch »warum?«, wenn er wie auf der Bildtafel von Früchten umgeben ist? Wahrscheinlich nicht, werden die meisten Menschen antworten und hinzufügen, dass nur Menschen die Frage nach dem Warum stellen. Der Orang-Utan wird probieren und verzehren, was ihm schmeckt. Wie Kinder. Und wie diese wird er manchmal Giftiges erwischen, weil den Früchten von außen nicht sicher anzusehen ist, ob sie genießbar oder gefährlich sind. Womit wir gleich weiterfragen können, warum das so sein muss.

Drehen wir die Richtung der Betrachtung um. Was sind Früchte und was bedeuten sie für die Pflanzen, die solche erzeugen? Hierauf lässt sich leichter antworten. In den Früchten stecken die Samen, und diese dienen der Vermehrung, genauer: der Ausbreitung der fruchtenden Pflanzen. Für den Kirschbaum sind die Kerne in den Kirschen entscheidend, nicht das Fruchtfleisch, das uns schmeckt. Gleiches gilt für die Apfelkerne, die Kerne von Pfirsichen oder die winzigen Kerne der Erdbeeren, die wir kaum wahrnehmen, sondern einfach mit verspeisen. Früchte unterscheiden sich grundlegend von Samen wie etwa Getreidekörnern. Bei diesen enthält das Korn den Vorrat für den Keimling, den dieser benötigt, um wachsen und ein Würzelchen bilden zu können. Auch die großen Kokosnüsse entsprechen in dieser Hinsicht nicht den Früchten, sondern den Getreidekörnern, denn auch sie haben den Keimling zu nähren und zu befähigen, im salzhaltigen Milieu am tropischen Sandstrand keimen und gut einen Meter hoch wachsen zu können, bis die Wurzeln mit dem Überangebot an Salz zurechtkommen. Kokosmilch und Kokosfleisch sind nicht für die Menschen oder für Tiere als Nutzer da. Der Kirschkern könnte hingegen auf das ihn einhüllende Fruchtfleisch und die noch dazu so auffällig farbige Haut, die dieses umgibt, eigentlich verzichten. Wer Wildkirschen kennt, weiß, dass bei diesen viel weniger Fruchtfleisch vorhanden ist. Zudem schmeckt es bitter, zumindest nicht so gut wie das der Süßkirschen. Mit den Beeren verhält es sich genauso. Wild wachsende Brombeeren wuchern erfolgreicher und vermehren sich anscheinend besser als die (uns) gut schmeckenden Himbeeren. Schließlich wissen wir, oder sollten unbedingt wissen, dass die glänzend blauschwarzen, prallen Beeren der Tollkirsche sehr giftig sind. Wie auch so manche »Vogelbeeren«, die diese Bezeichnung zu Recht erhielten, weil sie gern von Vögeln gefressen werden, wir Menschen sie aber meiden müssen. Wie zum Beispiel auch die roten Beeren vom Seidelbast, die sehr giftig sind.

Ist die Lage bei Früchten und Beeren schon bei uns in Wald und Flur unübersichtlich genug, sodass das Prinzip gelten muss, »im Zweifel besser nie«, so sollte der Orang-Utan im Tropenwald von Sumatra oder Borneo nachgerade in trübsinniges Grübeln versinken. Ihn umgibt eine Fülle von Früchten, die alle irgendwie verlockend aussehen, aber von den meisten muss der Menschenaffe sich genauso fernhalten wie der Mensch. Wir gehen davon aus, dass er Erfahrungen gesammelt und von klein auf bei der Mutter gelernt hat, genießbare von giftigen oder unbekömmlichen Früchten zu unterscheiden. Und auch ihren Reifezustand sollten die Orang-Utan richtig einschätzen. Denn bekanntlich kann der beste Apfel einer edlen Sorte im grünen Zustand heftige Bauchschmerzen oder Durchfälle verursachen. Der Orang-Utan sitzt im Bild stellvertretend für die übrigen Menschenaffen, für Affen und viele weitere Säugetiere, die gern Früchte verzehren. Das Spektrum reicht von Mäusen und Igeln bis zu Elefanten. In der Vogelwelt sind Drosseln ganz scharf auf Beeren, auch auf solche mit hohem Alkoholgehalt. Hochgradig spezialisierte Fruchtfresser sind die Tukane in Mittel- und Südamerika, die Turakos in Afrika, die Fruchttauben überall in den Tropen, und zudem gibt es fliegende, fledermausartige Säugetiere, die »Fliegenden Hunde«, die sich von Früchten ernähren. Bei der Vielzahl von Tieren, die überwiegend oder weitgehend von Früchten leben, stellt sich die Eingangsfrage noch schärfer: Warum erzeugen Bäume, Büsche, manche Zwergsträucher oder Bodenpflanzen (Erdbeeren!) Früchte? Eigentlich füttern sie damit Tiere. Ohne das süße, zucker- oder fetthaltige Fruchtfleisch blieben sie mit ihren Samen unbehelligt. Und würden als Pflanzenarten bald zugrunde gehen – denn der langen Vorbemerkung kurzer Sinn besagt, dass die Früchte eine attraktive Verpackung für Samen sind, wodurch eine weite Verbreitung durch Tiere zustande kommt. Die Zugabe kann so winzig sein wie die Anhängsel an den ohnehin schon recht kleinen Samen der Schneeglöckchen. Ameisen mögen diese so sehr, dass sie die Samen geradezu ernten und verschleppen, mitunter schon unterwegs verzehren und den Rest liegen lassen oder ihn bis zum Nest schleppen, wo sich andere Ameisen daran delektieren. Was übrig bleibt, enthält den eigentlichen Samen. Dieser wird in die Umgebung als Abfall entsorgt. So breiten sich die Schneeglöckchenbestände aus. Und erreichen neue, bislang noch nicht besiedelte Stellen, die für sie passen können.

Warum erzeugen Bäume, Büsche, manche Zwergsträucher oder Bodenpflanzen (Erdbeeren!) Früchte? Eigentlich füttern sie damit Tiere. Ohne das süße, zucker- oder fetthaltige Fruchtfleisch blieben sie mit ihren Samen unbehelligt. Und würden als Pflanzenarten bald zugrunde gehen.

Ameisen sind klein. Was sie tun, lässt sich nur schwer direkt beobachten. Aber wer bei Waldspaziergängen im Hochsommer, besonders im Juli, auf die Häufchen achtet, die Marder hinterlassen, wird darin Kerne, Kirschkerne, entdecken. Die Marder haben heruntergefallene, halbreife oder »wurmige« Kirschen von Wildkirschbäumen, mitunter auch von Süßkirschen, verzehrt und nach einiger Verdauungszeit unterwegs wieder ausgeschieden. Besonders häufig sind in manchen Sommern die viel kleineren Kerne der wild wachsenden Traubenkirschen im Marderkot zu finden. Hätten die Marder nicht die Möglichkeit, die von Menschen angelegten Wege und Pfade zu nutzen (und Kot abzusetzen), sondern müssten kreuz und quer durch den Wald im Naturzustand laufen, würden sie die Kirschkerne irgendwo »pflanzen«. Dank der günstigen Umwelt, die vom Marderkot mitgeliefert wird, können viele Kerne erfolgreich keimen. Ein Teil wird zum Jungbäumchen heranwachsen. Manche schaffen es auch weiter und setzen sich gegen die Konkurrenz der anderen Bäume und des Gestrüpps durch. Die Regenwälder von Borneo und Sumatra, in denen die Orang-Utans leben, sind noch einigermaßen im Naturzustand. Auch in anderen Wäldern mit Säugetieren und Vögeln, die Früchte mögen und die Kerne unverdaut irgendwo wieder ausscheiden, gibt es entsprechende Verhältnisse. Die Früchte-Früchtefresser-Symbiose gehört zu den umfangreichsten, differenziertesten und wichtigsten Pflanze-Tier-Symbiosen überhaupt. Ohne sie hätten wir keine Äpfel und gäbe es keine Bananen, weil von Natur aus derartige Früchte gar nicht entstanden wären, hätte es keine passenden Interessenten gegeben. Früchte sind tatsächlich eine Gabe an die Tiere. Sie wurden in Wechselwirkung mit diesen entwickelt. Auch die Entstehung der giftigen Früchte lässt sich leicht erklären. Denn die Inhaltsstoffe sind auf genau die Nutzer abgestimmt, die sich am besten als Verbreiter der in den Beeren und Früchten enthaltenen Samen eignen. Für diese Nutzer sind sie nicht giftig oder wirken allenfalls leicht abführend. Viele Vögel suchen rote bis blauschwarze Beeren gezielt. Drosseln, Seidenschwänze und einige andere Arten können für uns hochgradig giftige Exemplare deshalb gefahrlos verzehren, weil ihre Verdauung ein »schnelles Durchlaufsystem« darstellt. Den giftigen Beeren werden nur die leicht verdaulichen, unschädlichen Zucker entzogen, der große Rest wird schnell wieder ausgeschieden. Seidenschwänze begnügen sich sogar damit, den Mistelbeeren nur etwas Zucker aus der klebrig-schleimigen Hülle zu entnehmen. Bei spätwinterlichen Invasionen großer Scharen nordischer Seidenschwänze, die etwa alle zehn Jahre vorkommen, kann man daher immer wieder aus den Mistelbüschen vom Baum abfliegende Vögel sehen, die Mistelsamen an einem langen Schleimfaden hinter sich her durch die Luft ziehen. Bei der nächsten Landung geraten die Samen auf einen Baumast und mit etwas Glück, d. h. bei günstiger Position darauf und bei passender Baumart, können sie keimen und einen neuen Mistelbusch begründen. Als Halbschmarotzer ist die Mistel auf diese Art von Vogelverbreitung angewiesen.

Die meisten Beeren werden unverdaut einfach irgendwo während des Fluges, beim Rasten oder Schlafen ausgeschieden und mit dem Kot fallen gelassen. Vielleicht an günstiger Stelle. Nicht selten aber, wie oben schon angedeutet, bedeutet die Passage durch den Darm des Vogels eine Keimhilfe. Verstärkt wird sie durch die vom Vogel oder Säugetier mit dem Kot ausgeschiedenen Reststoffe. Von Tieren zuerst verzehrt zu werden, bietet also für Früchte den doppelten Vorteil: den des Transports fort vom Mutterbaum und den besserer Keimbedingungen für die Samen. Manche keimen überhaupt nur, wenn sie vorher den Verdauungstrakt eines Tieres passiert haben. Menschen können solche kaum zum Keimen bringen, auch nicht in bestem Boden bei günstigsten Temperaturen und Feuchtigkeitsverhältnissen. Wenn die Magen-Darm-Bearbeitung fehlt, bleibt der Samen in ruhender Wartestellung und geht irgendwann ein, weil der auslösende Reiz zur Keimung nicht gekommen ist.

Die Tiere-Früchte-Beziehung hat eine weitere bedeutende Folge. Sie betrifft die anderen, nichtgiftigen Stoffe im Fruchtfleisch, ihre Menge und Zusammensetzung. Längst nicht immer sind es vorwiegend Zucker, Fruchtzucker insbesondere, die die »süßen Früchte« auszeichnen. Die Alternative zum Zucker sind Öle und Fette. Auch das kennen und nutzen wir umfänglich, beispielsweise in Form von Olivenöl aus der fleischigen Hülle der Oliven. Oder das Fett der Avocado. Öle und Fette stellen eine konzentriertere Energiequelle als Zucker dar. Sie bieten den höchstmöglichen Brennwert pro Gramm Gewicht. Zudem sind öl- und fetthaltige Früchte beständiger als zuckerhaltige. Letztere faulen schnell und sind anfällig für starken Regen, weil der stets etwas wässrige Inhalt mit dem außen abfließenden Wasser, das auf der Fruchthaut eine dünne Schicht bildet, reagieren kann. Physikalisch ausgedrückt verändert äußere Nässe den osmotischen Druck zwischen innen (konzentrierte Lösung) und außen (fast reines Wasser). Wird der Unterschied zu groß, platzen die Früchte, und zwar umso leichter, je höher ihr Zuckergehalt ist.

Es hilft also den Nutzern, wenn sie den Reifezustand der Früchte gut erkennen. Zwei Formen von Anzeichen eignen sich grundsätzlich dafür: das Aussehen und das Aroma, also optische und olfaktorische Signale. Riecht der Apfel reif, ist er das, auch wenn er, wie bei manchen Sorten, äußerlich grün geblieben ist. Der Geruch lockt hauptsächlich Säugetiere an, die Farbe Vögel. Denn die meisten Vögel, wohl alle, die Früchte fressen, sind wie wir Menschen in der Lage, Rot und Grün zu unterscheiden. Rot bedeutet für sie »reif«, Grün hingegen »unreif«. Auch Blauschwarz erzielt diese Wirkung über reflektiertes Ultraviolettlicht. Und da wir den Vögeln ähneln, was die Farbtüchtigkeit unseres Sehvermögens betrifft, aber eine völlig anders geartete Verdauung als diese haben, müssen wir mit roten oder schwarzen Beeren und Früchten sehr vorsichtig sein. Sie können tödlich giftig oder wohlschmeckend sein; die Farbe gibt uns nicht das sichere Signal. Und der Geruch hilft ausgerechnet bei den Beeren nicht weiter, weil diese in weitaus überwiegendem Maße von Vögeln verzehrt werden. Sie nutzen ihr Geruchsvermögen dabei nicht, das ohnehin bei zahlreichen Vögeln recht schwach entwickelt ist, schwächer als beim Menschen.

Warum finden wir dann gerade Beeren und Früchte so verlockend, wenn sie doch so gefährlich sind? Fragen dieser Art können wir nun genauer nachgehen. Zunächst ist nochmals zu wiederholen, dass wir Menschen wie auch der Orang-Utan, der zu unseren nächsten Verwandten gehört, und auch die anderen Menschenaffen und (wohl die meisten) Affen ein »farbtüchtiges« Sehvermögen haben. Rot und Grün, reif von unreif unterscheiden zu können, muss schon in ferner Vergangenheit unserer Primatenverwandtschaft wichtig gewesen sein. Noch immer sind wir geneigt, uns darauf zu verlassen. Zur Vorsicht müssen wir erzogen werden. Hinzu kommt unsere wohlbekannte Gier nach Süßem. Doch abgesehen von Honig, den sich wilde Bienen nicht so leicht nehmen lassen (siehe den Tafeltext zum Honiganzeiger, Kapitel 1), gibt es Süßes eben nur in reifen Früchten.

Wenn wir nun betrachten, was die Beeren und Früchte fressenden Vögel aus dieser Nahrung machen, verstehen wir, warum uns die Süße so sehr lockt. Die Zucker bilden die energetische Grundlage für das Umherfliegen, speziell auch für den Vogelzug. Die Vögel futtern sich aus Zucker, den sie entsprechend in Körperfett umwandeln, jenen Vorrat an, der sie zu den Langstreckenflügen über Meer und Wüste, Tag und Nacht befähigt. Zucker wird gespeichert als Energie für Dauerleistungen. Würde hierfür (nur) Eiweiß im Stoffwechsel eingesetzt (»verbrannt«), entstünden zu schnell zu viele belastende Abfallstoffe. Zucker und Fett hingegen verbrennen »rückstandsfrei« zu Wasser und (auszuatmendem) Kohlendioxid. Das ist der große Vorteil von Zucker und Fett für den Energiestoffwechsel. Sie steigern die Leistung. Auch bei uns Menschen.

Von Natur aus sind wir Läufer; Dauerläufer. Das zeigt unser Körperbau, in dem wir uns so sehr von unseren nächsten Verwandten, den Menschenaffen, unterscheiden. Wir sind Nomaden. Als Art war der Mensch den weitaus größten Teil der Zeit, die er als biologische Art existiert, umherschweifend als Jäger und Sammler unterwegs. So weit die Füße trugen. Sesshaft wurden unsere Vorvorfahren erst vor etwa zehntausend Jahren. Die Art Mensch (*Homo sapiens*) gibt es aber seit etwa zweihunderttausend, die Gattung Mensch

(*Homo*) seit über zwei Millionen Jahren. Das innere Funktionieren des Körpers, der Stoffwechsel, ist bei uns aufs Wandern eingestellt. Nicht aufs Herumsitzen. Unser Nomadentum mit den anhaltenden körperlichen Leistungen entspricht damit mehr dem Leben der Vögel als dem unserer biologisch nächsten (»faulen«) Verwandtschaft! Daher schätzen wir Süßes (und Fettes) so sehr. Und haben angefangen, das Essen im täglichen Leben mit Zucker weit über ein vernünftiges Ausmaß hinaus anzureichern. Zuckersüße haben wir erst seit rund zweihundert Jahren mehr als genug. Seither ist unsere Gier nach ihr zu einer großen gesundheitlichen Bedrohung geworden. Nicht nur uns, auch so manchem Tier, das in unserer Obhut lebt oder sich von süßen Früchten anlocken lässt. Orang-Utans verfetten im Zoo sehr schnell, wenn sie nicht genügend Zwang ausgesetzt sind, sich intensiv zu bewegen. Reife Früchte waren in der Natur immer knapp, auch wenn es sie manchmal für kurze Zeit in Überfülle gab. Im südostasiatischen Urwald müssen die Orang-Utans weite Strecken schwinghangelnd von Baum zu Baum zurücklegen, um an reife Früchte zu gelangen. Sie wirken dabei zwangsläufig als Verbreiter der Samen. Nur manche Vögel sind in dieser Hinsicht noch besser.

In gleicher Weise wirken Primaten überall in den Tropenwäldern beim Verzehr von Früchten mit den Pflanzen zusammen. Doch wie immer geht es langfristig um Optimierungen. Oder mitunter auch um Täuschung der Nutzer. So enthalten die Früchte des afrikanischen Baumes *Pentadiplandra brazzeana* einen sehr süßen Stoff genannt Brazzein. Er ist ein Protein, kein Zucker, und täuscht die Süße nur vor. Um die Energie des Zuckers, der in den Früchten steckt, geht es aber bei den Primaten und nicht um einen mengenmäßig und energetisch unbedeutenden Süßstoff, den die Baumart leicht herstellen kann, der aber den Früchtefressern nichts bringt. Kleine Affen lassen sich täuschen. Da sie rasch zu anderen Nahrungsquellen weiterziehen und nicht lange an einem Fruchtbaum sitzen bleiben, fällt für sie die Täuschung nicht ins Gewicht. Anders sieht es bei den großen Gorillas aus. Sie können einen fruchtenden Baum ziemlich komplett abräumen und mit ihrer Kraft auch Äste brechen, um an die süßen Früchte zu gelangen, die weit außen hängen. Dass sie das bei den brazzeinhaltigen Früchten nicht tun, liegt an einer genetischen Mutation. Sie schmecken die »falsche« Süße nicht mehr und interessieren sich daher auch nicht für diese Früchte. Und so schlagen sie sich den Bauch nicht damit voll, ersparen sich die Bauchschmerzen und den Aufwand an Verdauung, der keine entsprechende Energie einbringen würde, weil die Süße nicht vom Zucker stammt. Als größter auf Zucker ansprechender Primat schützt sich der Gorilla auf diese Weise vor falscher Ernährung. Bonobo-Schimpansen und Menschen haben diese Mutation nicht. Für uns schmecken die brazzeinhaltigen Früchte sehr süß. Die Fruchtbäume gehen also durchaus sparsam mit der Ausstattung der Früchte um. Sie sind so attraktiv geworden wie nötig. Wer »mehr« will, wie wir Menschen, muss sie kultivieren und Auslese (Zucht) betreiben. Unsere Vorvorfahren taten dies und entwickelten aus den unterschiedlichsten Fruchtbäumen Obst und Beeren, die viel besser schmecken und weit ergiebiger sind als die Naturformen.

Mit der Kultivierung von Fruchtbäumen brachte der Mensch sogar eine viel weiterreichende, in manchen Arten, wie den Bananen, sogar transkontinentale Verbreitung zustande. Perfekte, ideale Symbiose? Bei den Bananen sicher nicht. Man hat ihnen die Ausbildung von Samen weggezüchtet. Nun sind sie total abhängig vom Menschen. Nur Wildbananen können überleben. Doch auch nur so lange, wie ihre Lebensräume, die tropischen Regenwälder auf Neuguinea, erhalten bleiben.

Sideroxylon grandiflorum
Syn. Calvaria major

9. Tot wie der Dodo

9.

Tot wie der Dodo

Die Dronte *Raphus cucullatus* war eine sehr große Bodentaube. Sie maß etwa einen Meter in der Länge und verhielt sich so »tölpelhaft«, dass sie auch Dodo genannt wurde. Diese Bezeichnung, in ähnlicher Form im Österreichischen noch als »Dodel« geläufig, wurde im englischsprachigen Raum und in anderen Sprachen üblich. Möglicherweise stammt sie vom alten portugiesischen *Doudo* für Trottel. Die Dronte lebte auf der Insel Mauritius und war ursprünglich recht verbreitet. Seefahrer erschlugen und verzehrten sie und nahmen das Fleisch der bis zu 20 Kilogramm schweren Vögel als Vorrat mit aufs Meer. Entdeckt worden war die Dronte von Holländern auf ihrer zweiten, Afrika umsegelnden Ostindienfahrt im Jahre 1598. Nach wenigen Jahrzehnten, wohl bereits um 1660, war die große, flugunfähige Taube von der Insel getilgt. Seither gilt sie als Symbol für von Menschen verursachte Ausrottungen. »Tot wie ein Dodo« bedeutet unwiderruflich vernichtet und nicht wiederherstellbar. Der Ausdruck ist bezeichnend für das Schicksal vieler Tierarten, die auf Inseln lebten und rasch ausgerottet wurden durch Menschen, die plötzlich dorthin gelangten. Wenngleich die Europäer die Hauptschuld an solchen Auslöschungen trifft, so sind sie hierin nicht allein. Die von Inseln Polynesiens stammenden Māoris rotteten nach ihrer Ankunft auf Neuseeland im späten 13. Jahrhundert alle Formen der straußenartigen Moas aus. Das geschah bereits etwa dreihundert Jahre vor Beginn der Eroberung des Globus durch die Europäer mit ihren verheerenden Folgen für die Tiere, Pflanzen und insbesondere auch für die Menschen ferner Inseln und anderer Kontinente. Wir können nicht umhin festzustellen, dass Menschen bei ihren Ausbreitungen immer auch eine Spur der Vernichtung nach sich zogen. Die Natur war nicht eingerichtet auf die Vorgehensweise der Europäer und anderer expansiver Menschengruppen. Auch viele menschliche Kulturen, die sich im Verlauf von Tausenden und Zehntausenden von Jahren selbständig entwickelt hatten, waren es nicht und gingen zugrunde, als sie plötzlich den Eindringlingen ausgesetzt waren. Die Dronte und Mauritius geben geradezu ein negatives Musterbeispiel für die Folgen von Menschen auf Inselnaturen.

Die Dronte war, wie oben schon angemerkt, eine Taube. Ihren nächsten Verwandten gibt es ebenfalls nicht mehr, den Rodriguez-Einsiedler *Pezophaps solitaria* von der Maskarenen-Insel Rodrigues. Ob wiederum der Réunion-Solitär *Raphus solitarius* als eigene Art existierte, ist unsicher, da keine Belegstücke davon übrig geblieben sind. Sie wurden etwa zur selben Zeit wie die Dronte ausgemärzt. Lebendig ist noch die ostasiatische Kragentaube *Caloenas nicobarica*, die den beiden Ausgerotteten verwandtschaftlich nächststehende, allerdings mit nur etwas über 30 Zentimeter Körperlänge viel kleinere Taubenart. Sie ist voll flugfähig. Dronte und Solitär wären fürs Fliegen viel zu schwer gewesen. Auf den Inseln Mauritius, Réunion und Rodrigues hatten sie es nicht nötig zu fliegen, weil sie dort ihr Leben zu Fuß führen konnten. So die gängige Erklärung, die allerdings kaum mehr als eine bloße Vermutung ist. Denn die Kragentaube hat sich die Flugfähigkeit bewahrt, obgleich sie auch auf Inseln lebt, nämlich auf den Andamanen, Nikobaren (worauf ihr Artname Bezug nimmt) und zahlreichen weiteren Inseln Südostasiens bis hin zu Neuguinea und den Salomonen im Südwestpazifik. Es ist also kein Fehler, als Taube auch auf Inseln flugfähig zu sein. Auf Mauritius gibt es zudem eine ganze Reihe weiterer Vogelarten, die das Fliegen nicht aufgaben. Immerhin haben die beiden Hauptinseln des Mauritius genannten Archipels eine Größe von rund 2 000 Quadratkilometern mit Bergen von über 800 Metern Höhe. Warum verlegen sich ausgerechnet dort Tauben aufs Zufußgehen? Die Inseln sind zudem erdgeschichtlich ziemlich jung. Sie entstanden aus Vulkanen während des Eiszeitalters aus dem Meer heraus. Die Älteste der Mauritius-Inseln türmte sich gerade auf, als Frühmenschen unserer Gattung im nahen Afrika umherwanderten und erstmals nach Asien hinübergelangten. Die Tauben, aus denen

Wir können nicht umhin festzustellen, dass Menschen bei ihren Ausbreitungen immer auch eine Spur der Vernichtung nach sich zogen. Die Natur war nicht eingerichtet auf die Vorgehensweise der Europäer und anderer expansiver Menschengruppen.

sich Dodo und Solitär entwickelt hatten, können daher nicht früher dorthin gekommen sein. Ihre Ursprungsart stammt nicht einmal aus Afrika, das etwa 1800 Kilometer weiter westlich liegt, oder aus dem näheren Madagaskar (870 Kilometer), sondern von irgendwo aus dem viel weiter entfernten Südostasien. Wahrscheinlich schaffte die Ursprungsart einst die Überquerung des Indischen Ozeans mittels Treibgut, das von den Passatwinden und den Meeresströmungen westwärts getrieben worden war. Die Herkunftsfrage ist nicht zuletzt deswegen so spannend, weil die Urbevölkerung Madagaskars auch nicht aus Afrika kommt, sondern aus Südostasien. Madagaskar liegt jedoch westlich von Mauritius, das die Madagassen merkwürdigerweise nicht entdeckt und besiedelt hatten. Mit Dodo und Solitär haben die auf Madagaskar lebenden Tauben nichts zu tun. Die Vorfahren der Madagassen können sie nicht über den Indischen Ozean auf ihrer langen Schiffsreise mittransportiert haben. Denn es gab die plumpen, flugunfähigen Bodentauben schon längst, als Madagaskar von Menschen besiedelt wurde. Die Vorfahren von Dodo und Solitär müssen lange vorher, wahrscheinlich schon mehr als eine Million Jahre früher, zu den Maskarenen gelangt sein. Dort entwickelten sie sich zu großen Bodentauben.

Gehen wir von dieser zeitlichen Größenordnung aus, dann rückt die Kragentaube als flugfähige Verwandte in einen anderen Zusammenhang. Die südostasiatische Inselwelt gibt es im gegenwärtigen Zustand erst seit Ende der letzten Eiszeit, als vor etwa zehntausend Jahren der Meeresspiegel um über hundert Meter anstieg, weil die riesigen Eismassen, die auf den Nordkontinenten lagen, größtenteils und sehr rasch abschmolzen. Vorher, zur Zeit der Vereisung des Würm- bzw. Weichsel-Glazials, gehörten die südostasiatischen Inseln Zehntausende von Jahren entweder zum Festland Südostasiens oder sie waren mit Neuguinea und Australien verbunden. Nur eine schmale tiefe Wasserstraße trennte beide Kontinente und hielt die Verbindung zwischen dem

Pazifik und dem Indischen Ozean offen. Vor gut hunderttausend Jahren hatte es jedoch eine ähnliche, sogar ausgeprägtere Warmzeit gegeben als gegenwärtig. Diese lag zwischen der dritten und der vierten, der bislang letzten großen Eiszeit. Auch damals war der Meeresspiegel hoch und schuf ähnliche geografische Verhältnisse wie heute. Mindestens zwei weitere Warmzeiten, die weiter zurück in der Erdgeschichte liegen, gliedern das Eiszeitalter, das Pleistozän. Im Rhythmus der vier großen Kaltzeiten mit Warmzeiten dazwischen, die es im Pleistozän der letzten zweieinhalb Millionen Jahre gegeben hat, entstand oder verschwand die südostasiatische Inselwelt, je nachdem, ob der Meeresspiegel hoch oder niedrig lag. Die meisten der heutigen Inseln dieser Region sind eigentlich Teile der beiden Kontinente Asien und Australien. Ganz anders verhält es sich mit den echten ozeanischen, von untermeerischen Vulkanen gebildeten Inseln. Unabhängig vom Rhythmus des Meeresspiegels im Eiszeitalter blieben sie Inseln. So Mauritius mit den umliegenden Inseln, die als Maskarenen zusammengefasst werden, oder die Galapagos auf der anderen Seite des Globus, die zum Teil ähnlich alt, zum Teil etwas älter sind. Ob es sich um kontinentale oder ozeanische Inseln handelt, hat erhebliche Folgen für die lebendige Natur, die darauf vorkommt.

Auf Galapagos, das recht wenig von Menschen verändert wurde und seit Jahrzehnten größtenteils als Nationalpark geschützt im Naturzustand erhalten blieb, können wir sehen, wie sich in den Jahrmillionen der Isolation Pflanzen und Tiere verändert haben. So wurden aus stachelstarrenden Opuntien, die irgendwann aus Amerika zu den Galapagosinseln verdriftet worden waren, der Wuchsform nach richtige Bäume. Den Baumopuntien vergleichbare Formen gibt es auf beiden amerikanischen Teilkontinenten nicht. Die Baumform ist eine eigenständige Entwicklung von Galapagos. Wofür oder wogegen sie gut ist, lässt sich auf Galapagos direkt beobachten. Die dortigen Riesenschildkröten und die Landleguane versuchen die großen, auffällig gelben Blüten der Opuntien und deren Früchte mit den Samen, die bei uns als »Kaktusfrüchte« bekannt sind, zu fressen. Die Ausbildung von Stämmen, welche die scheibenartigen Sprosse und die Blüten daran weit genug vom Boden abheben, stellt die Gegenreaktion zum Fraßdruck dar. An den Blüten sind spezielle Darwinfinken interessiert. An Bestäubern mangelt es daher nicht.

Der Ausflug nach Galapagos hat sich hier angeboten, weil zu den Umständen, unter denen die Dronte lebte, zu wenig bekannt ist. Doch über ihr so rasches Aussterben lässt sich sagen, dass es ohne Zweifel mit ihrer Flugunfähigkeit zusammenhängt. Die schwanengroße Taube muss ähnlich schwerfällig gewesen sein wie ein Schwan an Land. Doch dieser ist ein Schwimm- und kein Landvogel. Zum Abflug starten kann ein Höckerschwan von 15 bis 20 Kilogramm Gewicht nur über einen langen Anlauf auf dem Wasser. An Land geht das nicht. Er ist zu schwer dafür. Die ähnlich schwergewichtigen, großen Trappen, wie die afrikanische Riesentrappe, brauchen einen noch längeren Anlauf über offenes, hindernisfreies Gelände in der Savanne oder Steppe. Im Wald oder auf Flächen mit anderem dichten Bewuchs schaffen so schwere Vögel das Abheben nicht. Tauben haben zudem sehr einfach gebaute Füße. Ihr Gang ist uns vertraut, weil sie beim Gehen mit dem Kopf so komisch vorwärts und rückwärts wackeln, wie es sonst keine anderen Vögel tun. Man kann es kurz machen: Die Dronte war schlicht zu schwer zum Fliegen. Sie hätte nicht mehr Gewicht zulegen dürfen als die Kronentauben (*Goura*-Arten, die in unserer Zeit größten Bodentauben) Neuguineas, die knapp 70 Zentimeter lang und an die drei Kilogramm schwer werden. Sie leben im dichten Tropenwald, blieben aber flugfähig. Und dies, obwohl sie auf Neuguinea auch nicht von gefährlichen Bodenfeinden bedroht sind. Mit dem Fehlen von Bodenfeinden wird die Flugunfähigkeit von Inselvögeln zwar gern und häufig begründet, fast immer aber ohne hinreichende Beweise aus vergleichbaren Befunden.

Die Fächertaube *Goura victoria*, die häufigste, oft in Zoologischen Gärten und Vogelparks gezeigte Vertreterin der Kronentauben, ernährt sich am Waldboden von Früchten und Samen, also auf eigentlich ganz typische Taubenweise. Früchte sind in der Regel sehr zucker- oder fetthaltig, Samen hart, weil gut eingepackt in Schutzhüllen. Beide Sorten von Nahrung taugen nicht so recht für kleine Junge im Nest. Diese brauchen zum Wachstum vor allem Proteine; Fett und Zucker aber viel weniger, wenn ihre Umwelt tropisch ist und der Stoffwechsel nicht gegen Kälte »heizen« muss. Die Tauben haben als Vogelgruppe das Problem der passenden Versorgung ihres Nachwuchses mit Proteinen auf in der Vogelwelt einzigartige Weise gelöst. Beide Geschlechter, Weibchen und Männchen, erzeugen Milch, die sogenannte Kropfmilch. Sie ist der Muttermilch der Säugetiere in der Zusammensetzung sehr ähnlich, allerdings enthält sie fast keinen Zucker. Mit dieser Kropfmilch ernähren sie ihre Jungen. Damit können sich diese unabhängig von der Nahrung entwickeln, die ihre Eltern zu sich nehmen. Was diese brauchen, ist eine entsprechend gute körperliche Kondition, die es ermöglicht, proteinhaltige Kropfmilch in der nötigen Menge für die ohnehin nur bis zu zwei Jungen im Nest zu erzeugen. Früchte oder harte Samen können die Altvögel also ganz unabhängig vom Bedarf der Jungen verzehren. Sie müssen diese an ihre Brut nicht verfüttern.

Mit diesen biologischen Befunden zu den Tauben und dem erdgeschichtlichen Hintergrund zu den Hebungen und Senkungen des Meeresspiegels während des Eiszeitalters lässt sich nun die Entstehung der Vorfahren der Dronte zum flugunfähigen, dicken und trägen Dodo besser verstehen. Wir brauchen nur noch zwei weitere Mosaiksteinchen, um das Bild erkennen zu können. Das erste betrifft das Klima. Die Maskarenen liegen am südlichen Wendekreis in der randtropischen Zone. Die Inseln sind dem Wechsel von Regen bringendem Südostpassat und trockenen Monaten (Juni bis Oktober, also fast ein halbes Jahr) ausgesetzt. Alljährlich treffen die Inseln zahlreiche tropische Wirbelstürme; ein Dutzend im Durchschnitt. Das Klima ist ausgeprägt saisonal, was sich im Blühen und Fruchten der Vegetation niederschlägt. Der vulkanische Untergrund ermöglicht üppiges Wachstum bei reichlich Regen in der im ganzen Jahreslauf sehr günstigen Wärme. Für Pflanzenfresser, wie es Bodentauben sind, bedeutet dies den steten Wechsel von einer Zeit der Fülle zu einer des Mangels. Also gilt, je mehr Körpermasse, desto besser lassen sich Mangelzeiten überbrücken. Das

ist eine grundlegende Verallgemeinerung, die das Leben auf Inseln charakterisiert. Denn aus ihr folgt der Trend zum »Inselgigantismus«. Bei saisonal stark wechselnden Lebensbedingungen begünstigt die zunehmende Größe vielen Tierarten das Überleben. Schlicht weil mehr Reserven für die Zeit des Mangels vorhanden sind. Die genau umgekehrten ökologischen Verhältnisse herrschen auf Inseln mit recht beständigen Lebensbedingungen innerhalb der feuchten Tropen. Auf ihnen gibt es die Neigung zur Verzwergung. Denn kleine Individuen verbrauchen weniger Nahrung und andere Ressourcen und können daher in größerer Zahl zusammen (über)leben. Größere Zahl ist ein wichtiger Schutz vor dem mehr oder weniger zufälligen Aussterben. Bei der Dronte handelte es sich aller Wahrscheinlichkeit nach um Inselgigantismus. Doch dieser muss auch möglich sein; möglich, wenn die entsprechende Nahrung verfügbar ist. Sie ist das letzte Mosaiksteinchen, das benötigt wird.

Als Puzzlesteinchen müsste es das Bild eines Baumes tragen, nämlich des Calvariabaumes *Sideroxylon grandiflorum*. Diese Baumart kommt nur auf Mauritius vor. Aber als in den Siebzigerjahren genauer nachgeforscht wurde, stellte sich heraus, dass es nur noch dreizehn Exemplare gab, die alle wohl über dreihundert Jahre alt waren. Ihre großen, dickschaligen Früchte waren trotz intensivster Versuche kaum zum Keimen zu bringen. Man verfütterte sie an Truthühner, feilte an ihnen herum und simulierte, was geschähe, wenn sie zusammen mit groben Magensteinchen einer Verdauung ausgesetzt wären. Die Schlussfolgerung liegt nahe, wenngleich bisher kein Beweis dafür erbracht werden konnte, dass es die Dronte war, die diese Samen gefressen und keimfähig gemacht hatte. Ihr ebenso massiger wie merkwürdig gebauter Schnabel würde dazu passen. Noch wissen wir zu wenig über die Ernährung der Dronte. »Beeren, Früchte und Samen« sind nichts weiter als die Standardzusammensetzung von Taubennahrung. Sicher ist lediglich, dass die große Taube, gleichgültig, ob sie von Natur aus immer so dick und unförmig war oder nur gegen

Ende der günstigen Jahreszeit, sehr viel Früchtenahrung gebraucht hatte. Die Rodung der Küstenwälder für den Haus- und Schiffbau nach der Besiedelung von Mauritius entzog ihr sicherlich die Nahrungsmenge, die ihr Körper für eine erfolgreiche Jungenaufzucht benötigte. Möglicherweise lebte sie in Symbiose mit dem Calvariabaum und seinen Früchten. Wir wissen es nicht. Aber dass der weitgehende oder völlige Ausfall eines Partners auch den oder die anderen Beteiligten ins Verderben ziehen kann, steht außer Zweifel. Vielleicht wird die Calvaria auch bald *dead as a dodo*.

DIE S
BENE
VERFO
JAHRE
ENTW

10. Blüten und Insekten

10.

Blüten und Insekten

Vor gut 150 Millionen Jahren, mitten im Zeitalter der Dinosaurier, bahnte sich in der Pflanzenwelt eine Entwicklung an, die Farbe in die Natur brachte und sie grundlegend veränderte. Es war in der Zeit, in der Urvögel ihre ersten Flugversuche unternahmen. Der riesige Südkontinent, dem die Wissenschaft die Bezeichnung Gondwana gegeben hat, fing an auseinanderzubrechen, und Südamerika, Afrika, Indien, Australien sowie die Teile, welche die Antarktis bilden, entstanden daraus. Je mehr Küsten die Kontinente durch diese Aufspaltung bekamen, desto mehr Regen fiel auf das Festland. Die Niederschläge begünstigten genauso wie in unserer Zeit den Pflanzenwuchs. Doch die Pflanzenwelt sah damals ganz anders aus. Die Blüte mit darin geschlossener Samenbildung war noch nicht entwickelt. Die Samenanlagen lagen frei wie bei unseren Nadelbäumen, den Fichten, Kiefern und Tannen. »Nacktsamer« wird dieser Grundtyp der Samenbildung bei den Pflanzen genannt. Ihr Gegenstück, der »Bedecktsamer«, war im Kommen. In Sümpfen und im Flachwasser lebende Gewächse fingen an, den Blütenbau so zu verändern, dass eine geschlossene, besser geschützte Samenentwicklung möglich wurde. Aus Blattanlagen bildeten sich einhüllende Blütenblätter. Der Fruchtknoten, in dem sich die Samen entwickeln, wurde abgeschirmt vom Wasser und erhielt eine feste Hülle, die Samenschale. Oder eben auch ein weiches, »saftiges« Fruchtfleisch. Davon geht die neuere Forschung aus.

Diese Form, anfangs wahrscheinlich noch ganz unauffällig, breitete sich schließlich von sumpfigen Gewässern aufs trockenere Land aus. Die dort vorkommenden Pflanzen gaben einfach den männlichen Pollen frei. Der Wind trug ihn weiter und mit viel Glück landeten Pollenkörner auf den gleichfalls freien Blütenteilen der weiblichen Pflanzen. Man nennt diese Art folgerichtig Windbestäubung. Sie funktioniert nach wie vor, und zwar nicht nur bei den schon aus der fernen Zeit des Erdmittelalters stammenden Nadelbäumen, sondern auch bei »moderneren«, wie Eichen, Haseln, Erlen, und bei den

Gräsern. Absolute Windstille während der Zeit, in der Weizen oder andere Getreidearten blühen, würde nahezu keinen Ertrag bringen. Weht aber der Wind bei hinreichend trockenem Wetter über die Fluren und lässt die Getreidefelder wogende Wellen werfen, wird es eine gute Ernte geben. Wird der Bewuchs jedoch sehr dicht, weil Wasser, Nährsalze und Wärme im Überfluss vorhanden sind, und damit windgeschützt, sieht es schlecht aus mit der Bestäubung per Pollenflug. Wir können dies an (zu) dicht gepflanzten Fichtenbeständen im Forst sehen. Da entwickeln sich Zapfen nur an den obersten, frei in den Luftraum ragenden Spitzen der Bäume. In dichten Wäldern, wie im tropischen Regenwald, dürfte es folglich gar keine Blütenbildung geben, weil der Wind fehlt.

Den Ausweg brachte die neuartige Blütenbildung vor 150 Millionen Jahren, die zunächst nur dem Schutz der Samenbildung diente. An Magnolien lässt sich nachvollziehen, wie dies vor sich ging. Diese gehören zu den urtümlichsten unter den existierenden Blütenpflanzen. Die großen, bei manchen Magnolien blass rosafarbenen oder weißen Blütenblätter bilden eine Art Gefäß, in dem sich die recht einfach gebauten, eigentlichen Blütenteile befinden. Bezeichnend ist, dass in den großen, tatsächlich noch recht blattartigen Blütenblättern kein Blattgrün (Chlorophyll) ausgebildet wird. Daher bleiben sie weiß oder werden aufgrund anderer eingelagerter Farbstoffe rosa bis rötlich, in Zuchtformen auch beinahe dunkelrot. Zwangsläufig heben sie sich damit vom normalen Grün ab, das sie umgibt. Aus dem Kontrast entsteht ein Signal. Denn Insekten, die an den weichen Blütenteilen, vor allem am eiweißreichen Pollen interessiert sind, sehen diese Blüten nun viel leichter auf Distanz. Sie können gezielt danach suchen und sie anfliegen. Dies sollte sich als Nachteil, sogar als Gefahr auswirken. Denn Käfer und andere Insekten mit entsprechenden Mundwerkzeugen – »beißend« nennen wir sie, um sie gegen andere, wie »leckend-saugende« oder »stechende«, abzugrenzen – fressen ja den Pollen. Damit vermindern sie die Möglichkeit, dass dieser auf die Narben anderer Blüten derselben Art gelangt, sie bestäubt und befruchtet. Lassen sie jedoch genug Pollen übrig, fördern sie die Befruchtung, weil sie gezielt zur nächsten ähnlichen Blüte fliegen, um dort weiteren Pollen zu holen. Es reicht, wenn einige wenige zur Befruchtung geeignete Pollenkörner auf die weibliche Narbe gelangen. Nachteil und Vorteil liegen also nahe beieinander. Doch je geringer die Chancen sind, dass der Wind den Pollen zu den anderen Blüten derselben Art trägt, desto günstiger wird die Lage für die »Pollendiebe«. Denn Pollen muss in jedem Fall in großen Mengen erzeugt werden; in eher noch größeren, wenn ihn der Wind fortträgt. Was eingespart wird, wenn Insekten kommen, dürfen diese an Pollen auf jeden Fall verzehren, ohne dass den Pflanzen daraus ein Nachteil entsteht. Die Verhältnisse werden noch günstiger für beide Beteiligten, wenn es nicht allein um Pollen geht, sondern auch um zuckerhaltige Absonderungen, um den Nektar.

Nektar wird hauptsächlich am Grund der Blütenblätter abgeschieden. Es sind dies die Stellen, an denen die Insekten ohnehin vorzugsweise fressen würden, weil das Pflanzengewebe weich ist und kaum oder gar keine Abwehrstoffe enthält. Die Absonderung von Nektar lenkt sie ab von diesem Tun. Er bietet eine Alternative zum Fraß des Gewebes, das gerade an dieser Stelle von den Pflanzen am wenigsten entbehrt werden kann. Denn hier werden die Samen gebildet. Für die Fortpflanzung sind sie unerlässlich.

Pollen und Nektar bilden ein attraktives Angebot, das beides bewirkt: Übertragung des Pollens und Schutz der Blüte. Die Insekten reagierten darauf. Kaum waren die ersten, diesbezüglich vollständigen Blüten entwickelt, spezialisierten sie sich auf diese neue Nahrungsquelle. Was im Gegenzug die Weiterentwicklung von Form und Fernwirkung der Blüten förderte. Blüten und Insekten gerieten in eine Spirale von Anpassungen. Eine Super-Symbiose können wir sie nennen, weil sie sich aus vielen einzelnen Symbiosen zusammensetzt. Alle wirken für sich. Und sie haben die größte Vielfalt erzeugt, die es an Lebendigem gibt, Insekten in einer kaum zu überschaubaren Fülle unterschiedlichster Arten. An Blütenpflanzen leben Hunderttausende. Der größte Teil dieses immensen Artenspektrums gehört dem System

Ganze Großgruppen an Pflanzen und Insekten sind im Lauf der gut 100 Millionen Jahre, seit es diese Symbiose gibt, von den wechselseitigen Wirkungen geformt worden.

»Blüte-Insekt« an. Ganze Großgruppen an Pflanzen und Insekten sind im Lauf der gut 100 Millionen Jahre, seit es diese Symbiose gibt, von den wechselseitigen Wirkungen geformt worden. Blüten bieten Pollen an wie auf Tellern präsentiert. Die Blütenblätter öffnen sich weit, sodass eine Art Teller entsteht, aus dessen Mitte die Narbe hervorragt, umgeben von mehr oder minder vielen Staubbeuteln mit Pollen. »Stieltellerblume« heißt dieser für alle offen stehende Blütentyp. Andere Blüten lassen nur bestimmte Insekten in ihre viel komplizierter gebauten Blüten hinein, deren Inneres sie so verschlossen halten, dass das ankommende Insekt eine passende Größe haben und eine besondere Öffnungstechnik beherrschen muss. Wie beispielsweise Hummeln, die in Rachenblüten eindringen. Es gibt eine Vielzahl von Blütentypen, wie die hängenden Glocken, an denen die Landung und das Hochkriechen ins Innere der Blüte zur schwierigen Herausforderung wird, oder wie die »Schmetterlingsblüten« der Leguminosen, die tiefen Trichter vieler Enziane und insbesondere die Blüten der Orchideen, die sich sogar um die Blütenachse gedreht haben, sodass die vielgestaltige »Lippe« nach unten gerichtet ist, auf der die »gewünschten« Insekten landen können sollten. Die auf der Tafel gezeigten geben nur einen kleinen Einblick in das schier grenzenlose Spektrum der Blütenformen. Bleiben wir etwas bei den Orchideenblüten, da sie besonders vielfältig sind. Selbst nahe miteinander verwandte Arten unterscheiden sich in der Blütenstruktur, so wie die Knabenkrautblüten (*Orchis* und verwandte Gattungen), die gleichfalls zu den Orchideen gehörenden Ständelwurzblüten (*Epipactis helleborine* und *E. palustris* auf der Bildtafel) und die kleinen Blüten der *Ophrys*-Gruppe, die in Form und chemischem Duftprofil Insektenweibchen nachahmen und damit Männchen anziehen. Diese erhalten nichts außer dem ihren Begattungsversuch auslösenden Reiz, der aber die Übertragung des Pollens bewirkt. Viele Tagfalter, wie die prächtig schillernden Morphos aus dem tropischen Amerika,

sind dafür eher Nektarräuber als erfolgreiche Bestäuber. An ihren entrollten, vorsichtig tastenden Rüsseln bleibt nur selten Pollen hängen. Noch seltener wird er an die richtige Stelle, die weibliche Narbe, übertragen. Ziemlich plump bis zerstörerisch wirken als Gegenstück zu den Tagfaltern unter den Blütenbesuchern die großen Rosenkäfer.

In jedem Einzelfall zeigt sich, dass die Grundzüge der Blütenbiologie übereinstimmen. Zwischen Blüte(n) und Insekt(en) ist über die langen Zeitspannen der Evolution eine Passung entstanden. Sie drückt sich aus in Form und Größe der Blüten und in der davon bedingten Auswahl von Insekten, die als Bestäuber infrage kommen. Gute Bestäuber tragen Haare am Körper, an denen Pollenkörner hängenbleiben. Die tageszeitlichen Muster der Öffnung der Blüten entsprechen den Aktivitätszeiten der passenden Insekten. Es ist müßig, darüber nachzusinnen, ob sich die Insekten den Blühzeiten oder diese den Blütenbesuchern angepasst haben. Denn solche Systeme entwickeln sich über Rückkoppelungen und formen sich damit wechselseitig. Doch als generelle Tendenz gilt, dass anfänglich die Pflanzen mit neuen Entwicklungen und Alternativen die Insekten gelenkt hatten.

Zusätzlich zum naturgemäß vorhandenen Pollen entwickelten die Blüten nämlich weitere Lockmittel. Nektar wurde schon genannt, ebenso dass seine Absonderung verhindern kann, dass wichtige Blütenteile befressen werden. Seine Herstellung kostet die Pflanze wenig, denn die Zucker sind Produkte der Fotosynthese. Der Gehalt an Aminosäuren, den Bildungseinheiten der Eiweißstoffe, ist gering im Nektar. Für die Pflanze sind Proteine wichtig, weil sie ungleich schwerer zu erzeugen sind als Zucker. Zusätzlich zum Pollenfraß können sie sich meistens keine weiteren Proteinverluste leisten. Je präziser die Insekten beim Blütenbesuch zum Nektar geführt werden, desto geringer werden die Pollenverluste. Zwei Mittel setzen die Blüten dazu ein: Blütenduft, der Fernwirkung erzeugt, wenngleich nur im Mittelbereich.

Denn die Blütenfarbe reicht optisch oft beträchtlich weiter. Aber der Duft signalisiert, dass die Blüte offen, »reif« und noch nicht verblüht ist. Sobald sie diesen Zustand erreicht hat, sollte sie für Samenentwicklung und -reifung in Ruhe gelassen werden. Das zweite Mittel wirkt im Nahbereich über sogenannte Saftmale oder Streifen, die den Weg des Insekts zur »richtigen Stelle« in der Blüte lenken. Das sind vorwiegend Feinstrukturen auf der Blüte, welche ultraviolettes Licht reflektieren. Die Insekten sehen dieses und richten sich danach. Die Blütenfarbe erzeugt zumeist nur eine allgemeine Anlockwirkung. Gelb ist dabei fürs Insektenauge am anziehendsten. Alle Blüten sollten daher gelb sein oder weiß, solange davon UV-Strahlung reflektiert wird, auch weil weiße Blüten abends und nachts am besten zu sehen sind. Doch bekanntlich ist die Farbenvielfalt viel größer. Sie umfasst auch Rot und sattes Blau. Der Grund liegt in einer anderen, einer physikalischen Wirkung der Farben. Besonders stark ist sie bei Rot und Blau. Sie tragen nämlich zur Erwärmung der Blüten bei. Diese Wirkung wird durch in die Zellen der Blütenblätter eingelagerte Farbstoffe verursacht. Sie sorgen dafür, dass Teile des Sonnenlichts in Wärmestrahlung umgewandelt werden. Diese heizt die Blüte auf. Die Wärme begünstigt die Samenbildung darin. Blaue und rote Blüten, zumal wenn sie trichterartig ausgebildet sind, werden durch die farbbedingte Wärme indirekt für manche Insekten attraktiv, wenn diese auf »Betriebstemperatur« kommen müssen, um fliegen (und weitere Blüten besuchen) zu können.

Nicht alles, was uns an Blüten auffällt, ist ausschließlich auf die Insekten ausgerichtet. Oder auf andere Bestäuber wie kleine Vögel. Kolibris in Amerika, Nektarvögel in Afrika und andere Kleinvögel in den Tropen oder Fledermäuse und kletternde Kleinsäuger sind bedeutungsvolle Blütenbesucher. Farben signalisieren den Zustand der Blüten. Insekten sehen ein anderes, in den UV-Bereich verschobenes Farbenspektrum als Vögel und Kleinsäuger. Farben bewirken die Umwandlung von Licht zu Wärme und begünstigen damit das Blühen. Die Gegenseitigkeit zwischen Blüten und Insekten bleibt passiv. Es ist kein »um zu«-System, wie man meinen könnte, wenn man sich in so manchen, zunächst schier unglaublich komplizierten Blütenbau vertieft und die Anpassungen des dazu passenden Insekts studiert. Schiere Notwendigkeit herrscht auf beiden Seiten der Partner. Wo es geht, kommen Betrug und Täuschung dazu. Wie bei den auch in Mitteleuropa (zumeist als Seltenheiten) vorkommenden Ragwurz-Orchideen. Die Männchen bestimmter Insekten kopulieren mit der Blüte, die für sie so weibchenartig wirkt, bekommen dabei

das Pollenpäckchen auf den Körper geheftet, aber keine weitere Gegenleistung. Dennoch fliegen sie alsbald wieder solche Blüten an, vollziehen auf diesen den Akt der Paarung und übertragen dabei den Pollen. Viele weitere Fälle von Täuschung, die von den Blüten ausgeht, zeigen, dass jeder Partner in dieser Symbiose primär seinen Vorteil sucht. Manche Insekten ergreifen eine für die Blüten ungünstige Alternative. Sie betreiben Nektarraub ohne Pollenübertragung. Wird Nektar in einem tiefen Blütensporn abgesondert, den beispielsweise nur langrüsselige Hummeln erreichen können, machen sich manche Bienen und Hummeln nicht die Mühe, in die Blüte zu kriechen. Sie beißen einfach den Sporn an und saugen ihn aus. Nektarraub betreiben auch Kolibris, und das sehr erfolgreich. Wie Lanzenritter schießen sie mit vorgestrecktem Schnabel auf geschlossene Blüten und durchbohren sie genau dort, wo der Nektar abgesondert wird: bei den fast geschlossenen roten Blüten einer Hibiskusart, der Wachsmalve *Malvaviscus arboreus*. Warum diese distanzierte Art dem »vorgesehenen« Weg oftmals vorgezogen wird, werden wir später sehen.

Blüten und Insekten sind ein Thema für viele Bücher. Aus ihnen ließe sich eine unendliche Geschichte stricken, so viele unterschiedliche Arten von Pflanzen und Tieren sind beteiligt. Und so viele Formen von Symbiosen gibt es zwischen ihnen. Aus allen bislang erforschten geht aber hervor, dass es sich um ein ziemlich labiles Kräftegleichgewicht handelt, das sich zwischen den Beteiligten eingestellt hat. Die für uns Menschen wichtigste Symbiose aus diesem großen Spektrum ist die Symbiose der Bienen, speziell der Honigbienen, mit Pflanzen, die botanisch als Rosengewächse eingestuft werden. Zu diesen gehören unsere Obstbäume. Ohne Bienen bekämen wir kaum Äpfel, Birnen, Aprikosen und Pflaumen. Der Ertrag zahlreicher für uns sehr wichtiger Nutzpflanzen hängt von den Bienen ab. Doch kurzfristiger Gewinne wegen, die einigen wenigen landwirtschaftlichen Großbetrieben zugutekommen, riskieren Politiker das Bienensterben, weil sie Pflanzenschutzmittel zulassen, die den Bienen gefährlich geworden sind. Ausgerechnet die bedeutendste Symbiose zwischen Blüten und Insekten ist gegenwärtig in größter Gefahr. Wildbienen und Hummeln sind weithin rar geworden oder bereits ganz verschwunden. Ihr Artenspektrum füllt die Roten Listen der gefährdeten Arten. Hoffentlich zwingt das Sterben der Honigbienen die Politiker endlich zu Entscheidungen, die dem Wohl der Allgemeinheit dienen und nicht zum Vorteil einer kleinen, politisch aber bestens vernetzten Klientel gereichen.

Angraecum sesquipedale

11. Darwins Schwärmer

11.

Darwins Schwärmer

In den Urwäldern Madagaskars gibt es eine Orchidee mit so bizarrem Bau ihrer Blüten, dass man sie für eine Missbildung hätte halten können. Alle Teile der Blüte sind in die Länge gezogen und bilden einen milchig-weißen, leicht grünlich getönten Stern. Darauf bezieht sich der deutsche Name »Stern von Madagaskar«. Wissenschaftlich heißt die Orchidee *Angraecum sesquipedale*. Am längsten ist der Sporn, eine dünne Röhre, an deren Spitze im Inneren Nektar abgesondert wird. Nicht viel, aber immerhin. Dieser Sporn misst bis zu 45 Zentimeter. Der Artname *sesquipedale* bezieht sich darauf, denn er bedeutet »anderthalb Fuß lang«. Was nicht nur lang ist, sondern zu lang geraten erscheint. Denn wer sollte aus dieser Röhre Nektar holen, wenn dieser nur am untersten Ende abgesondert wird? Charles Darwin, der 1862 eine blühende Orchidee dieser Art in England zu Gesicht bekam, schloss aus der Spornlänge, dass es einen Schmetterling, einen Schwärmer wohl, geben müsse, der einen entsprechend langen Rüssel hat. Fast vier Jahrzehnte später, im Jahre 1903, entdeckte man tatsächlich einen Schwärmer mit dieser Rüssellänge. Er erhielt den Namen *Xanthopan morganii praedicta*, um auf die Vorhersage seiner Existenz (»praedicta«) zu verweisen. Der Fall wurde berühmt. Das wissenschaftliche Problem, das davon ausgelöst wurde, sollte in der Folge zu vielen Diskussionen und Auseinandersetzungen führen.

Die Passung von Spornlänge der Orchidee und Rüssellänge des Schwärmers steht außer Frage. Zwar dauerte es über neunzig Jahre, bis der direkte fotografische Nachweis gelang, dass der extrem langrüsselige Schwärmer tatsächlich die Blüten des Sterns von Madagaskar besucht und dabei die Pollensäckchen angeheftet bekommt, um deren Übertragung auf eine andere Blüte derselben Art es eigentlich geht. Dass dies so sein müsse, darüber war man sich von Anfang an einig. Die meisten Schwärmer, zumal die so großen wie die Angehörigen der Gattung *Xanthopan*, die den auch in Mitteleuropa vorkommenden Winden- und Ligusterschwärmern ähneln, fliegen nachts.

Die Blütenform (»Stern«) und Farbe des Sterns von Madagaskar verweisen auf nächtliche Besucher. Wahrscheinlich reflektiert die Blüte das schwache Ultraviolettlicht in mondhellen Nächten und lenkt damit optisch die Suche der Schwärmer.

Beide bilden eine Gemeinschaft, die als hochgradig spezialisierte Symbiose anzusehen ist. Der lange, zur Spornlänge der Orchidee passende Schwärmer-Rüssel gilt als Musterbeispiel für eine extreme Anpassung an besondere Verhältnisse. Man kann sich gut vorstellen, wie über lange Zeiten hinweg Sporn- und Rüssellänge zunahmen und andere Nutzer des Nektars damit ausgeschlossen wurden. Wodurch die Orchidee allerdings in totale Abhängigkeit von der Existenz genau dieses Schwärmers geriet. Als Art ist sie von Natur aus rar. Ihr Verbreitungsgebiet beschränkt sich an der niederschlagsreichen Ostküste Madagaskars auf den Küstenwald. Zwar ist sie als Orchideenpflanze ziemlich groß. Bis zu einem Meter Wuchshöhe kann sie erreichen. Und ihre Blüten duften auch stark. Aber da der Schwärmer nicht allein an ihrem Nektar interessiert ist, sondern vor allem sicherstellen muss, dass geeignete Futterpflanzen für die Raupen seiner Art verfügbar sind, bleibt ihm weit mehr Freiheit. Sein langer Rüssel hindert ihn ja nicht daran, in anderen Blüten zu trinken. Er muss lediglich den entsprechenden Abstand wahren. Die Geschichte wird sogar ziemlich kompliziert, wenn wir die Verbreitung des Schwärmers und die Futterpflanzen seiner Raupen berücksichtigen.

Charles Darwin, der 1862 eine blühende ›Stern von Madagaskar‹-Orchidee in England zu Gesicht bekam, schloss aus der Spornlänge, dass es einen Schmetterling, einen Schwärmer wohl, geben müsse, der einen entsprechend langen Rüssel hat.

Xanthopan morganii lebt nämlich keineswegs nur auf Madagaskar und dort auch nicht allein im Küstenwald, wo die Orchidee vorkommt, die sich auf seine Rüssellänge eingestellt hat. Seine Hauptverbreitung erstreckt sich über die Küstenwälder Ostafrikas von Mosambik, also etwa gegenüber von Madagaskar, bis ins südöstliche Tansania. Auch weiter im Innern Afrikas leben diese großen Schwärmer mit 12 bis 15 Zentimetern Flügelspannweite; große Weibchen erreichen noch mehr. Der Rüssel der afrikanischen Angehörigen der Art wird um die 25 Zentimeter lang. Die Raupen ernähren sich jedoch nicht von den Blättern der Orchideen, deren Blüten die Schwärmer besuchen, sondern von solchen verschiedener Bäume, sogar von der Netzannone *Annona reticulata*, die aus Südamerika stammt. Der Stern von Madagaskar könnte zudem gar kein Interesse haben, den Schwärmer mit Nektar anzulocken, auf dass dieser die Eier auf seinen Blättern ablegt und die Raupen sie später abfressen. Es geht der Orchidee ausschließlich um die Pollensäckchen, in die bei Orchideen der Pollen verpackt ist. Sie müssen irgendwie zu den weiblichen Blütenteilen von anderen Blüten derselben Art gelangen. Kompakte Pollenpakete benötigen Träger. Der Wind kann sie nicht verfrachten, und selbst wenn, wäre die Wahrscheinlichkeit, dass eine andere, möglichst sogar etwas weiter entfernte Blüte getroffen wird, viel zu gering. Übertragung durch Tiere, zumal durch Insekten, die eine sogenannte Blütenstetigkeit entwickeln, also gezielt nach bestimmten Blüten suchen, ist die Lösung.

Schmetterlinge wären keine besonders guten Pollenüberträger. Sie halten zumeist zu großen Abstand, und das umso mehr, je länger ihre dünnen Rüssel sind, die sie beim Nektartrinken entrollen können. Kolibris wären erheblich besser geeignet. In Süd- und Mittelamerika sind sie als Blütenbesucher so bedeutend, dass die dortige Pflanzenwelt sogar einen für sie passenden Blütentyp (»Vogelblume«) entwickelt hat und häufig mit intensiv roter Farbe »wirbt«, die Kolibris sehen können. Für Bienen, Hummeln und viele andere Insekten ist dieses Rot indes keine anlockende Farbe, weil sie es fast gar nicht wahrnehmen. Es ist, wie schon ausgeführt, das von weißen Blüten reflektierte Ultraviolett, das abends, in der späten Dämmerung oder nachts, wenn das Mondlicht stark genug ist, die Schwärmer und Eulenfalter anlockt. Rot ist ihnen zu langwellig. Wir können es sehen und finden rote Blüten, wie die viel besungene »rote Rose« in der Regel auch besonders schön.

Hunde, Katzen und die meisten anderen Säugetiere können hingegen Rot nicht von Grün unterscheiden. Ähnlich wie rot-grün-blinde Menschen. Abends und nachts werden rote Blüten für die meisten Blütenbesucher unsichtbar. Auch Blau lockt da nur sehr wenig; am meisten noch Gelb. Am besten aber ist Weiß.

Doch warum sollten Blüten überhaupt nachts Bestäuber anlocken? Die dafür am besten geeigneten Insekten, die Hummeln und Bienen, schlafen nachts wie auch fast alle Vögel, zumal die kleinen, die tagsüber Blüten aufsuchen. Fledermäuse kommen infrage sowie einige kleine kletternde Säugetiere. Und eine große Gruppe von Schmetterlingen. Tatsächlich sind nachts über zehnmal mehr Schmetterlingsarten unterwegs, als wir am Tag zu Gesicht bekommen. Die feuchte Kühle der Nacht sagt den großen Schwärmern besonders zu, weil sie mit ihrem Schwirrflug so viel Wärme im Körper erzeugen, dass ihnen am Tag, zumal bei hohen Außentemperaturen, akute Überhitzung droht. Die wenigen Schwärmer, die am Tag fliegen, sind klein. Sie rasten viel, meiden die Stunden der Hitze und müssen mehr Nektar pro Gramm Körpergewicht trinken als die großen, nachts aktiven Schwärmer, um mit dem Wasser des Nektars ihre Körperchen zu kühlen. Der Großteil der nachts fliegenden Schmetterlinge erreicht, wie die meisten Eulenfalter, (für Schmetterlinge) nur mittlere Körpergrößen oder gehört zu den kleinen mit dünnen Körpern, die am Tag zu schnell vertrocknen würden. Manche Eulenfalter suchen nachts weiße Blüten auf, die Nektar liefern. Doch es sind vornehmlich die Schwärmer, die dies tun, insbesondere in den Tropen.

Der Stern von Madagaskar hatte also keine große Auswahl an möglichen Bestäubern bzw. Überträgern der Pollensäckchen, nachdem diese Orchidee damit begonnen hatte, aus welchen Gründen auch immer, nachts zu blühen. Zarten Blüten geht es in der kühleren und feuchteren Atmosphäre der Nacht besser als in der Hitze des Tages. Sollen die Blüten länger halten, etwa weil das Blühen nicht auf eine kurze (Jahres-)Zeit synchronisiert, sondern über Monate verteilt stattfindet, geht dies viel leichter nachts als am Tag. Oder in tagdunklen Lebensräumen, wie in den dichten Tropenwäldern. Orchideen haben aber eine besondere Schwierigkeit zu überwinden, die fast immer dazu führt, dass sie selten sind und bleiben. Ihre staubfeinen Samen brauchen zum erfolgreichen Keimen einen Pilz. Nur wenn dieser dort auch vorhanden ist, wohin der Wind oder sonstige Umstände den Samen getrieben haben, gelingt das Aufwachsen einer neuen Orchidee. Es werden aus diesem Grund extrem viele, winzig kleine Samen gebildet. Dennoch hängt es vom glücklichen Zufall ab, ob einer oder einige wenige an den passenden Ort gelangen. Umso wichtiger ist die möglichst präzise Pollenübertragung. Die Orchideen sind gezwungen, ihre Blüten so zu gestalten, dass mit hoher Wahrscheinlichkeit ganz bestimmte Besucher kommen und die Pollensäckchen transportieren.

In dieser Lage ist der Stern von Madagaskar zwangsläufig weit abhängiger vom Schwärmer als dieser von der Orchidee. Sie musste mit verlängertem Sporn genau diesen Schwärmer immer enger an sich binden, um die Übertragung des Pollens zu sichern. Die Unterart *praedicta* von *Xanthopan morganii* reagierte darauf mit einem noch längeren Rüssel als ihre Artgenossen auf dem afrikanischen Festland. Der lange, ausrollbare Rüssel hat zusätzlich zu seiner Wirkung als Saugrohr eine weitere Funktion. Seine Länge erlaubt es, beim Saugen von Nektar einige Distanz zu der Blüte zu halten. An dieser können tödliche Gefahren wie Spinnen oder Gottesanbeterinnen lauern, die Insekten fangen, wenn sich diese den Blüten zu sehr genähert haben. Wir können dies in unserer Natur durchaus häufig beobachten. Da hängen Bienen, Fliegen oder Schmetterlinge in offensichtlich unnatürlicher Position an Blüten. Sieht man genauer hin, stellt sich heraus, dass sie von einer Krabbenspinne erbeutet worden sind. Diese hat ihre Körperfarbe so genau dem Weiß oder Gelb der Blüte angepasst, dass wir uns schwertun, sie zu entdecken. Insekten, die solche Blüten besuchen, an denen Krabbenspinnen lauern, fallen ihnen zum Opfer. Auch Schmetterlinge, wie Bläulinge, deren Rüssel kurz sind und die keinen Schwirrflug machen können, gehören zu den Opfern. Doch die Tropenwelt enthält weit mehr Gefahren als unsere Natur. Sichere Distanz beim Nektartrinken zu halten, ist überlebenswichtig. Sogar für Kolibris, die zwar für die meisten Spinnen, die an Blüten auf Beute lauern, zu groß und zu kräftig sind, aber durchaus passend wären für ähnlich gut getarnte kleine Schlangen.

Im Fall der Orchidee mit dem langen Sporn und dem Schwärmer, dessen Rüssellänge daran angepasst ist, wissen wir noch nicht, wie es in Madagaskar hinsichtlich der Gefahren beim Blütenbesuch aussieht. Und ob der Schwärmer nur deshalb häufig genug vorkommt, weil geeignete Futterpflanzen für seine Raupen vorhanden sind. Von diesen ganz anderen Pflanzen hängt es also auch ab, ob der Stern von Madagaskar verlischt, weil seine Blüten nicht häufig genug vom Schwärmer mit dem langen Rüssel besucht werden. Damit haben wir wieder ein Beispiel vor uns, das ein einfacher und klar aussehender Fall von Symbiose zu zeigen schien, tatsächlich aber viel komplizierter und mit anderen Beziehungen und Symbiosen verwoben ist. Längst sind noch nicht alle Geheimnisse, die darin stecken, aufgedeckt.

ovales Blatt, Costa Rica
handförmiges Blatt
dreilappiges Blatt
Ei-Attrappen

12. Passionsblumen

12.

Passionsblumen

Die Blüten waren wohl zu schön, um normal sein zu können. Und so nannte man sie Leidensblumen, *Passiflora*; Symbole der biblischen Leidensgeschichte. Die im Winkel von 72 Grad voneinander abstehenden fünf Staubgefäße (botanisch: Stamina) galten als die Wunden. In den drei rostbraunen, noch präziser 120 Grad Abstand voneinander haltenden, aber aus einem Stamm kommenden Teilen der weiblichen Narbe erblickte man die drei Kreuzesnägel. Der Kranz borstenförmiger Blütenteile (Nebenkrone), aus dem sich beide erheben, wurde als die Dornenkrone interpretiert, hinter der zehn Apostel (ohne Petrus und Judas) den die Blüte abschließenden Kreis bilden. Die dünnen, stark schraubig gedrehten und spitz auslaufenden Ranken ließen sich als Symbole für die Geißeln hinzufügen. So »passte« alles für die Passion.

Sie hatten sich die Wunderblüte also recht genau angesehen, die europäischen Auswanderer, als sie im tropischen Südamerika diese einzigartigen Pflanzen vorfanden. Sie versuchten, sich einen Reim darauf zu machen, wenngleich der Ort, der fremde Kontinent Südamerika, mit der biblischen Leidensgeschichte wirklich nichts zu tun hatte. Eine solche fing dann für die Indianer mit dem Eintreffen der Europäer an. Bei deren »Eroberung des Paradieses« (*1492 – Conquest of Paradise*, so der Titel des Historienfilms von Ridley Scott von 1992 zur fünfhundertsten Jährung der »Entdeckung Amerikas« durch Christopher Kolumbus) wurden Hunderttausende Indianer, die mit der an Untaten so übervollen Geschichte Europas und des Nahen Ostens wahrlich nichts zu tun hatten, gequält, geschändet, gekreuzigt und vernichtet. Die indianische »Deutung« der Passionsblume ist uns nicht überliefert, so es eine solche gegeben haben sollte. Zumindest ist es sehr unwahrscheinlich, dass die Indios die so schöne Blume mit Blut und qualvoller Tötung verbunden hätten. Die Produkte der Passionsblumen kannten und schätzten sie: gelborangefarbene, beerenartige Früchte mit einem ganz besonderen Geschmack. Und sie hatten selbstverständlich auch Namen dafür. In der im südöstlichen

Brasilien weit verbreiteten Tupí-Sprachgruppe lautet(e) dieser Maracujá. Oder ganz ähnlich, denn die Portugiesen übertrugen den indianischen Ausdruck in ihre Sprache und Schrift. Eingedeutscht gesprochen müssten die bei uns als frische Früchte zu kaufenden Maracuja daher eigentlich Marakuschá lauten (Betonung auf dem a am Schluss des Wortes!). Die Bedeutung in der indianischen Tupí-Sprache setzt sich aus zwei Teilen zusammen: Mara steht für breiartiges Essen, ähnlich wie im Deutschen ›Mark‹, und cuja bezeichnet die halbkugelige Form. Aus einer Cuja, dem rundlichen Gefäß aus Holz oder eines kleinen Flaschenkürbisses, trinkt man in Südbrasilien und Nordargentinien den heiß aufgebrühten Matetee.

Die Frucht hatte also längst beträchtliche Bedeutung bei den Indianern, als die Europäer sie kennenlernten. Ihr Geschmack macht geradezu süchtig. Reife Maracujas suchten die Indios mit viel Zeitaufwand. Sie aßen sie direkt oder als breiigen Saft mit den Kernen, von denen sich das geschmacksintensive, hell durchscheinende Fruchtfleisch nur schwer lösen lässt. Man muss einen Kern lange lutschen, bis das Fleisch weitgehend entfernt ist. Meist ist er vorher bereits in den Schlund geraten, so schlüpfrig sind die Kerne.

Bei den Passionsblumen geht es mit ihren einzigartigen Blüten allerdings sehr wohl um Symbiosen mit Tieren und nicht um den Maracujasaft und seinen Geschmack, wie wir Gourmets denken mögen. Der Einstieg über den Menschen ist dennoch hilfreich, weil damit zwei Punkte angesprochen werden, die wichtig sind. Die Blüten der Passionsblumen sind erstens »erklärungsbedürftig«, so symmetrisch und so schön gebildet sind sie. Ihre Deutung als Allegorie der Passion können wir als frühneuzeitliche Spätform des mittelalterlich-christlichen Denkens ad acta legen. Sie stammt aus einer Zeit, in der Tausende Hexen verbrannt wurden und eine fundamentalistische Inquisition in Europa die Reinheit des Glaubens zu erzwingen versuchte. Zum Zweiten passt der so anziehende Maracujageschmack nicht zur Giftigkeit der Passionsblumen, die nicht einmal Ziegen fressen, die doch zu kaum etwas Pflanzlichem

> **Die Blüten waren wohl zu schön, um gewöhnlich sein zu können. Und so nannte man sie Leidensblumen, *Passiflora*; Symbole der biblischen Leidensgeschichte.**

Abstand halten. Die Erfahrung mit den Kernen der Maracuja verrät, worum es geht. Der Geschmack macht süchtig. Die Kerne lassen sich jedoch kaum lutschen, ohne dass sie heruntergeschluckt werden. Das gilt erst recht für die Tiere, die Maracujafrüchte verzehren. Dennoch dürften die im Tropenwald Südamerikas sehr weit umherstreifenden Indios für Verbreitung und Häufigkeit jener Arten von Passionsblumen, die so schmackhafte Früchte entwickeln, jahrtausendelang sicher besonders prägend gewesen sein.

Global gibt es mehr als fünfhundert verschiedene Spezies von Passionsblumen. Allein ihrem Artenreichtum zufolge gehören diese Kletterpflanzen gewiss zu den besonders erfolgreichen Tropenpflanzen. Die weitaus meisten Arten der Gattung leben im tropischen Bereich von Süd- und Mittelamerika. Einige wenige gibt es auch in Nordostaustralien, in Südasien, auf Madagaskar und eine auf den Galapagosinseln etwa tausend Kilometer westlich von Südamerika unter dem Äquator gelegen. Daraus folgt, dass wohl die amerikanischen Tropen das Entstehungsgebiet dieser Schlingpflanzen gewesen sein müssen. In der langen Zeit, in der Südamerika eine Insel war, floss an ihrem Nordrand der warme Äquatorialstrom von Afrika her in den Pazifik. Auf Driftholz erreichten darin Abkömmlinge der südamerikanischen Passiflora-Arten Südostasien, Nordaustralien und sogar das besonders weit entfernte Madagaskar. Obgleich Südamerika nahe ist, dürfte die Ansiedlung von Passionsblumen auf den Galapagosinseln besonders schwierig gewesen sein, weil deren Küsten von so unwirtlich trockenen Lavafelsen gebildet werden. Dieser kurze Blick auf die globale Verbreitung der Passionsblumen lässt einen wichtigen Schluss zu: Ihr besonderer Blütenbau muss bereits viele Jahrmillionen alt sein. Menschen gibt es im tropischen Mittel- und Südamerika erst seit zehn- bis fünfzehntausend Jahren. Sie waren aus Nordostasien über die damals noch nicht vom Meer überflutete Landverbindung nach Alaska hinübergewandert, die sogenannte Beringia. Über Nordamerika besiedelten sie schließlich auch Südamerika, das bereits über die Landbrücke von Panama mit Nordamerika verbunden war.

Die Passionsblumen entwickelten sich viel früher. Ihr besonderer Blütenbau und die Fruchtbildung stammen also aus den Jahrmillionen vor dem Eiszeitalter. Südamerika war damals, im Tertiär, wie diese über sechzig Millionen

Jahre andauernde erdgeschichtliche Periode genannt wird, vom Rest der Welt isoliert. Es gab keine modernen Säugetiere. Also müssen wir im Hinblick auf die Nutzer der Passionsblumenfrüchte bei den ursprünglichen Südamerikanern ansetzen. Infrage kommen bei solchen Kletterpflanzen vornehmlich kletternde Säugetiere und insbesondere Vögel. Da die reifen Maracujabeeren recht fest sitzen und nur wenige Vögel im tropisch-südamerikanischen Regenwald bodennah bis in mehreren Metern Höhe danach suchen, schränkt sich das mögliche Spektrum stark auf Affen und Tukane ein. Affen können die gelbrot reif gewordenen Früchte ergreifen, Tukane können sie mit ihrem langen Schnabel erfassen. In der Untergruppe der Arassaris sind dessen Seitenkanten sogar gezähnt (sägeartige Hornstrukturen, keine echten Zähne!). Tukane sind wie die allermeisten Vögel farbtüchtig. Das helle Gelb oder Gelborange der reifen Maracuja sehen auch die Affen. Aber es könnte für sie ähnlich wie das Orange von bestimmten Insekten wirken, die damit vor ihrer Giftigkeit warnen. Die Früchte verschiedener Passionsblumenarten sind ihnen jedenfalls auch zu sauer. Affen sind daher nur bedingt, Tukane aber wohl recht gut geeignet als Nutzer und Verbreiter der Maracujafrüchte im tropischen Amerika. Dass vor gut zehntausend Jahren Menschen auch danach suchten, stellt nichts weiter als eine Zugabe dar. Und eine Samenverbreitung durch Früchte fressende Vögel und Säugetiere wäre auch nichts weiter als ein Beispiel von vielen für die symbiotische Beziehung von Tieren und Früchten.

Wie aber verhält es sich mit den Blüten? Wie ist ihr Bau zu verstehen? Zwar gibt es in der Familie der Passionsblumengewächse auch abweichende Formen, auf die hier nicht eingegangen wird, aber der größte Teil der Arten hat den in drei Schichten gegliederten, radiären Aufbau. Die roten, blauen oder violetten, stets auffällig farbigen Blütenblätter tragen den dichten Kranz filamentartiger Gebilde, die aus unfruchtbaren Staubblättern entstanden sind, also solchen, die keinen

Pollen entwickeln. Darüber erhebt sich die Ebene der fünf männlichen Pollenträger, und über diese ragt der Kreis der weiblichen Narben, die nicht nach oben, sondern nach unten gerichtet sind. Der Position zufolge sollten sie eventuell vorhandenen Pollen vom Rücken solcher Blütenbesucher abstreifen können, die sich unter ihnen bewegen. Der radiär symmetrische Blütenbau deutet an, dass es sich um Bestäuber handeln muss, die auf der Schicht der borstenartigen, unfruchtbaren Staubblätter kreisförmig kriechen. Aus dem Abstand zu den weiblichen Narben ergibt sich die ungefähre Körpergröße der infrage kommenden Blütenbesucher. Recht große Insekten müssen es sein, und zwar solche, die am Tag aktiv sind, weil sich die Passionsblumenblüten bei Helligkeit öffnen. Die Bestäuber sollten zudem recht verlässlich blütenstete Besucher sein, denn jede Blüte öffnet sich nur einen Tag. In dieser kurzen Zeit sollte sie befruchtet werden. Gegen Selbstbefruchtung ist sie steril.

Große Holzbienen, wie die Angehörigen der Gattung *Xylocopa*, erfüllen diese Bedingungen am besten. Es gibt sie überall, wo auch Passionsblumen gedeihen. Bei uns würde sich sogar das Areal der Großen Blauen Holzbiene *Xylocopa violacea* für einige Arten von Passionsblumen eignen, weil die Gebiete hinreichend wintermild sind. Die großen, mehr an Hummeln erinnernden als Bienen gleichenden Holzbienen passen in Körpergröße und Form genau in den »Rundlauf« der Passiflora-Blüten. Sie sind pelzig genug für das Festhaften von Pollen, den sie an den nach unten auf den Rücken der Holzbiene gerichteten Narben abstreifen können. Holzbienen sind in den Tropen global verbreitet und meistens ziemlich häufig. Beste Voraussetzungen also für die Passionsblumen. Die Verbreitung der Holzbienen reicht über jene der Passionsblumen hinaus. Ein umgekehrtes Verhältnis wäre problematischer und bedürfte Alternativen für die zu bestäubenden Pflanzen. Die Symbiose würde dennoch nicht funktionieren, wären keine Tiere für die Verbreitung der Samen vorhanden. Die Passionsblumen benötigen eine doppelte Symbiose für ihre Existenz.

Damit nicht genug! Im Tafelbild sind aus gutem Grund Schmetterlinge enthalten. Das Leben der Passionsblumen verläuft nicht einfach vom Blühen und Befruchten mithilfe der Holzbienen zur späteren Verteilung der Samen durch Fruchtfresser. Es gibt Schwierigkeiten mit dem Wachstum. Gekeimte Samen müssen gedeihen, aufgewachsene Pflanzen sich in einer Weise weiterentwickeln können, dass die für Blühen und Fruchten nötigen Stoffe angesammelt werden. Dieses vegetative Wachstum kann – und wird in aller Regel – »Interessenten« anziehen: Tiere, die Blätter oder Blütenknospen und die sich entwickelnden Früchte fressen. Wie eingangs bereits betont, sind die Passionsblumen giftig. Mehr oder weniger, ist nun hinzuzufügen, denn die Giftigkeit, vor allem verursacht durch den Gehalt von Indolalkaloiden, schwankt nicht nur zwischen den verschiedenen Arten, sondern auch innerhalb einer Art beträchtlich. Die von Menschen vorgenommene Nutzung kann daher bei einigen Passiflora-Arten über die Früchte hinaus auch Tees aus Blättern oder jungen Ranken einschließen; mit einigem Risiko, wenn uneinheitliche Zuchtformen das Material für den Tee liefern. In der Natur haben sich Schmetterlinge einer besonderen Familie auf Blätter und Ranken der Passionsblumen spezialisiert. Sie gehören zur Gattung *Heliconius*, umgangssprachlich Passionsblumenfalter genannt. Das Bild enthält drei Beispiele mit Blau in den Flügeln. Der vierte Falter stammt aus der Familie der Schwalbenschwänze und wird weiter unten noch behandelt.

Die Ranken der Passionsblumen wachsen schnell und streben dem Licht entgegen. Feste Stämme werden nicht ausgebildet. Als Kletterpflanzen schlingen sie sich um vorhandene Stämme. Die schraubig gedrehten, dünnen Spitzen der Ranken wirken wie Fühler auf der Suche nach Möglichkeiten, sich Halt zu verschaffen. Junge, rasch wachsende Blätter enthalten ganz allgemein noch wenig Substanzen zur Abwehr von Fressfeinden. Für Raupen und andere von Pflanzen lebende Insekten ist daher junges, wachsendes Grün besonders attraktiv. Ranken, die sich lang gestreckt irgendwohin richten, bieten aber keine Massennahrung. Eine Raupe mag damit ihren Bedarf bis zur Verpuppungsreife gerade decken können, ohne zu verhungern. Mehrere jedoch nicht. Sie würden vorzeitig alles gefressen haben. Die Raupen der Passionsblumenfalter töten daher andere, sofern diese kleiner als sie und zu überwältigen sind. Damit halten sie sich ihre Ranke konkurrenzfrei. Die Schmetterlingsweibchen untersuchen zudem vor der Eiablage junge Ranken gründlich, ob diese bereits von Raupen befressen werden; ja sogar, ob schon ein Ei daran abgelegt ist.

Die wenigen Eier, die pro Weibchen zur Verfügung stehen, verteilen sie einzeln und sehr sorgfältig. Das erhöht die Überlebenschancen der Raupen und vermindert deren Konkurrenz miteinander.

Hier hat sich nun aber auch die Pflanze eingeklinkt. Sie bildet falsche Eier aus, die so aussehen, als ob bereits welche vorhanden wären – und täuscht damit die ablagebereiten Weibchen. Nur bedingt, nicht absolut. Denn letztlich ist es besser, wenn durchschnittlich eine Raupe pro Ranke frisst. Die Pflanze verkraftet das über die Produktion neuer Blätter. Und sie wird durch die vorhandene Raupe vor weiterem Befall geschützt. Es findet also eine Art von Kräftemessen zwischen Pflanze und Schmetterling statt. Das Ergebnis beeinflusst dann auch, wie viele Blüten die Ranke bilden kann und damit den Fortpflanzungserfolg. Als ob dies noch nicht kompliziert genug wäre, sind die echten Passionsblumenfalter, die Heliconiiden, einer weiteren Konkurrenz durch Nachahmer aus anderer Verwandtschaft ausgesetzt. Diese imitierten

im Lauf ihrer Evolution die giftigen oder zumindest für Vögel schlecht schmeckenden Vorbilder so täuschend gut, dass sie mitunter sogar in wissenschaftlichen Sammlungen falsch eingeordnet worden sind. Die langsam fliegenden, auffälligen Passionsblumenfalter geraten dadurch unter Feinddruck, wenn die ungiftigen Nachahmer zu häufig werden. Wieder kommt es zu einer Gegenreaktion. Die giftigen Vorbilder schließen sich mit weiteren giftigen Faltern aus anderer Verwandtschaft zu »Giftringen« zusammen. Einen solchen Fall stellen die im Bild eingefügten drei blauflügeligen *Heliconius*-Arten und der zu den Schwalbenschwänzen gehörende *Eurytides pausania* dar. Sie bilden eine Mimikry-Gemeinschaft, eine »Müller'sche Mimikry«. Die *Heliconius*-Unterart mit Rot in den Flügeln gehört zu einem anderen Mimikryring. Die Müller'sche Mimikry unterscheidet sich von der verbreiteten Bates'schen Mimikry dadurch, dass sich gefährliche oder giftige Arten zu einer äußerlich sehr ähnlichen Form und Färbung entwickeln und damit ihre Gesamtzahl stark vergrößern. Unerfahrene Vögel brauchen nur einen oder einige wenige Zugehörige zu so einer Gruppe von Arten in Müller'scher Mimikry zu probieren, dann haben sie gelernt, dass sich so aussehende Falter nicht als Nahrung eignen. Die Probierverluste werden auf diese Weise gestreut und pro Art in dem Maße vermindert, in dem andere hinreichend giftige mitmachen. Ein gutes Beispiel ist uns aus der heimischen Tierwelt vertraut, die Wespentracht. Fast alle mit Giftstachel bewehrten Wespen tragen sie – und viele harmlose Nachahmer, wie zahlreiche Arten der Schwebfliegen, auch. Diese gehören zur Bates'schen Mimikry mit harmlosen Nachahmern giftiger oder gefährlicher Vorbilder. Bei den Passionsblumenfaltern gibt es beide Formen. So attraktiv sind die Passionsblumengewächse mit ihren Besonderheiten. Und so wogen die Kräfte hin und her zwischen Pflanzen und Schmetterlingen und untereinander, denn auch das Wachsen und Gedeihen der Passionsblumen unterliegt dem Konkurrenzdruck vieler anderer Pflanzenarten im Tropenwald. Gerade dort, wo vieles so bunt und üppig aussieht, ist es schwieriger zu überleben als in klimatisch weniger günstigen Regionen. Aus guten Gründen gibt es Symbiosen besonders häufig und vielfältig in der Tropenwelt, an Land wie auch im Meer.

Costa Rica
Lake Arenal

13. Kurioses Faultierleben

13.

Kurioses Faultierleben

Faultier; der Name sagt schon (fast) alles. Er schränkt nicht ein, wie »fauler Hund«, was normalerweise einen Einzelfall oder einen vergänglichen Zustand beim solcherart gescholtenen Tier meint. Ein Faultier ist ein Faultier, und zwar von Natur aus und immer. In freier Natur lebt es fern von uns in den tropischen Wäldern Mittel- und Südamerikas. Dort hängt es mit dem Rücken nach unten in Baumkronen an schrägen Ästen oder sitzt, nahezu kugelig zusammengerollt, in einer Astgabel. In diesem Zustand kann man es leicht mit einem Nest von Baumtermiten oder Wespen verwechseln, wenn es sich nur als Silhouette gegen den helleren Himmel abhebt. Bewegt es sich, tut es dies mit aufreizender Langsamkeit. Faultiere zu beobachten, erfordert kaum auszuhaltende Geduld, weil einfach sehr lange Zeit nichts passiert. Bis sie sich genötigt finden, sich zu entleeren. Spätestens dann wird man das Faultier vollends für verrückt und als Tropentier missglückt halten. Denn mit augenscheinlich großer Mühe steigt es aus der Baumkrone herab zu Boden, was faultiergemäß schier unerträglich langsam vonstattengeht, und sucht dort eine, seine (!) Latrine auf. Das Gehen auf dem Waldboden fällt ihm noch schwerer als das Hinabklettern, weil es dabei die langen, sichelförmigen Krallen an den Zehen nach innen und oben drehen muss. Sollte es mal ins Wasser fallen – was durchaus geschehen kann, denn die Faultierart, um die es hier geht, das Dreifinger-Faultier, lebt bevorzugt an den Ufern des Amazonas, seiner Nebenflüsse und anderer tropisch-amerikanischer Urwaldflüsse –, dann schwimmt es besser, als es sich am Boden fortbewegt. Langsam zwar auch, in einem ausgreifenden »Kraulstil« mit den Vorderbeinen, aber wirkungsvoll genug, um Kopf und Nase über Wasser zu halten. Den nächsten Baum, den es erreicht, erklettert es dann und bleibt, wie um zu überlegen, ob er richtig ist, sehr lange darauf sitzen.

Diese Schilderung ist nicht übertrieben. Vor allem auch deshalb nicht, weil man gerade in der Tropenwärme nicht unterkühlte Langsamkeit oder Bedächtigkeit erwartet, sondern Lebendigkeit, wie sie die von Ast zu Ast springenden und lärmenden Affen äußern. Das Faultier hingegen scheint in einer anderen Welt zu leben. Es kümmert sich nicht um das Schrillen der Zikaden, das Pfeifen der Frösche, die Rufe der Papageien oder das Donnern des Tropengewitters. Den Regen, der auf seinen Körper niederprasselt, lässt es ohne Regung an sich ablaufen. Die Haare sind in der richtigen Richtung gewachsen, nämlich verkehrt, weil von der Bauchseite zur Rückenmitte hin. Aber da diese nach unten hängt, passt der Haarstrich zum Regen. Das Wasser rinnt daran ab wie von einem fransigen Duschvorhang.

Es gibt fünf verschiedene Arten von Faultieren; zwei zweizehige und drei dreizehige. Sie alle leben nur im Bereich des tropischen Regenwaldes von Mittelamerika bis in das südliche Zentralbrasilien. Als Familie gehören die Faultiere wie die ebenfalls in der Neotropis vorkommenden Ameisenbären und Gürteltiere zu den recht urtümlichen Säugetieren. Sie sind echte Südamerikaner ohne nähere Verwandtschaft auf den anderen Kontinenten. Ameisenbären und Gürteltiere bewegen sich zwar auch nicht gerade schnell, aber doch nicht annähernd so langsam wie die Faultiere. Ein Wunder, könnte man meinen, dass diese überhaupt überleben in einer Tropenwelt, in der der Pulsschlag des Lebens ansonsten keine Bedächtigkeit kennt. Jedes Tier muss auf der Hut sein, stets absprung- oder fluchtbereit, weil tausend Gefahren drohen. Wie können da ausgerechnet die langsamsten der Säugetiere existieren? Ihr Stoffwechsel ist gut untersucht. Das Ergebnis überrascht nicht. Bei Faultieren liegt der Grundumsatz an Energie, auf ihre Körpermasse bezogen, nur etwa knapp halb so hoch wie bei »normalen« Säugetieren oder sogar noch etwas darunter. Sie tun also nicht nur so langsam, sie sind es! Wenn sie einmal die Woche oder höchstens zweimal auf so beschwerliche Weise nach unten klettern, um an ihrer Latrine den Kot abzusetzen, so entspricht der große Zeitabstand einfach auch der Langsamkeit ihrer Verdauung. Schneller geht es nicht, also drängt auch nichts.

Ausgerechnet im Moment der Kotabgabe geschieht höchst Erstaunliches. Aus dem Fell des Faultiers krabbelt ein kleiner Schmetterling hervor, fliegt zum noch warmen Kothäufchen und legt sogleich Eier darauf ab. Aus diesen schlüpfen winzige Raupen. Sie fressen vom Kot, wachsen heran, verpuppen sich zu gegebener Zeit nach Schmetterlingsart, schlüpfen, wenn die Verwandlung zum Falter vollzogen ist – und warten, bis das Faultier wiederkommt. Dann fliegen sie diesem ins Fell und suchen darin nach anderen Schmetterlingen ihrer Art zur Paarung. Das Fell des Faultiers ist der Wohnraum dieser zu

den Kleinschmetterlingen gehörenden Art namens *Cryptoses choloepi*. Der Faultierkot ernährt die Raupen. Erstaunlich genug, aber noch nicht alles. Eine weitere Schmetterlingsart *Bradypodicola hahneli* lebt ganz im Fell. Ihre Räupchen ernähren sich von dem, was das Faultier zumeist grünlich getönt erscheinen lässt. Es sind dies winzige Algen, die in den Rillen der Haare wachsen. Die Raupe dieses anderen Kleinschmetterlings ist gerade klein genug, sie abweiden zu können. Sonderlich ergiebig ist diese Nahrung nicht, aber Raupen und Schmetterlinge haben im Faultierfell auch nichts zu befürchten. Sie stehen nicht unter Zeit- oder Feinddruck. Das Faultier putzt sein Fell nicht. Der Regen wäscht genug, und er versorgt auch die Algen an den Haaren mit den winzigen Mengen an Mineralstoffen, die sie zum Wachsen brauchen. Und da sich das Faultier so langsam bewegt, merken die Schmetterlinge wahrscheinlich gar nicht, dass sie sich auf einem im Vergleich zu ihnen großen Tier befinden.

Nun sind »Motten im Fell«, die dieses nicht zerstören, zwar sicherlich etwas Kurioses, aber kein besonderes Beispiel für eine Symbiose. Die Faultiere sind lediglich Träger der Kleinschmetterlinge. Allenfalls könnte man davon ausgehen, die Beziehung zu den Algen sei wichtiger, weil sie dem von Natur aus grauen Fell der Faultiere jene grünliche Tönung geben, die sie in den Urwaldbäumen vielleicht weniger gut sichtbar macht. Schutz haben sie allemal nötig, die so langsamen Faultiere, denn aus der Luft droht ihnen die größte Gefahr in Form des Kräftigsten aller Greifvögel, der Harpyie. Ihre Fänge haben die Stärke einer Männerfaust. Ein Faultier mit 3 bis 6 oder 8 Kilogramm Körpergewicht hat für sie eine geradezu ideale Größe. Zudem ist es eine Beute, die sich kaum wehrt. Von Harpyien nicht erkannt zu werden, ist überlebenswichtig, wenn das Blattwerk der Baumkronen nicht dicht genug ist. Allerdings wissen wir nicht, ob diese gewaltigen Waldadler tatsächlich die Farbnuancen zwischen Grau und Grüngrau unterscheiden. Möglich ist, dass die Unbewegtheit der Faultiere ein besserer Schutz ist als die Grüntönung. Denn es fällt uns Menschen keineswegs leicht, Faultiere im Geäst auszumachen, selbst wenn gezielt danach gesucht wird. Die Frage, ob die Algen einen Schutz bieten, muss also offenbleiben. Besser bekannt ist, warum die Dreifinger-Faultiere bevorzugt auf Bäumen leben, die durch ihre langen, fingerartig gefächerten Blätter sogleich weithin auffallen und sich von den anderen Tropenbäumen abheben. Cecropien werden sie genannt, oder auf Deutsch Ameisenbäume. Sie sind entfernt mit den Brennnesseln verwandt und dadurch gekennzeichnet, dass häufig Ameisen in ihren hohlen, bambusartig gekammerten Stämmen leben. Diese Insekten gehören zur Gattung *Azteca*, eine wissenschaftliche Bezeichnung, die Aggressivität und Kampfbereitschaft dieser Ameisen ausdrückt. Sie greifen jedes Lebewesen an, das auf dem Baum landet, daran herumklettert oder damit in Berührung kommt. Die *Azteca*-Ameisen ernähren sich von kleinen, knöpfchenartigen Ausscheidungen, die die Cecropien an den Ansätzen der Blattstiele entwickeln. Damit sind wir zur Symbiose gelangt, um die es geht.

Ausgerechnet im Moment der Kotabgabe geschieht höchst Erstaunliches. Aus dem Fell des Faultiers krabbelt ein kleiner Schmetterling hervor, fliegt zum noch warmen Kothäufchen und legt sogleich Eier darauf ab.

Cecropien gibt es hauptsächlich an Flussufern oder an feuchten Berghängen mit mineralstoffreichen Böden. Ähnlich wie unsere Weiden an den Flüssen und in den Flußauen wachsen sie sehr schnell. Anders als die allermeisten Bäume des amerikanischen Tropenwaldes können sie dabei kaum Stoffe bilden, die eine Abwehr von Fressfeinden bewirken würden, vergleichbar den Gerbsäuren in unseren Eichen. Es gilt ganz allgemein: Was schnell wächst, hat wenig Widerstandskraft. Und wird attraktiv für die unterschiedlichsten Nutzer, wenn keine Schutzstoffe diese abhalten oder für die Verwertung als

Nahrung eine komplizierte Entgiftung voraussetzen. Da nun aber die Ameisen, die in den Cecropia-Stämmen leben, Fressfeinde ihrer Wirtsbäume angreifen und abzuwehren versuchen, kommt eine geradezu perfekte Symbiose zustande. Die Faultiere mit ihren Schmetterlingen im Fell geraten dabei an den Rand des Geschehens. Doch die Tropennatur ist meistens komplexer, als man denkt. Genauere Betrachtung der Blätter der Ameisenbäume zeigt, dass diese sehr wohl von irgendwelchen Insekten befressen sein können. Die Insektenabwehr der *Azteca*-Ameisen funktioniert also nicht perfekt. Auch die Faultiere ernähren sich gern und mitunter lange Zeit nur von Cecropia-Blättern. Wahrscheinlich bewegen sie sich einfach zu langsam, um das Alarmsystem der Ameisen auszulösen. Ihre Langsamkeit hat also mit der Art ihrer Ernährung zu tun. In doppelter Weise sogar, denn die Blätter, die sie fressen, werden in ihrem in mehrere Kammern aufgeteilten Magen fermentiert, bevor der Nahrungsbrei in den Darm gelangt. Für diesen Vorgang brauchen sie Zeit und Ruhe ganz ähnlich wie die Rinder für ihr Wiederkäuen. Pure Faulheit ist es also ganz und gar nicht, was das Faultierleben kennzeichnet. Sie müssen die Ameisen möglichst meiden und wollen sie nicht in den Mund bekommen, wenn sie die Blätter zermantschen. Auf dem langen, dichten und oft auch von den Tropenregen ziemlich nassen Fell tun sie ihnen nichts. Und für die Verdauung brauchen die Faultiere ohnehin Ruhe.

Wahrscheinlich besteht die Hauptleistung der Ameisen, die in den Kammern der Cecropien-Stämme leben, in der Abwehr anderer Ameisen, nämlich solcher, die Menschen am meisten fürchten, wenn sie Pflanzungen haben. Das sind die Blattschneiderameisen. Von diesen geht für Bäume ohne giftige Inhaltsstoffe in den Blättern die bei weitem größte Bedrohung aus. Blattschneiderameisen leben wiederum in einer besonderen Symbiose mit Pilzen (Bildtafel 14). So greifen seltsame Symbiosen und verschiedene andere Formen von Wechselwirkungen von Tieren und Pflanzen im amerikanischen Tropenwald in schwer durchschaubarer Weise ineinander. Was dabei entstanden ist, können wir bestaunen, aber mitunter kaum begreifen. Müssen sich Raupen von Schmetterlingen in der Pflanzenfülle des tropischen Regenwaldes wirklich mit den winzigen Algen im Fell urtümlich anmutender Tiere begnügen? Brauchen die Ameisenbäume an den Flussufern Amazoniens den Schutz von Ameisen gegen Ameisen? Solche Fragen führen hinein in die Kernbereiche der Ökologie des Regenwaldes. Dass diese üppigen Wälder vom Eintrag mineralischer Nährstoffe aus der Luft abhängen, weil die Böden, auf denen sie wachsen, so verarmt an Mineralsalzen sind, möchte man kaum glauben. Und dass sie deswegen so ungeeignet für eine nachhaltige landwirtschaftliche Nutzung sind, auch nicht. Die Kleinschmetterlinge im Fell der Faultiere gewinnen über solche Betrachtungen zur Verfügbarkeit grundlegend wichtiger Nährstoffe auch Bedeutung für die Agrikultur der Menschen. Und für die im Grundsatz vergleichbar merkwürdige Wirtschaft der Blattschneiderameisen, der erfolgreichsten Tiere der tropisch-amerikanischen Regenwälder.

ATTA

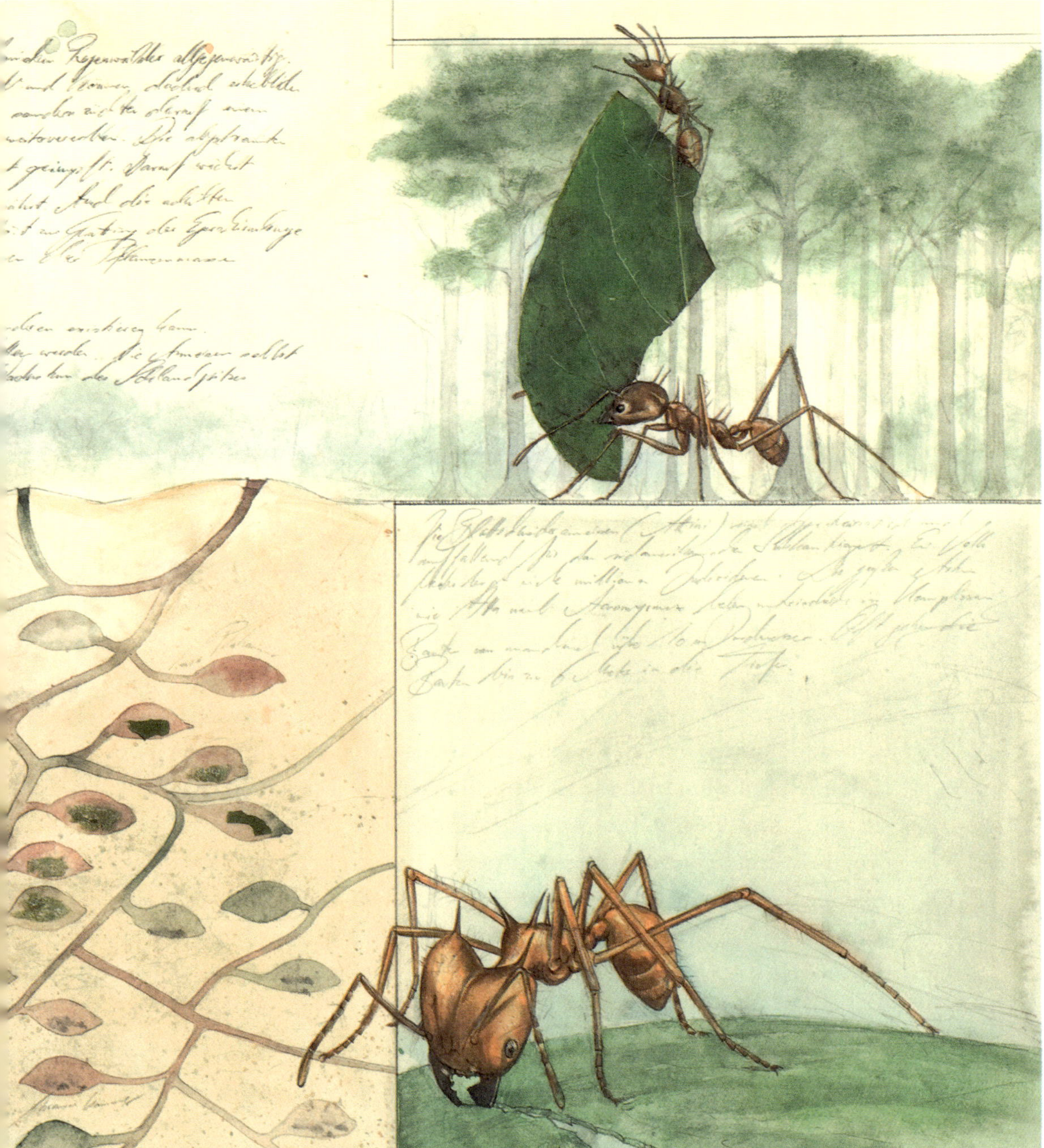

14. Blattschneiderameisen

14.

Blattschneiderameisen

Niedlich sehen sie aus, die kleinen Schwerarbeiter. Wie aus einem Kinderbuch entnommen, schleppen sie Blattstückchen in langen, schier endlosen Kolonnen auf Straßen, die für ihre Ameisengröße Superhighways bedeuten. Ohne Blätter laufen sie in die eine, damit bestückt in die andere Richtung. Möglichst senkrecht halten sie die grünen Stückchen, als sollte ein günstiger Bodenwind sie wie Segel auf ihrem Weg vorantreiben. Auf manchen sitzen winzige Ameisen wie einst Matrosen nahe der Mastspitze von Segelschiffen im Ausguck. Ameisen wirken immer geschäftig. Diese hier sind es ganz besonders. Folgt man ihren Straßen in der Richtung, in der die Blattstücke getragen werden, gelangt man zu tunnelartigen Eingängen, die in den Boden hinabführen. Mehrere Meter Durchmesser mit kaum bewachsener Oberfläche deuten darauf hin, dass sich darunter das Nest befinden muss. Den steten, oft aus mehreren Richtungen ankommenden Strömen von Ameisen zufolge müssen es riesige unterirdische Anlagen sein. Umfangreiche Forschungen, die ihnen, den Blattschneiderameisen der Gattung *Atta*, galten, verweisen auf Größenordnungen von mehreren Hunderttausend bis Millionen Ameisen, die darin leben. Hunderttausend oder Millionen sind Zahlen, die man sich schwer vorstellen kann. Ihre Wirkung aber umso deutlicher. Denn die kleinen, meistens nur einen Zentimeter großen oder noch kleineren Blattstücke, millionenfach vermehrt, ergeben große, nicht selten katastrophale Schäden, wenn Pflanzungen davon betroffen sind. Siedler in Amazonien und in dessen subtropischen Randgebieten, die Gartenkulturen anlegten, verfluchten diese Ameisen. In einer Nacht konnten diese das Werk von Monaten vernichten. Die Pflanzer sprengten ihre Nester in die Luft, füllten sie mit Petroleum auf oder versuchten sie mit brennendem Schwefel zu vergasen. Mit geringem Erfolg. Die Ameisen organisierten sich wieder, bauten neue unterirdische Nester und strömten erneut zu den Pflanzungen, um Stück für Stück aus den Blättern oder von den Blüten zu schneiden. Ausgerechnet von den Nutzpflanzen! So als ob sie darauf gewartet hätten, dass die Europäer einwandern und Kulturen anlegen, wo vordem Wald oder Savanne war.

Natürlich wurden an den Blattschneiderameisen so gut wie alle Insektengifte ausprobiert, die jemals von der chemischen Industrie entwickelt worden sind. Die Erfolge fielen ähnlich mager aus wie die Nestsprengungen oder das Ersäufen in Petroleum. Die Ameisen schienen nahezu unangreifbar. Es nützte nichts, Tausende und Abertausende zu töten. Neue Scharen kamen nach, als ob die Vernichtung nur zur weiteren Vermehrung angeregt hätte. Forschungen in der zweiten Hälfte des 20. Jahrhunderts ergaben, dass sie in weiten Regionen des tropisch-subtropischen Süd- und Mittelamerikas ein Viertel oder mehr des gesamten Lebendgewichts der Tierwelt stellen. Zusammen mit den Termiten in den Randzonen des Regenwaldes und in den Savannen sogar mehr als die Hälfte.

Was ist das Geheimnis ihres Erfolgs? Dieses zu kennen, eröffnete vielleicht eine bessere Möglichkeit der Bekämpfung. Doch es ist nicht leicht, ins unterirdische Lebenszentrum der Blattschneiderameisen vorzudringen, um Einblicke in ihre Lebensweise zu gewinnen. Kolonien mussten im Labor angelegt werden. Aus dem Freiland war neben dem Tun dieser Ameisen, dem Schneiden und Abtransportieren von Blattstückchen, lediglich bekannt, dass sie offenbar Pilze in den Nestern haben. Denn bei den Sprengungen gelangte in großem Umfang von Pilzen durchsetztes Material an die Oberfläche. Wucherten sie auf Abfall? Was geschah überhaupt mit den ins Nest transportierten Blättern? Ursprünglich war angenommen worden, die Ameisen würden diese fressen. Doch warum sollten sie damit auf langen Wegen in die unterirdischen Nester laufen? Sie könnten direkt oben in den Bäumen oder an den Nutzpflanzen, die sie befallen, mit dem Verzehr beginnen. Nur für ihre Brut wäre das Eintragen nötig. Niemals wurde aber gesehen, dass die Blattschneiderameisen die geschnittenen Blätter fraßen.

In den künstlichen Kolonien, die in Behältern aus Plexiglas untergebracht worden waren und über aus ebensolchem Material bestehende Röhren mit der Oberfläche und den ihnen verfütterten Pflanzen verbunden waren, ließ sich das Geheimnis lüften. Diese Ameisen züchten Pilze. Sie legen dazu eigene, von den Kammern mit der Brut vollständig getrennte Pilzgärten an. In diesen gestalten sie durch Be- und Entlüftung die Temperatur und die Feuchte optimal für das Pilzwachstum. Die Blattstücke, die sie irgendwo draußen geschnitten und ins Nest getragen haben, zerkauen sie sorgfältig zu einem grünen Brei. Mit diesem versorgen sie ihre Pilzkulturen in genau dem Maße, in dem die Pilze wachsen – und »fruchten«. Denn das aus ineinander verwobenen Fäden gebildete Pilzgeflecht entwickelt kleine, mehr oder weniger knöpfchenartige Fruchtkörper. Von diesen und nur von diesen leben die Blattschneiderameisen und ernähren ihre Brut. Sie betreiben, so könnte man es nennen, eine richtige Agrarwirtschaft. Aber nicht mit Pflanzen, sondern eben mit Pilzen. Wie Minichampignonzuchten wirken ihre Pilzgärten. Und sie wirken gut. So gut, dass sich diese Ameisen vollständig in die Abhängigkeit von ihren Pilzen begeben haben. Gehen die Pilze aus irgendwelchen Gründen zugrunde, überlebt die Kolonie nicht, wenn es ihr nicht rechtzeitig gelingt, neue Kulturen anzulegen.

Die Blattschneiderameisen betreiben, so könnte man es nennen, eine richtige Agrarwirtschaft. Aber nicht mit Pflanzen, sondern mit Pilzen.

Die Ameisen sorgen dafür, dass ihre Gartenanlagen frei bleiben von anderen störenden oder gefährlichen Pilzen wie Schimmel. Unablässig pflegen sie ihre Kulturen, prüfen, welche Blätter den Pilzen »schmecken« und welche sich nicht so gut für ihr Wachstum eignen. Manche sind gar nicht brauchbar. Dann tragen die Ameisen diese Blätter nach draußen und entsorgen sie. Und merken sich deren Untauglichkeit, sodass keine weiteren Blattstücke mehr davon ins Nest gebracht werden. Die Idee der Chemiker, solche Wirkstoffe gegen die Blattschneiderameisen zu entwickeln, die den Pilz treffen und am Wachstum hindern sollten, erwies sich als alles andere als einfach. Die Ameisen merkten, dass mit den mit Wirkstoffen besprühten Blättern irgendetwas nicht (mehr) stimmte, und warfen sie zusammen mit den beeinträchtigten Teilen ihrer Pilzkulturen nach draußen oder steckten sie in ihre unterirdischen Abfallkammern. Gerade so wie sie Pilze entsorgen, die nicht mehr gut gedeihen. Im Nest der Blattschneiderameisen findet normalerweise ein beständiger An- und Abtransport von Material statt. Anders ausgedrückt: Die Ameisen entmisten ebenso intensiv, wie sie füttern. Sie leben in einer sehr engen Symbiose mit ihren Pilzen, deren Wachsen und Gedeihen sie fördern. Bei der Anlage neuer Nester werden Pilze mitgenommen, um von Anfang an die Ernährung des sich nunmehr entwickelnden Volkes sicherzustellen. Auch die Königin braucht wie das Heer der Arbeiterinnen als Nahrung die Pilzkost. Diese muss an die Soldatinnen verfüttert werden, die mit ihren riesigen Kiefern gar nicht in der Lage wären, selbst die Fruchtkörper der Pilze abzupflücken und zu verzehren. Die Soldatinnen bilden eine eigene, durch entsprechende Nahrungsversorgung gezielt gezüchtete Kaste innerhalb der Gesellschaft der Blattschneiderameisen. Bei manchen Arten der Blattschneiderameisen – es gibt mehrere von ihnen, die in der Lebensweise ein wenig voneinander abweichen – wird eine besondere Kaste winziger Arbeiterinnen herangezogen. Sie »reiten«, wie eingangs kurz angedeutet, auf den Blattstückchen, welche die normalen Arbeiterinnen zum Nest transportieren. Dieser Ritt ist mit der Funktion verbunden, Parasiten abzuwehren, die anfliegen und Eier auf die Arbeiterinnen abzulegen versuchen. Diese haben also eine Art Bodyguard mit dabei.

Wie kommt es, dass eine so erfolgreiche Symbiose von Ameisen und Pilzen nicht dazu geführt hat, dass die amerikanischen Tropenwälder weitgehend entlaubt sind? Wenn die Menschen die Blattschneider kaum unter Kontrolle bringen, sollten diese in der Natur noch viel häufiger sein, als sie es sind. Man könnte es sich einfach machen und argumentieren: Der Wald wehrt sich gegen den Ameisen- bzw. Pilzfraß. Die Bäume entwickeln eine Fülle von Stoffen, die giftig wirken oder von spezialisierten Pilzen sehr schwer zu entgiften sind. Das ist in der Tat der Befund und zudem die Erklärung, weshalb die Nutzpflanzen der Menschen so attraktiv für die Blattschneiderameisen sind. Diese Pflanzen enthalten wenig oder keine besonderen Schutzstoffe. Genau deswegen können wir sie nutzen und essen. Und deshalb sind sie in Kultur viel anfälliger für Schädlinge als die natürlich wachsenden Pflanzen. Alles, was auf leichte Verdaubarkeit und Schmackhaftigkeit hingezüchtet worden ist, hat seine Widerstandsfähigkeit gegen die natürlichen Nutzer eingebüßt. Im tropischen Amerika waren die Blattschneiderameisen vor der Ankunft der Europäer und ihrer Transformation der Natur sicher erheblich weniger häufig als gegenwärtig. Die natürlicherweise vorhandenen Bäume, Sträucher und der Bodenbewuchs hatten dank der giftigen oder die Verdauung störenden Inhaltsstoffe eine Art Patt mit den Blattschneiderameisen erreicht. Der große Erfolg der Symbiose wurde ganz von selbst zur natürlichen Begrenzung. Die Vegetation kann es sich leisten, energetisch aufwendig herzustellende Abwehrstoffe zu entwickeln, denn unter den tropischen Bedingungen steht die hierzu nötige Energie in Form von Sonnenlicht für die Fotosynthese praktisch unbegrenzt zur Verfügung. Die Pflanzen können Phenole, Wachse, Milchsäfte und viele andere Stoffe in schier unbegrenzter Fülle erzeugen. Und ihr Holz eisenhart werden lassen durch Einlagerung von Silikaten. Tropenhölzer sind deswegen so begehrt, weil sie härter und widerstandsfähiger sind als das viel schneller herangewachsene Holz außertropischer Waldgebiete. Was in Tropenwäldern häufig begrenzend wirkt, vor allem wenn sie auf schlechten Böden wachsen, sind die Stickstoff- und Phosphorverbindungen. Tropenpflanzen enthalten dann wenig an nahrhaften Proteinen. Der Blattbrei, den die Ameisen ihren Pilzen verfüttern, würde sie selbst nicht satt machen und sie giftigen Inhaltsstoffen aussetzen. Die Pilze vertragen diese und bilden Fruchtkörper, die frei davon sind und für die Ameisen als Nahrung bekömmlich. Wir könnten ihr Zuchtprodukt mit Joghurt vergleichen. Die Kombination von mehr (Pilz-)Eiweiß und weniger oder gar keinen Giftstoffen in den Fruchtkörpern der Pilze ist gewiss der bessere Weg der Ernährung für die Ameisen. Damit lässt sich auch nachvollziehen, warum

die Blätter der Cecropien, der Ameisenbäume, im tropischen Feuchtwald Amerikas von Blattfressern so begehrt sind. Diese Bäume wachsen schnell. Sie entwickeln wenige Abwehrstoffe. Der Hauptbedrohung, der Blattschneiderameisen, können sie sich dank der *Azteca*-Ameisen erwehren, die in den hohlen Cecropia-Stämmen leben.

Es waren die Europäer, die vor rund einem halben Jahrtausend mit ganz fremden Pflanzen plötzlich in die Lebensräume der Blattschneiderameisen eingedrungen sind. Sie haben die Balance verschoben und die Ameisen zu Schädlingen gemacht. Vorher lebten diese eingebunden in die amerikanische Tropennatur ohne zerstörerische Auswirkungen. Die zugrunde liegenden Symbiosen hatten sich im Verlauf von Jahrmillionen herausgebildet. Es wird somit auf absehbare Zeit keine Lösung des Blattschneiderproblems geben, sondern immer nur mehr oder weniger kurzzeitige Zwischenerfolge. Die Ameisen haben den Kampf gegen die Chemie noch keineswegs verloren.

Zuckerhaltige Nektarien

15. Ameisen als Einmieter

15.

Ameisen als Einmieter

Der leichte Wind, der über das ostafrikanische Grasland streicht, verbreitet feine Klänge, die von überall und nirgendwo hergetragen scheinen. Unwillkürlich kommen Vorstellungen wie Äolsharfen in den Sinn; Windspiel mit Saiten, die es nicht gibt. Ist es Einbildung? Täuschen die Ohren in der rund tausend Meter über dem Meeresniveau liegenden Savanne, die in sanften Geländewellen bis zum Horizont hin verläuft? Das Goldgelb der Gräser durchbrechen da und dort kleine, gegen den hellen Hintergrund schwärzlich wirkende Dornbüsche. Sonst gibt es nur Gras und Himmel mit kleinen weißen Wolken, deren Schatten am Boden jene Temperaturunterschiede erzeugt, aufgrund derer der Wind kurz auflebt und danach für einige Zeit erstirbt. Dann sind sie nicht mehr zu hören, die Äolsharfen. Sie sind keine Täuschung, keine akustischen Halluzinationen. Aber es handelt sich auch nicht um Harfenklänge. Die feinen Töne entstehen, weil der Wind an den kleinen Akazienbüschen über viele blasenartig aufgetriebene Dornen streicht. Jede dieser Blasen hat ein Loch, ein kleines glattes rundes Loch von etwa einem Millimeter Durchmesser. Die Blasen sind hohl. Passt die Strömungsrichtung des Windes zur Position der Löcher, entstehen die leisen, mitunter weit tragenden Töne. Aus vielen solcher Blasen kommt die äolische Musik zustande. Sie ist Begleiterscheinung einer bemerkenswerten Symbiose zwischen Ameisen und den Flötendornakazien *Acacia drepanolobium*; auf Englisch, wie in Ostafrika gebräuchlich, Whistling Thorn Tree genannt.

Manche Akazienbüsche sind so voll mit den dunkel gewordenen, gealterten Blasen, aus denen die Dornen grauweiß und nadelspitz herausragen, dass man sie schon auf einige Entfernung als dunkle Klumpen erkennt. Die im Vergleich dazu kleinen Fiederblättchen scheinen zwischen den Blasen kaum noch Platz zu finden. Man kann sich schwer vorstellen, dass der Akazie ein derartiges Übermaß an Behausungen für winzige Ameisen nicht schadet. In den Blasen leben nämlich die kleinen Arbeitsvölker. Sie nützen der Akazie tatsächlich. Büsche ohne sie gedeihen beträchtlich schlechter und werden viel stärker befressen als solche mit (vielen) Ameisen, die als Bewohner der Dornen für die Sicherung der Behausung sorgen. Doch die Beziehungen sind wieder einmal komplizierter als gedacht. Werden Fressfeinde, wie Giraffen und Elefanten, durch Elektrozäune daran gehindert, an den Büschen der Flötendornakazien zu knabbern, stellen diese die Zusammenarbeit mit den Ameisen ein. Sie entwickeln keine neuen Blasen, keine »Domatien« mehr, wie die Wohnräume der Ameisen genannt werden. Auch hören sie mit der Bildung besonderer Fruchtkörper an ihren Blättchen auf, von denen die symbiotischen Ameisen leben. Der Aufwand lohnt offenbar nicht mehr, wenn kein Fraßdruck herrscht. Zum Erstaunen der Forscher änderte sich die Lage rasch. Die Akazien wurden nun von anderen Ameisenarten heimgesucht. Diese verteidigen die Akazien jedoch nicht gegen Insekten. Sie sind lediglich an Käferlarven interessiert, die in der Akazienrinde bohren und die Akazien schädigen, sodass sie doppelt so häufig vorzeitig absterben wie die unter dem Schutz der symbiotischen *Pseudomyrmex*-Ameisen, denen sie in so aufwendig erscheinender Weise Herberge bieten. Denn die Entfernung von Käferlarven reicht nicht, die Akazie ausreichend zu schützen. Dazu bedarf es die *Pseudomyrmex*-Ameisen. Die falschen Ameisen kommen aber nicht an die Akazien, wenn die richtigen, die symbiotischen, die Domatien bewohnen.

Bis zu 13 000 Leibwächter kann sich eine Horntragende Akazie leisten. Dafür stellt der Baum Futter und Unterkunft für die Schutztruppe zur Verfügung, die aus bestimmten Ameisenarten rekrutiert wird.

An anderen, gleichfalls in hohlen Dornen von Akazien lebenden Ameisen untersuchten Biologen von der Universität München die Zusammenhänge noch genauer. Sie schrieben dazu in einer Pressemitteilung vom 9. Juli 2004:

»Bis zu 13 000 Leibwächter kann sich eine Horntragende Akazie leisten. Dafür stellt der Baum Futter und Unterkunft für die Schutztruppe zur Verfügung, die aus bestimmten Ameisenarten rekrutiert wird. Je eine Kolonie besiedelt einen Baum und verteidigt dieses Revier aggressiv gegen Pflanzenfresser und konkurrierende Vegetation. […] Die Akazie liefert ihrer Ameisenkolonie dafür eine Rundumversorgung. Die Tiere leben in den stark vergrößerten Nebenblattdornen der Pflanze. Ameisenköniginnen, die ein neues Nest gründen wollen, suchen zunächst eine unbesiedelte Akazie. Dort schneiden sie ein Loch in einen Dorn und beginnen, Eier zu legen. Erreicht diese Gemeinschaft eine gewisse Größe, wandern Tiere zu anderen Dornen auf derselben Pflanze und siedeln dort. Die wichtigste Zuckerquelle der Ameisen ist der reichhaltige Blattnektar, den die Akazie produziert. Sogenannte Futterkörperchen an den Blattenden liefern Protein und Fett für die Tiere. Eine andere Funktion ist nicht bekannt. So gut haben sich Ameisen und Akazien angepasst, dass keiner ohne den anderen mehr überleben kann. Die Tiere sind auf das Leben in und an der Akazie spezialisiert, während die Pflanze ohne ihre Leibwächter verkümmert und letztlich – zerfressen und überwuchert – eingeht, da diesen Akazienarten andere Verteidigungsmechanismen fehlen.«

Die Verteidigung ihrer Wirtsakazien betrifft aber keineswegs nur Säugetiere, die das Maul nicht voll mit beißenden und Säure spritzenden Ameisen bekommen wollen, wenn sie die jungen, frisch grünen Akazienblätter fressen. Noch wichtiger für die Akazien dürften andere Schutzmaßnahmen sein. Die Ameisen präparieren die jungen Blätter mit chemischen Stoffen, die verhindern, dass sich auf ihnen schädliche *Pseudomonas*-Bakterien ansiedeln. Ameisen eignen sich für so einen chemischen Schutz ganz besonders, weil sie in ihren Bauen das Wachsen und Wuchern von Bakterien und Pilzen selbst verhindern müssen. Nicht nur kleine Wohnorte, wie die Domatien in Akaziendornen, sondern auch riesige Nester, wie die unserer großen Roten Waldameisen, würden sehr schnell von Bakterien befallen und von Pilzen durchwuchert verschimmeln, würde dies nicht von chemischen Ausscheidungen mit antibiotischer Wirkung verhindert. Solche Schutzstoffe können sogar andere Ameisen davon abhalten, die Akazie zu befallen, die nicht mit ihr in Symbiose leben.

Pflanzen-Ameisen-Symbiosen gibt es in großer Zahl. Dass sie sich besonders eng mit Akazien entwickelt haben, liegt an einer Besonderheit dieser Bäume. Sie leben bereits von einer Wurzelsymbiose mit Knöllchenbakterien, die sie mit Stickstoffverbindungen versorgen. Diese sind in der Lage,

Luftstickstoff zu binden und chemisch so umzusetzen, dass er von den Pflanzen zur Erzeugung von Eiweißstoffen, von Proteinen, verwendet werden kann. Hoher Proteingehalt macht die Akazienblätter attraktiv für Pflanzenfresser. Akazien und ihre Verwandtschaft sind daher einem erheblich höheren Fraßdruck ausgesetzt als andere Bäume oder Sträucher, zumal wenn sie in weithin einheitlichen Beständen vorkommen wie in der afrikanischen Savanne, in den Halbtrockengebieten Mittel- und Südamerikas oder in Australien. Akazienbestände prägen dort nicht nur für unseren Anblick die Landschaften, sondern auch die Nutzungsmöglichkeiten pflanzenfressender Tiere. Akazienbuschwald bildet gleichsam natürliche Monokulturen. Das fokussiert die Pflanzenfresser auf sie. Und zwingt die Akazien im Gegenzug zu besonderen Abwehrmaßnahmen, wie den ebenso offensichtlichen wie wirksamen Stacheln. Würde man es nicht sehen, möchte man es nicht glauben, dass Elefanten die stachelstarrenden Akazienzweige mit ihren mächtigen Zähnen zermalmen und verzehren, ohne die Stacheln auszuspucken. Giraffen verstehen es mit ihrer langen, höchst gewandten Zunge, die Blätter zwischen den Dornen herauszuholen. Und Raupen von Schmetterlingen kommen allemal gegen die Stachelabwehr an, weil sie dazwischen leicht Platz finden. Ameisen als Abwehrhelfer, als »Schutztruppe«, eignen sich daher bestens für die Akazien. Diese Bäume können sich leisten, proteinreiche Anhängsel an den Blättern als spezielles Futter für die Ameisen zu erzeugen (Beltsche Körper), weil sie keinen Mangel an Proteinen haben. Beiden Seiten nützt die Partnerschaft, wenngleich beide auch immer wieder Verluste hinnehmen müssen. Die Ameisen, wenn sie von hungrigen Elefanten samt ihren Wohnungen, den Domatien, gefressen werden oder wenn sie in lange dauernden Trockenzeiten, in denen die Akazien keine neuen Blätter bilden, hungern müssen; die Akazien, weil die Ausbildung der Domatien und die Bildung des Ambrosia genannten Ameisenfutters bei schwierigen Wachstumsbedingungen zwangsläufig einen

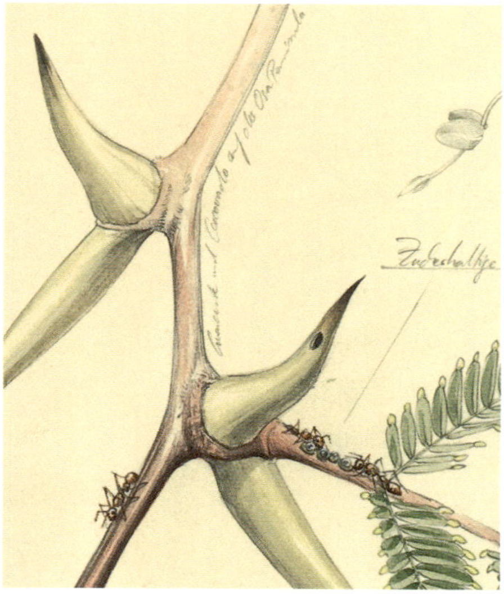

Verlust bedeuten. Daher die oben bereits beschriebene riskante Einstellung der Bildung neuer Domatien und von Ambrosiaknöllchen, den Beltschen Körpern, wenn längere Zeit keine Bedrohung durch Fressfeinde mehr stattgefunden hat.

Mit der von Allergikern gefürchteten Ambrosia-Pflanze haben diese Bildungen nichts zu tun.

Weitere Ameisensymbiosen betreffen den Wurzelbereich bestimmter Pflanzen. Diese wachsen scheinbar aus einem mehr oder weniger kugelförmigen, fußballgroßen Ameisennest. Die Wurzeln verwerten diverses Abfallmaterial der Ameisen *Crematogaster deformis*, *Iridomyrmex cordatus*, *Iridomyrmex myrmecodiae* und *Pheidole javana*. Allein diese Auflistung deutet an, dass die Wurzelwohngemeinschaft mit Ameisen sehr vorteilhaft für die betreffenden Pflanzen sein muss. Die Bildtafel weist auf Beispiele hin:

Im Zentrum des Bildes sieht man eine Ameisen- oder Kugelkopfakazie (*Acacia collinsii* syn. *costaricensis*) und Wächterameisen (*Pseudomyrmex*). Die Dornen sind hohl und dienen als Wohn- und Brutraum. An den einzelnen Fiederblättchen sitzen die Beltschen Körper, die den Ameisen als protein- und fettreiche Anhängsel als Nahrung dienen. An der Basis des Blattstiels gibt es zudem zuckerreiche, hier wie grüne Linsen wirkende Nektarien. Also Vollpension für die Ameisen. Unten am Zweig entfernt eine Ameise gerade eine anrankende Schlingpflanze.

Oben links sind Ameisen an Nektarien zu sehen, darunter eine afrikanische Flötenakazie (*Acacia drepanolobium*). Oben in der Mitte wird eine asiatische Ameisenpflanze (*Dischidia pectinoides*) abgebildet, rechts davon *Dischidia collyris* und unten rechts *Hydnophytum formicarum*.

Auch die *Hydnophytum*-Arten nutzen die Abfallstoffe der Ameisen und statten sich so besser mit Nährstoffen aus.

16. Kolibris, Bienen und Bracaatinga-Schildläuse

16.

Kolibris, Bienen und Bracaatinga-Schildläuse

Seltsames tut sich im Winter in den südbrasilianischen Bergwäldern. An den Hängen des Küstengebirges, der Serra do Mar, ist es dann fast so still wie bei uns im Winterwald, auch wenn die meisten Bäume in dieser randtropischen Region ihre Blätter nicht verlieren. Aber es gibt keine Blüten mehr. Kalter Nebel drängt an die Hänge. Die Wolken vom Südatlantik tragen ihn heran und erzeugen eine feuchte Kühle. Selbst die Brüllaffen rufen morgens und abends weniger laut. Nur vereinzelt fliegen Schmetterlinge. Von den Blättern der Bäume tröpfelt beständig Wasser, das sich aus den Nebelwolken an ihnen niedergeschlagen hat. Dabei wird die Wichtigkeit der sogenannten Träufelspitzen, die insbesondere die großen Blätter entwickeln, offensichtlich. Sie lassen das Wasser, das tage-, vielleicht wochenlang die Blätter bedecken würde, ablaufen. Angenehm ist es, jetzt hohe Schaftstiefel zu tragen, um die Nässe abzuhalten. Man bekommt beim Gang in die Wälder genug davon ab.

Und dann ist plötzlich ein Brummen zu hören. Mehrstimmiges Brummen, das von da und von dort zu kommen scheint, sich schwer lokalisieren lässt und neugierig macht. War es doch die ganze Zeit so still im Wald. Die Augen erfassen eine Bewegung. Im selben Augenblick ist klar, woher das Brummen kommt. Ein Kolibri fliegt vorbei, nein zwei, drei, mehrere. Aber wie sie fliegen! Ganz ungewöhnlich, ja geradezu verrückt, nämlich an Bäumen aufwärts und abwärts in nur wenigen Zentimetern Abstand vom Stamm. Im Halbdunkel des Waldes fällt es schwer, die schwirrenden Winzlinge auszumachen, deren Flügel das Brummen erzeugen. Doch anders als sonst, wo sie plötzlich da sind und wieder verschwinden, bleiben sie und spielen unaufhörlich Fahrstuhl. Aufwärts, abwärts, kurzer Wechsel zum nächsten Baumstamm, dort dasselbe Spiel oder gleich wieder zurück, weil ein anderer Kolibri angegriffen und den Wechsler verjagt hat. Kolibris, die Baumstämme verteidigen! Was soll das, fragt man sich. Und bemerkt, dass auch andere, noch viel Kleinere als die Kolibris an den Stämmen herumfliegen. Manche landen, andere versuchen sich auch im Schwirrflug. Doch es sind nur ganz bestimmte Baumstämme, an denen dies geschieht. Grau mit schwärzlichen Flecken sind sie. An den oberen Ästen lässt sich erkennen, dass die Blätter akazienartig gefiedert sind.

Die Bäume gehören zur Akazienverwandtschaft und darin zu den Mimosen im engeren (botanischen) Sinne. Ihr wissenschaftlicher Name lautet *Mimosa bracaatinga*. Die Gattungsbezeichnung *Mimosa* ist klar. Sie bedarf keiner näheren Erläuterung. Es handelt sich eben um eine der zahlreichen Mimosen-Arten. Ungewöhnlich ist hingegen der Artname *bracaatinga*. Er entstammt einer indianischen Sprache Brasiliens und bedeutet »weißstämmig«. *Tinga* bedeutet weiß, *(bra)caa* Holz oder Stamm. Nun ja, viel sagt das nicht, zunächst zumindest, dass brasilianische Indios diese Baumart so genannt haben. Und weiß sind die Stämme gerade nicht, obgleich sie stellenweise silbrig glänzen. Größere Flächen bedeckt eine grauschwarze, schmutzige Schicht, die zur Rinde gehören könnte oder auf dieser klebt. Es ist noch genauere Betrachtung nötig. Sie stört zwar die Kolibris, deren Brummen nun irgendwie ärgerlich wirkt, weil sich der Mensch zu sehr genähert hat, aber Wespen und andere Insekten hält das nicht von ihrem Tun am Stamm ab. Der Grund wird nun erkennbar. Aus dem Stamm ragen viele haarfeine Röhrchen. Sie sind weißlich, mehrere Zentimeter lang und bei manchen sitzt an der Spitze ein kleiner, glasig schimmernder Tropfen. Die Wespen saugen diese Tröpfchen auf. Auch Ameisen und Fliegen versuchen heranzukommen. Das gelingt aber nur bei Röhrchen, die sich unter der Last des Tropfens zum Stamm gebeugt haben. Bienen sind ebenfalls unter den Nutzern. Und die Kolibris, die der Annäherung gewichen sind und inzwischen andere Stämme in der Nähe absuchen oder eine kurze Rast eingelegt haben. Irgendwo im Blattwerk. Entdeckt man den einen oder anderen Winzling von Vogel, was schwierig ist, weil ihr grünes bis graues Gefieder perfekt zur Tönung des Blattwerks passt, ist zu sehen, dass sie schier unablässig »tröpfeln«: Sie hatten Hunderte, vielleicht Tausende der Tröpfchen abgeleckt, die aus den Spitzen der feinen Wachsröhrchen austraten, und nun scheiden sie das Übermaß an Wasser gleich wieder aus. Denn der Zuckergehalt in diesen Tröpfchen ist gering, wenn auch bedeutsam. Sie schmecken süß. Um diese Süße geht es den Kolibris, den Wespen, Ameisen, Fliegen und Bienen. Es ist

»Honigtau«, der über die Wachsröhrchen abgesondert wird. Erzeugt wird er von Schildläusen, die in der Rinde der Bracaatinga sitzen. Nur die Wachsröhrchen führen von dem halbkugeligen, stecknadelkopfkleinen Tierchen nach draußen. Über diese entsorgen die Schildläuse, was sie nicht weiter verwerten können, nämlich das viele Wasser aus dem Saft der Bracaatinga und den Zucker darin, das Produkt der Fotosynthese in den Blättern.

Was die Schildläuse brauchen, sind die im Saft in geringen Mengen enthaltenen Aminosäuren, aus denen sie Eiweißstoffe aufbauen und zum eigenen Wachstum benutzen. Mit dem Zucker können sie, von geringen Mengen abgesehen, nichts anfangen. Und mit dem vielen Wasser noch weniger. Beim Saugen an den Leitungsbahnen des Baumes müssen sie Zucker und Wasser mit aufnehmen, weil sie nur auf diese Weise an die Aminosäuren gelangen. Sie sitzen fest, gut geschützt unter der Rinde, aber unfähig, den Ort zu wechseln, um eine ergiebigere Stelle ausfindig zu machen. Doch sie haben Zeit. Der Saftfluss läuft beständig, auch im Südwinter im brasilianischen Bergwald nahe dem südlichen Wendekreis. Immerhin herrschen dort subtropische Licht- und gemäßigte Temperaturverhältnisse. Für die Nutzer der Zuckersafttröpfchen geht es um den Gehalt an Zucker. Die geradezu romantische Bezeichnung Honigtau für die Ausscheidungen wurde vielleicht gewählt, weil man damit bei uns verschleiern wollte, worum es sich beim Honigtau der Blattläuse handelt, von denen der »Waldhonig« stammt. Wie hier bei der Bracaatinga sind es die inhaltlich ähnlichen Ausscheidungen von Blattläusen, die an Fichtentrieben saugen. Sie bewirken die dunklere Färbung und ein spezielles Aroma. Der in den Exkrementen enthaltene Zucker dient den Bienen, Wespen und anderen Insekten wie auch den Kolibris als Brennstoff im Stoffwechsel.

Offenbar sind die Tröpfchen der Bracaatinga-Schildläuse so ergiebig, dass sich der aufwendige »Fahrstuhlflug« der Kolibris lohnt. So ein Schwirrflug kostet rund das Zehnfache an Energie verglichen mit dem Ruhestoffwechsel und das Drei- bis Fünffache des Normalfluges. Die genaue Betrachtung der Stämme zeigt, dass die Honigtauenergiequelle in der Tat reichlich fließt. Die Stämme sind bedeckt von den Wachsröhrchen, stellenweise fast filzartig dicht. Die Kolibris müssen nicht herumsuchen wie bei Blüten und erst testen, ob diese überhaupt Nektar enthalten oder nach vorheriger Nutzung solchen schon wieder nachgebildet haben. Sie sehen die Tröpfchen und können jedes ganz leicht ablecken. Nur die Konkurrenz, die Gleiches anstrebt, mögen sie nicht. Deshalb gibt es die eine oder die andere heftige Auseinandersetzung, die mit der Verjagung eines Rivalen endet und außer Kolibris größere Schmetterlinge und große Wespen fernhält. Gegen die zahlenmäßige Übermacht der Bienen kommen sie hingegen nicht an. Sie müssen hinnehmen, dass sich diese einen Großteil der Saftproduktion sichern. Folglich teilen sie lieber die Stämme untereinander auf, sodass je nach Ergiebigkeit aufgrund der Befallsdichte mit den Schildläusen einer oder mehrere Kolibris an einer Bracaatinga »ernten«.

All dies bewegt sich im Bereich der biologischen Nahrungskonkurrenz. Die verschiedenen Nutzer versuchen jeweils auf ihre Weise möglichst viel vom Zuckersaft der Schildläuse abzubekommen. Auf ihre Weise heißt ihren Fähigkeiten entsprechend. So halten die Wespen und Bienen den Schwirrflug nicht lange durch. Für sie ist es besser, Tropfen abzulecken, die sich dem Stamm zugeneigt haben oder auf diesen bereits gefallen sind, während die Kolibris mit ihren kurzen Beinchen und langen Schnäbeln sich schwertun würden, auf diese Weise den Honigtau aufzunehmen. Im Schwirrflug geht das ungleich besser. Wie viel oder wie wenig die Bienen und Wespen oder gar die nicht flugfähigen Ameisen, die sich auch beteiligen, von der Gesamtmenge der Ausscheidungen abbekommen, hängt also davon ab, wie aktiv die Kolibris sind und ob nur einige wenige oder viele kommen. Sicher gibt es kein festes Verhältnis zwischen den Nutzern, weil Wetter, genaue Jahres- und auch Tageszeit sowie die nicht immer gleiche Häufigkeit

Offenbar sind die Tröpfchen der Bracaatinga-Schildläuse so ergiebig, dass sich der aufwendige »Fahrstuhlflug« der Kolibris lohnt. So ein Schwirrflug kostet rund das Zehnfache an Energie verglichen mit dem Ruhestoffwechsel.

der beteiligten Arten die Nutzungsmengen beeinflussen. Aber ein Effekt ist klar: Je mehr und je intensiver Kolibris den Honigtau nutzen, desto weniger fällt davon auf die Oberfläche der Stämme. Dort bildet sich aber dank des Zuckers ein schwärzlicher Bakterien- und Pilzrasen, aus dem die schwarzen Flecken auf den »weißen Stämmen« (wir erinnern uns an den Namen) der Bracaatinga tatsächlich bestehen. Daher ist anzunehmen, dass die Schildläuse durchaus etwas davon haben, die Zuckersafttröpfchen über Wachsröhrchen so abzuscheiden, dass möglichst wenig auf die Rinde gelangt, unter der sie sitzen. Die wuchernde Pilzschicht würde die Atmung behindern und sie schließlich abtöten. Sie könnten jedoch bereits mit einem kurzen, nur wenige Millimeter langen Röhrchen den Honigtau nach außen abgeben. Aber sie erzeugen von ihrer Afteröffnung aus eine 5 bis 8 Zentimeter lange Ausführung, die so steif ist, dass sie frei vom Stamm absteht. Das Röhrchen hat genügend Eigenstabilität. Unter dem Gewicht des Safttröpfchens neigt es sich nur an der Spitze, knickt aber nicht gleich um. In diesem Zustand ist der Tropfen ideal für die Kolibris, die im Schwirrflug weit genug vom Stamm entfernt bleiben können. So kommen sie zur bestmöglichen Nutzung. Auch für die Schildläuse passt das bestens, da sie nun nicht so leicht vom eigenen Saft überklebt werden. Also handelt es sich um eine Symbiose, eine Nutzungssymbiose, mit überlagerter Konkurrenz unter Beteiligung ganz unterschiedlicher Arten.

Mit der Einführung von Honigbienen nach Südamerika durch die Europäer erreichte diese Konkurrenz eine neue Stufe der Intensität. Wie die Bienen bei uns die Ausscheidungen der Blattläuse im Wald sammeln, so nutzen sie auch den Honigtau der Bracaatinga-Schildläuse in Südbrasilien ziemlich intensiv. Mit großem Erfolg für die Imker, die in der blütenarmen Zeit des Südwinters davon einen besonderen Honig bekommen, anstatt ihre Völker vielleicht sogar selbst wochenlang füttern zu müssen. Das steigert den Jahresertrag. Aber noch bedeutungsvoller ist, dass es sich beim von den Bracaatinga-Schildläusen gewonnenen Honig um einen besonderen Typ handelt, der von Inhalts- und Geschmacksstoffen der Bracaatinga profitiert. Auf dem Weltmarkt erzielt dieser Honig gute Preise. Mit den Honigbienen ist den Kolibris somit ein neuer Konkurrent erwachsen. Noch ist unklar, wie sie darauf reagieren.

Wird es Bestandsverluste bei manchen Kolibriarten geben, weil eine wichtige Quelle der Winternahrung vermindert wird? Oder müssen sie ihre Überwinterungsgebiete verlagern hinaus aufs Vorland am Südatlantik, wo es auch im Südwinter überall in den Gärten blüht? Ein Teil ihrer Artgenossen hat diesen Kurzstreckenzug aus den Bergwäldern an die Küste längst absolviert. Wir wissen aber nicht, ob die Zurückgebliebenen den Vorteil hatten, mit dem Nahen des Südfrühlings gleich die besten Balz- und Brutreviere besiedeln zu können. Oder ob sie zahlenmäßig ähnlich geringfügig waren wie das etwa die bei uns überwinternden Rotkehlchen für die Rückkehrer im Frühling sind. Überhaupt mangelt es an gründlichen Untersuchungen in den Winterquartieren der Vögel. Doch in diesen entscheidet sich, wie groß der Brutbestand im nächsten Frühjahr wird und in welcher Kondition sich die Rückkehrer ins Brutgebiet befinden.

So weist die Symbiose der Bracaatinga-Schildläuse mit den Kolibris auf grundsätzliche Fragen hin, zu denen wir nicht einmal für häufige Vögel unserer Breitengrade hinreichend gute Antworten haben. Aber noch ein anderer Aspekt ist zu diesem Thema zu betonen. Bei der Bracaatinga handelt es sich um eine Mimose. Die Mimosen gehören wie alle Akazien zur Pflanzenfamilie der Schmetterlingsblütler bzw. der Hülsenfrüchtler (Leguminosen), deren meiste Arten in Symbiose mit Knöllchenbakterien an den Wurzeln leben. Sie sind damit häufig besser mit Stickstoffverbindungen versorgt als andere Pflanzengruppen. Das bedeutet, dass sie mehr Aminosäuren zur Bildung von Eiweißstoffen enthalten, und das macht sie attraktiv für Nutzer, wie die Schildläuse unter der Rinde der Bracaatinga. Es ist also kein Zufall, dass gerade dieser Baum große Kolonien dieser Schildläuse beherbergt und sich diese so gut entwickeln können, dass sie massenhaft Überschuss an Honigtau erzeugen. So wirkt die Symbiose an den Wurzeln weiter bis hin zu den Kolibris und zum Bienenhonig, der inzwischen als besonderes Produkt Brasiliens in alle Welt versandt wird.

Euglossa malis

17. Rätselhafte Prachtbienen

17.

Rätselhafte Prachtbienen

Bienen sind wichtig für die Bestäubung von Blüten und nicht nur unfreiwillige Lieferanten von Honig. Viele Menschen wissen das, wenngleich längst nicht alle. Und manche wollen es nicht zur Kenntnis nehmen, weil es ihren Interessen entgegensteht, die mit der Produktion und dem Verkauf von Giftstoffen verbunden sind, die in der Landwirtschaft in gigantischem Ausmaß eingesetzt werden. Dabei geht es in der Diskussion um »die Bienen« nur um die zum Haustier gemachte Honigbiene, nicht um die vielen, höchst unterschiedlichen Wildbienen mit all ihren Spezialanpassungen und Besonderheiten. Allein in Deutschland gibt es Hunderte verschiedener Wildbienenarten. Nur wenige Spezialisten sind in der Lage, sie voneinander zu unterscheiden. Bei längst nicht allen Arten unserer Wildbienen ist die Lebensweise hinreichend bekannt. Dass Bienen stechen können, bewirkt bei aller Wertschätzung, die ihnen entgegengebracht wird, zudem eine gewisse Distanziertheit. Oder die Tiere werden verniedlicht, wie bei der Biene Maja.

Man müsste Bienen im Detail betrachten, am besten vergrößert, um ihre subtile Schönheit zu erkennen. Daran hindert uns der Artenschutz. Alle Wildbienen unterliegen ihm formal, auch wenn ihnen das so gut wie gar nichts nützt. Er behindert allenfalls die vertiefte Beschäftigung mit ihnen durch die wenigen Biologen, die sich überhaupt für sie interessieren. Für die Erforschung unserer frei lebenden Bienenarten sind naturschutzrechtliche Ausnahmegenehmigungen erforderlich; welche man nicht braucht, wenn sie in der Landwirtschaft mit Spritzmitteln getötet werden. Verständlich, dass es Forscher dorthin zieht, wo sie nicht in so absurder Weise behindert und schlimmer als tödliches Gift behandelt werden und wo sie zudem Bienen finden, die es an Pracht mit den schönsten Schmetterlingen oder Käfern aufnehmen können. Juwelengleich fliegen sie zu Blüten, die selbst zu den größten Schönheiten der Natur gehören, zu den Orchideen. Metallisch blau oder grün glänzend, changierend, das Sonnenlicht reflektierend sind ihre Körper. Es mangelt an geeigneten Worten, ihre Schönheit zu beschreiben. Man sollte sie in der Tropennatur Amerikas erlebt haben, die Prachtbienen. Völlig zu Recht tragen sie diese Bezeichnung. Doch rätselhaft sind sie noch immer, wenngleich manches ihrer Lebensgeheimnisse inzwischen gelüftet ist.

Worum handelt es sich bei diesen Bienen? Die rund zweihundert bisher wissenschaftlich beschriebenen Arten, die zur Gattungsgruppe der Pracht- oder Orchideenbienen (Euglossini) gerechnet werden, gehören zu den »Echten Bienen«, also tatsächlich in die nähere Verwandtschaft der Honigbiene. Wie diese haben sie an den Hinterbeinen eine besondere Struktur, Körbchen genannt. Die Sammlerinnen der Honigbienen benutzen es für Aufbewahrung und Transport des Pollens, während sie von Blüte zu Blüte unterwegs sind. Haben sie beide Körbchen gefüllt, fliegen sie zurück zum Stock und geben ihre Fracht ab. Bei den Prachtbienen verhält es sich trotz ihrer nahen Verwandtschaft zu den »Körbchenbienen« anders. Bei ihnen tragen die Männchen an den Hinterbeinen ein speziell gebautes Körbchen als Sammelgefäß, in dem sie keinen Pollen, sondern Duftstoffe aus Orchideenblüten aufnehmen und mit sich herumtragen. Lange hatten sich Biologen gewundert, was die Prachtbienen, noch dazu Männchen, die bei den Bienen üblicherweise nicht sammeln und nur kurze Zeit als Drohnen leben, an Orchideenblüten suchen, die weder Pollen noch Nektar bieten. Werden sie dort, wie es bei Orchideen nicht selten vorkommt, von besonderen Lockstoffen getäuscht, ohne eine Gegenleistung zu erhalten? Dies geschieht bei einer ganzen Anzahl unterschiedlicher Orchideen durchaus, etwa bei den in wenigen Arten auch in Mitteleuropa nördlich der Alpen vorkommenden Ragwurzen (*Ophrys sp.*). Sie erzeugen den Sexuallockstoff der Weibchen von Wildbienen oder Wespen, der die zugehörigen Männchen anlockt und zur Paarung mit der vermeintlichen Geschlechtsgenossin veranlasst (Bildtafel 17), die in Wirklichkeit ein Teil der Orchideenblüte ist. Die »Lippe« nämlich. Also lag es nahe anzunehmen, bei den Prachtbienen

Bei den Prachtbienen tragen die Männchen an den Hinterbeinen ein speziell gebautes Körbchen als Sammelgefäß, in dem sie keinen Pollen, sondern Duftstoffe aus Orchideenblüten aufnehmen.

und deren Besuch der Orchideenblüten würde es sich ähnlich verhalten. Doch das ist nicht der Fall.

Wer über ein gutes Geruchsempfinden verfügt, konnte bemerken, dass die Orchideenblüten ganz ähnlich duften wie die Prachtbienenmännchen nach intensivem Besuch dieser Blüten. Offenbar nehmen sie Duftstoffe auf. Machen sie sich damit selbst zur Orchideenblüte? Allein dieser Gedanke schien absurd. Erst die weitere, intensive Beobachtung des Verhaltens der Prachtbienen förderte Genaueres zutage. Tatsächlich parfümieren sie sich. Sie sammeln den Duft, wie sich durch mikrochemische Untersuchungen nachweisen ließ, in den speziellen Behältern an ihren Hinterbeinen. Dabei kommt aus einer Vielzahl einzelner Duftkomponenten etwas zustande, das wie Parfüm eine besondere Duftnote erzeugt. Sogar ein Stinkstoff namens Skatol ist in winzigen Mengen enthalten. In dieser geringen Konzentration wirkt er jedoch als Verstärker des (für unser Geruchsvermögen) angenehmen Duftmusters.

Locken die Männchen damit Weibchen an? Offenbar nicht oder nicht direkt. Denn es wird noch merkwürdiger. Die Männchen markieren mit diesem Duft anscheinend bestimmte Plätze und halten sich, die Umgebung intensiv beobachtend, in deren Nähe auf. Paarungen mit Weibchen wurden dort beobachtet. Werden mit dem Orchideenduft Treffpunkte markiert? Jede Prachtbienenart hat ganz besondere Stellen. Aufwendig klingt als Charakterisierung zu schwach, um so ein Verfahren zu beschreiben. Es ist fast absurd kompliziert. Aber es funktioniert, irgendwie. Noch mangelt es an der Kenntnis einiger Details. Schließlich kann man nicht einfach irgendwelche Sonden mitnehmen und im südamerikanischen Tropenwald die Stellen abtasten, ob diese (noch) von der speziellen Duftmischung der Männchen dieser oder jener Prachtbienenart markiert sind. Genauestes Beobachten ist geboten. Dabei erweisen sich aber gerade die so glänzenden Farben der Prachtbienen eher als hinderlich. Wie grüne, blaue oder goldene Blitze kommen sie an und verschwinden wieder. Das helle Sonnenlicht ist ihre Zeit, nicht das gedämpfte am Abend oder am frühen Morgen. Rätselhaft ist auch ihre geografische Verbreitung. Die Prachtbienen, speziell die Gattungen mit den hochglänzenden Männchen, leben nur in Mittel- und Südamerika, also in der sogenannten

Neotropis. Dort befindet sich auch ein Schwerpunkt der Orchideenverbreitung mit vielen Arten, die den Blütenbesuchern keinen Nektar anbieten, sie aber mit Duftstoffen anlocken. Suchen die Bienen danach, bekommen sie die in Säckchen (Pollinarien) verpackten Pollenbehälter auf den Körper geheftet. Beim Besuch weiterer Blüten derselben Orchideenart bleiben diese an den weiblichen Narben kleben. In dieser Hinsicht unterscheiden sich die Methoden kaum von denen unserer Orchideen. Das Problem ist anders gelagert. Es gibt nicht nur viele verschiedene Arten von Orchideen im tropischen und subtropischen Amerika, die meisten sind auch noch außerordentlich selten. Die Übertragung der Pollensäcke muss aber ganz genau artspezifisch klappen. Arttypische Duftmuster der Blüten würden für sich allein nicht ausreichen, denn die Bienen könnten, wie es Bienen allgemein tun, ökonomisch vorgehen und verschiedene Blüten je nach Häufigkeit, in der sie gerade blühen, aufsuchen. Die seltenen Orchideen würden dabei kaum erreicht, solange der Pollen noch frisch ist.

Die anders geartete Form der Duftbindung löst für die Seite der Orchideen das Problem der spezifischen Übertragung, so sich die Prachtbienenmännchen auf einen Dufttyp einstellen, am besten sogar darauf prägen lassen. Wie kann, wie sollte das gehen? Am ehesten und sichersten über die Weibchen. Denn sie sind das Ziel der umhersuchenden Männchen, die »Zeit haben«, weil sie, außer zur Paarung zu erscheinen, nichts weiter zu tun haben. Die Weibchen besorgen die Brut. Sie leben meist einzeln (solitär) oder in kleinen lockeren Gruppen, nicht in Staaten wie die Honigbiene und viele Hummeln. Unter den tropischen Außenbedingungen ohne klare jahreszeitliche Gliederung und mit fast ganzjähriger Möglichkeit zur Fortpflanzung schlüpfen aber jungfräuliche Weibchen nicht wie bei uns im Frühjahr zu einer ganz bestimmten, meist recht kurzen Zeit. Die Männchen sollten über Wochen, vielleicht auch monatelang zur Paarung mit einem frisch geschlüpften, jungfräulichen Weibchen bereit sein. Die

Vorstellung, dass mit dem Duft Treffpunkte markiert werden, welche junge Weibchen heranführen, hat daher durchaus etwas für sich. Vielleicht wirkt die Kennzeichnung zusammen mit dem Verhalten der Männchen an Stellen, die auch Balzplätze sein könnten. Die Art und die Intensität des Duftes, der von den Männchen durch Flügelfächeln freigesetzt wird, könnten für die Weibchen ein Signal für deren Fitness sein. Denn, um es vermenschlichend auszudrücken, ein Männchen, das viel von einem besonders guten oder raren Duft gesammelt hat, hat sich als überlebenstüchtig erwiesen.

Dagegen ist einzuwenden, dass die Weibchen gar nicht die betreffenden Orchideen anfliegen, an denen die zu ihnen gehörigen Männchen den Duft sammeln. Wie können sie von diesem dann angelockt oder gar »betört« werden? Vermutet wird, dass die Prachtbienenmännchen den Duftstoffen der Orchideen eigene Komponenten hinzufügen. Erst über diese Beimischung entsteht die Anlockwirkung. Warum dann nicht direkt, mag die gebotene Skepsis einwenden. Die Antwort könnte sein, dass damit der eigene Sexuallockstoff gleichsam getarnt wird. Das macht ihn weniger leicht fälschbar; vielleicht sogar fälschungssicher. In diese Richtung deutet, dass Prachtbienenmännchen auch Duft von anderen, nicht mit Orchideen verwandten Blüten sammeln können. Dabei irren sie nicht etwa. Die Hauptkomponenten in ihrem Duftbouquet stellen dennoch die Orchideenblüten. Für beide bleibt die Wechselwirkung offen genug, um nötigenfalls zu Alternativen zu kommen. Das ist häufig sinnvoll, weil es langfristig das Überleben sichert. Beschließen wir dieses besonders prächtige Beispiel und begnügen uns mit den Überlegungen und Vermutungen. Neue Forschungen werden bessere Einsichten liefern. Wie immer, wenn es um Gerüche geht, tun wir uns als Menschen viel schwerer als im optischen oder akustischen Signalbereich. Das macht uns bekanntlich für Hunde so rätselhaft.

Yuccamotte · Tegeticula yuccasella
Tegeticula yuccasella

18. Die Yuccamotte – oder wenn eine Blüte die Motten bekommen muss

18.

Die Yuccamotte – oder wenn eine Blüte die Motten bekommen muss

Das Leben ist hart im nordamerikanischen Südwesten. Im Sommer übersteigt die Hitze regelmäßig Tagestemperaturen von 40 Grad Celsius. Aber nachts wird es rasch kalt. Die Luftfeuchte ist extrem gering in diesen Trockengebieten. Niederschläge fallen selten, zumeist im Winter als Schnee, der verdunstet, bevor er zu Wasser schmelzen kann. Die nächtlichen Wintertemperaturen sinken beträchtlich unter den Gefrierpunkt. Strahlungsfröste entstehen. Pflanzen, die in dieser Region leben, müssen Hitze und Trockenheit ebenso widerstehen wie Kälte und scharfen Winden. Drei Typen von Wuchsformen der Pflanzen kommen mit solchen Lebensbedingungen zurecht: Kakteen, Sträucher, die verdorrt und vertrocknet aussehen und nur Blätter treiben, wenn es dazu feucht genug ist, und harte, schwertblättrige Gewächse, wie die Agaven. Sie brauchen lange, bis sie in der Lage sind, einmal zu blühen. Viele Arten benötigen Jahrzehnte. Ihre Blütenstände recken sich dann eindrucksvoll in die Höhe. Von weit her locken die Blüten Insekten an. Weithin kann der Wind die Samen verstreuen.

Nicht so wuchtig in Größe und Dicke der Blätter, aber ähnlich gebaut sind ihre Verwandten, die Palmlilien. Man kennt sie meist besser unter ihrem indianischen Namen Yucca. Es gibt sie in der Sonora- und Chihuahua-Wüste der südwestlichen USA, aber hauptsächlich im Hochland von Mexiko. Auch Yuccas brauchen lange, bis sie blühen. Bei den bekannteren, auch in Europa häufig kultivierten Arten dauert es über ein Jahrzehnt. Dann wächst aus der dichten, schopfartigen Rosette langer, spitz auslaufender Blätter meterhoch ein Blütenstand empor. Er trägt schließlich eine Fülle weißer, glöckchenartiger Blüten. Für Gärtner ist das Blühen der Yucca ein besonderes, weil selten zu erlebendes Ereignis, außer es sind Pflanzen sehr unterschiedlichen Alters angesiedelt. Mit diesen Blüten hat es eine besondere Bewandtnis. Sie können nur unter Mitwirkung eines Kleinschmetterlings, der Yuccamotte *Tegeticula yuccasella*, Samen entwickeln. Das geschieht auf eine ganz besondere Weise. Das begattete Weibchen der Yuccamotte legt Eier an der Narbe der Yuccablüte ab. Die schlüpfenden Räupchen bohren sich in den Fruchtknoten ein und fressen einen Teil der Samen. Die Bestäubung durch das Weibchen ist der Auslöser für die Samenbildung: Es bürstet mit den langen Kiefertastern (Maxillartaster) Pollen von den Staubbeuteln und verteilt diesen auf der Narbe. Die Pollenkörner können Keimschläuche treiben und durch diese die männlichen Kerne zu den weiblichen Samenanlagen bringen. Aus diesen Befruchtungen gehen die Samen hervor. Die Yuccablüte erzeugt sehr viele Samen. Wenn auch von den Raupen ein Großteil gefressen wird, reichen die überlebenden, zum Ausreifen gekommenen Samen zur Weiterverbreitung. Ohne die Übertragung des männlichen Pollens auf die weiblichen Narben würden sich keine Samen bilden können.

Die Yuccamotte ist ein Kleinschmetterling. Hat das Weibchen eine blühende Yucca gefunden, sammelt es mit den verlängerten Tastern von den Staubgefäßen Pollen und formt diese zu einer transportablen Kugel. Damit bestreicht es die weibliche Narbe anderer Yuccablüten und befruchtet sie dadurch.

Wie konnte so eine höchst merkwürdige Form der Befruchtung zustande kommen? Dazu müssen wir uns das Geschehen genauer ansehen. Es verläuft nämlich beträchtlich differenzierter. Die Yuccamotte ist ein Kleinschmetterling. Ihre engere Verwandtschaft umfasst etwa dreißig verschiedene Arten, deren Raupen auf Fraß an und in Blüten spezialisiert sind. Die mit Yuccablüten verbundenen Mottenarten integrieren sich in den Entwicklungszyklus dieser Pflanzen der Trockengebiete besonders stark. Ein frisch aus der Puppe geschlüpftes Weibchen gibt Sexuallockstoffe ab. Diese veranlassen in der Umgebung vorhandene Männchen dazu, herbeizufliegen und das Weibchen zu begatten. Danach sucht es nach blühenden Yuccastauden. Die Suche kann lange dauern, je nachdem, ob gerade und wie viele Yuccas in der betreffenden Region blühen. Hat es eine Yucca mit offenem Blütenstand gefunden, untersucht es die Blüten, ob bereits ein anderes Weibchen Eier daran abgelegt hat. Dabei bürstet es, wie oben schon angedeutet, mit den verlängerten Tastern von den Staubgefäßen Pollen zusammen und formt diese zu einer transportablen Kugel. Mit dieser fliegt es zu weiteren Blüten, untersucht diese, und wenn noch keine

Eier an den drei Fächern des Fruchtknotens abgelegt sind, deponiert es hier sein Gelege. Mit dem mitgeführten Pollen bestreicht es dabei die weibliche Narbe.

Auf diese Weise kommt in der Regel eine Kreuzbefruchtung zustande, also eine Pollenübertragung zwischen unterschiedlichen Blüten. Am günstigsten sind Pollen von fremden, nicht direkt benachbarten Blütenständen. Die Motte sucht gezielt, nicht zufällig, welche Blüten ihr gerade in den Weg kommen, wie das andere Schmetterlinge bei ihrer Nektarsuche tun. Sie verhält sich blütenstet, ähnlich wie Honigbienen. Und da bei der Samenbildung gleich mehrere Hundert Samen entstehen, in jedem der drei Fächer des Fruchtknotens an die zweihundert, die Raupen der Yuccamotte aber davon lediglich ein Zehntel bis ein Fünftel auffressen, fällt das Ergebnis für die Pflanze recht gut aus. Es wird sogar noch begünstigt durch die Abscheidung von Nektar am Blütengrund, für den sich die Yuccamotten aber nicht interessieren. Vielmehr scheint dieser andere Blütenbesucher abzulenken, sodass die Tätigkeit der Yuccamotte nicht gestört oder gar ruiniert wird.

Die Raupen seilen sich, zur Verwandlung reif geworden, an einem Seidenfaden zum Boden ab, wo sie sich nach Schmetterlingsart verpuppen. Die Motten schlüpfen, wenn es der Jahreszeit nach so weit ist und wieder Regenschauer fallen, sodass die dafür alt und kräftig genug gewordenen Yuccas zu blühen beginnen. Dann fliegen die begatteten Weibchen zu den Blüten und starten einen neuen Zyklus. Ihr Leben hängt also ganz von dem der Yucca ab. Auch diese braucht die Motte, wenngleich durch Bienen und andere Insekten, die ihre Blüten besuchen, durchaus in geringem Umfang Samenbildung bewirkt werden kann. Verlässlich genug ist diese nicht, denn die Bienen reagieren wie die allermeisten anderen Insekten recht stark auf die Gunst oder Ungunst der Witterungsverhältnisse. Gerade in den Trockengebieten fallen die Niederschläge aber höchst unregelmäßig. So sind Yucca und Yuccamotte auf Gedeih und Verderb Partner in ihrer Symbiose geworden.

In der Alten Welt gibt es eine ähnliche, für die Menschen in den mediterranen und vorderasiatischen Kulturen aber ungleich bedeutungsvollere Symbiose zwischen den Feigenbäumen *Ficus carica* und Feigengallwespen. Fruchten, also Feigen ausbilden, können die Feigenblüten nur, wenn sich eine spezielle Gallwespe rechtzeitig in sie einbohrt und parasitiert. Dazu müssen sogar zwei Varietäten der Essfeige vorhanden sein. Dann kommt die Fruchtbildung in Gang. Nicht nur die mediterranen, uns geläufigen Feigenbäume brauchen die sich eigentlich parasitisch verhaltenden Gallwespen zur Stimulierung der Fruchtbildung, sondern auch die global vor allem in den Tropen verbreiteten Arten. Für uns Menschen essbare Feigen erzeugen diese zumeist nicht, aber es gibt viele Vögel, die Wildfeigen verzehren. Zu ihnen gehört in Mittelamerika der Göttervogel der Azteken, der Quetzal, dessen Männchen smaragdgrün glänzende, stark verlängerte Federn über dem Schwanz ausbilden. Sie ziehen diese im Flug wie eine lange Schleppe wellenförmig hinter sich her; ein zauberhafter Anblick. Feigen als Nahrung und kleine, für Menschen ungenießbare, fettreiche Avocados machen diese Vogelschönheit möglich. Winzigen, nur wenige Millimeter langen Wespen verdanken wir die süßen Feigen. Welche Kreise zieht diese Symbiose! Die Feigen gehören als Bäume zu den recht erfolgreichen Gattungen. Sie gedeihen am besten in wechselfeuchten, durch jahreszeitliche Unterschiede zwischen Regen- und Trockenzeiten geprägten Lebensräumen. Siddhartha Gautama alias Buddha meditierte unter einem Feigenbaum und erlangte die Erleuchtung. Vom Geheimnis der Feigen wusste er nichts. Aber weit mehr als Christentum und Islam erfasst der auf meditativen Einsichten begründete Buddhismus die Zusammengehörigkeit des Lebendigen. Seine Lehre ist nicht ausgerichtet auf »Macht euch die Erde untertan!«. Bestand wird, so auch die Botschaft der wissenschaftlichen Ökologie, nicht die parasitäre Ausbeutung der Natur haben, sondern die Kooperation, wie sie sich in den Symbiosen äußert. In früheren Zeiten hätte das Wirken von Feigenwespen und Yuccamotten den Stoff für religiöse Gleichnisse abgegeben. Unsere »aufgeklärte« Zeit hat sie hingegen zu den Absurditäten des Lebens aussortiert.

ERDBEERFROSCH
Erdbeerfrosch in Blue Jeans

19. Bromelienfröschchen

19.

Bromelienfröschchen

Nur knapp 2,5 Zentimeter lang ist das knallrote Fröschchen mit den schwarzen, blau gepunkteten Beinen. Die Art kommt im mittelamerikanischen Regenwald vor und ist dort weitverbreitet. Die rote Färbung hat ihm den Namen »Erdbeerfröschchen« eingetragen; auch im Englischen, wo präzisierend hinzugefügt wird, dass es zu den Pfeilgiftfröschen gehört. Lange Zeit war es unter dem wissenschaftlichen Namen *Dendrobates pumilio* geführt worden. Neuerdings erhielt es einen anderen Gattungsnamen zugeteilt und heißt jetzt *Oophaga pumilio*. Solche Namenswechsel sind lästig, nicht immer berechtigt, aber auch Ausdruck des Fortschritts in den Kenntnissen zur Verwandtschaft der Arten untereinander. Die Bezeichnung Baumsteigerfrösche, Gattung *Dendrobates*, zu denen das Erdbeerfröschchen gezählt wird, erwies sich bei genauerer Erforschung als zu groß und zu grob gefasst. Gattungen sollen (nur) Arten zusammenfassen, die wirklich nahe miteinander verwandt sind, und zwar möglichst gleichermaßen nahe. Mit den molekularbiologischen Möglichkeiten unserer Zeit lassen sich äußerliche Ähnlichkeiten aber viel kritischer beurteilen als früher. Zudem kann das Ausmaß der genetischen Unterschiede ermittelt werden. Unser Erdbeerfröschchen erwies sich als zu weit entfernt von der Gattung *Dendrobates* und erhielt deshalb eine eigene namens *Oophaga*. Diese Bezeichnung ist selten gut gewählt, weshalb hier näher darauf eingegangen wird. Denn sie bedeutet »Eifresser«. Dass dieser Gattungsname so treffend ist, ergibt sich daraus, wie sich das Erdbeerfröschchen fortpflanzt. Aus guten Gründen ist es in dieses Buch mit aufgenommen worden.

Die kleinen roten Fröschchen leben im tropischen Regenwald Mittelamerikas. Ihr Rot, scharf abgesetzt vom Blauschwarz der Hinterbeine und des äußeren Teils der Vorderbeine, signalisiert ihre Giftigkeit. Diese schützt sie vor Fressfeinden, wie auch andere, ähnlich warnfarbene Frösche der Gruppe der Pfeilgiftfrösche. Tatsächlich wurden und werden diese Giftfrösche dazu verwendet, Pfeil- und vor allem Blasrohrpfeilspitzen zu vergiften. Indianer

Mittel- und Südamerikas beherrschen diese Technik seit Jahrtausenden und wandten sie vor allem bei der Jagd an. Doch auch Menschen können mit diesem Gift getötet werden. Es ist ratsam, gebührenden Abstand von den Fröschchen zu halten, um nicht mit ihrem Gift in Berührung zu kommen. Die Giftigkeit hat wiederum den Vorteil, dass sich die dank ihrer Farbigkeit so attraktiven Erdbeerfröschchen vergleichsweise leicht beobachten lassen. Sie müssen sich nicht wie andere, ungiftige Frösche vor Feinden oder den neugierigen Blicken der Menschen verborgen halten. Was bei den Forschungen herauskam, schien kaum glaubhaft. Hier ist ihr Lebenslauf kurz zusammengefasst:

Die Erdbeerfröschchen suchen am Waldboden nach feuchten Stellen mit Laub. Solche gibt es zur niederschlagsreichen Zeit fast überall. Von einer nahen, niedrigen Sitzwarte aus rufen die Männchen unablässig. Ihre insektenartigen Gesänge klingen wie ein helles, schwer zu beschreibendes »bass, bass…«. Damit versuchen sie Weibchen anzulocken wie bei uns die Laubfrösche, die zu ihrer weitschichtigen Verwandtschaft gehören, aber ungleich lauter rufen. Für die Fortpflanzung der Laubfrösche geeignete, möglichst fischfreie Tümpel sind in unseren Flussauen und Niederungen selten. Da muss die Stimme weit tragen, am besten als Chor verstärkt. Wo aber im Regenwald von Costa Rica oder Panama der Boden feucht bis tropfnass ist und überall Blätter herumliegen, würde die Ansammlung an einer Stelle oder an einigen wenigen Plätzen gewiss nicht günstig sein. Verteilte Positionen einzelner Männchen sind besser, weil sie das Risiko, dass die Eier entdeckt und von Feinden gefressen werden, minimieren. Gefahren lauern im Tropenwald fast überall, insbesondere am Boden, der keineswegs überall so dicht bewachsen ist, wie das Dschungelbilder vortäuschen. Es ist auch vorteilhaft, dass sich die insektenartigen Balzrufe der Männchen schwer orten lassen. Die zugehörigen Weibchen finden die Rufer allemal, wenn sie daran interessiert sind, einen Fortpflanzungspartner zu bekommen. In den Tropen drängt zudem die Zeit nicht annähernd so wie bei uns, wo nach dem Winter ein kurzer Frühling den Jahreslauf startet, in den sich die meisten Arten einpassen müssen.

Hat der rote Rufer nun aber ein Weibchen anlocken können, legt dieses bei der Paarung einige Eier ins feuchte Blattwerk am Boden. Das

Männchen, welches das Gelege besamt hat, bewacht es nun, bis die Kaulquappen aus den Eiern schlüpfen. Und nun beginnt der erstaunlichste Teil im Fortpflanzungsgeschehen.

Das Weibchen transportiert die Kaulquappen einzeln zu Bromelien hinauf, die hoch oben auf den Ästen der Regenwaldbäume wachsen. Ihre halbröhrenförmigen Blätter bilden ein mit Regenwasser gefülltes Miniaquarium. Dort hinein setzen sie die Kaulquappen ab. Es ist ein gewiss höchst mühseliges Unterfangen, Kaulquappen, die sich auf dem Hinterrücken der Mutter angeheftet haben, in die Baumkronen hinaufzuschleppen. Um eine Höhe von 20 Metern zu erreichen, müssen die kleinen Fröschchen etwa das Zweitausendfache ihrer eigenen Körpergröße in die Höhe klettern. Was aber sollen die Kaulquappen dort oben in den bloß mit Regenwasser gefüllten Bromelientrichtern? Sie sind zwar den am Boden drohenden Feinden entzogen, haben aber nichts zum Leben. Es fehlt an Nahrung. Solche wird bestimmt nicht mit dem Regen gebracht, der die Trichter immer wieder auffüllt. Bei Wolkenbrüchen, wie sie im Tropenwald üblich sind, laufen diese mitunter über. Doch mit Luft und Wasser allein können die Kaulquappen nicht wachsen und sich zum Fröschchen umwandeln. Sie brauchen Nahrung, speziell Proteine. Solche erhalten sie auch. Und zwar von der Mutter. Während der neun oder zehn Wochen, die die Entwicklung der Kaulquappen dauert, klettert sie immer wieder hoch zu ihren Bromelientrichtern und legt unbefruchtete Eier hinein. Diese fressen die Kaulquappen; eine höchst erstaunliche Versorgung des Nachwuchses. Dieser muss, fertig entwickelt zum kleinen Frosch, aus der luftigen Höhe hinab zum Erdboden und dort dann selbst nach passendem Kleingetier suchen, bis die Fröschchen mit gut 2 Zentimetern Körperlänge für die eigene Fortpflanzung ausgewachsen sind.

Das Weibchen transportiert die Kaulquappen einzeln zu Bromelien hinauf, die hoch oben auf den Ästen der Regenwaldbäume wachsen. Ihre halbröhrenförmigen Blätter bilden ein mit Regenwasser gefülltes Miniaquarium.

Geht es nicht noch ein wenig komplizierter, möchte man ironisch fragen. So ein Aufwand! Ist dieser in der Lebensfülle des tropischen Regenwaldes wirklich nötig? Unten am feuchten Waldboden könnten die Weibchen ihre Kaulquappen viel leichter direkt mit Eiern füttern. Oder nach Froschart normal im Gewässer laichen und die Kaulquappen sich selbst überlassen. Das funktioniert sonst millionenfach in der Welt der Frösche und Kröten. Wir mögen den Aufwand der Erdbeerfröschchen für übertrieben halten. Aber wenn wir nicht wissen, welchen Gefahren ein kleiner Frosch im Regenwald ausgesetzt ist, urteilen wir vielleicht voreilig. Sehr wahrscheinlich sogar falsch, denn die Erdbeerfröschchen würden diesen aberwitzig erscheinenden Aufwand sicher nicht auf sich genommen haben, wenn er nicht überlebensnotwendig wäre.

Betrachten wir sie deshalb im Zusammenhang mit ihrer Umwelt. Sie sind giftig. Sie signalisieren diese Giftigkeit mit dem schrillen Rot ihres Körpers. Die Giftstoffe beziehen sie aus Insekten, die ihrerseits giftig sind, weil sie sich von giftigen Pflanzen ernähren. Davon gibt es jede Menge im Tropenwald. Andere Frösche oder Vögel meiden die giftigen Insekten. Pfeilgiftfrösche kommen mit den Giften zurecht und beziehen ihren Schutz daraus. Was dabei in ihren Körpern vorgeht, ist chemisch-physiologisch ziemlich kompliziert. Die Details würden den Rahmen hier sprengen. Zwei Feststellungen sollen genügen: Die Giftstoffe belasten den Körper, auch wenn dieser sie unter Kontrolle hat. Sie schränken die Bildung größerer Zahlen von Eiern ein, begrenzen also die Vermehrungskapazität. Eier, gleich von welchen Tieren, ob Spinnengelege oder solche von Schmetterlingen, von Fröschen, Schildkröten oder Vögeln, gehören zur attraktivsten Nahrung überhaupt. Denn sie enthalten alles, was Tiere für ihre eigene Versorgung und Entwicklung brauchen, und dies zudem in der genau richtigen Mischung. Es gibt daher in Lebensräumen, in denen sehr viele Feinde vorhanden sind, nur zwei Möglichkeiten, die Verluste an Eiern und die damit verbundene Beeinträchtigung der Fortpflanzung zu vermindern. Entweder werden Eier in Massen produziert, von denen trotz hoher Verluste an Feinde genügend übrig

bleiben. Oder möglichst wenige werden möglichst gut geschützt zur Entwicklung gebracht. Massenproduktion setzt entsprechend ergiebige Versorgung der Weibchen mit Proteinen voraus, denn Eier bestehen vornehmlich daraus. Ist die Nahrung aber knapp und zudem giftig, wie bei den Pfeilgiftfröschen,

verschiebt sich der Selektionsdruck der Feinde in Richtung besonderer Betreuung der Gelege und/oder der Kaulquappen. Genau dies finden wir beim Erdbeerfröschchen. Die Miniaquarien der Bromelienblatttrichter sind so gut wie feindfrei. Aber eben auch nahezu ohne Nahrung, die für Kaulquappen geeignet wäre. Ein wenig Algenbewuchs kommt darin zwar zustande, weil mit dem Regen die hierfür nötigen Pflanzennährstoffe eingewaschen werden. Aber das ist viel zu wenig für ein hinreichend schnelles Wachstum der Kaulquappen. Sie könnten in die regenarmen Monate geraten, in denen die Bromelientrichter weitgehend austrocknen. Das Füttern des Nachwuchses mit den eigenen Eiern versetzt die Froschweibchen in die Lage, solche langsam nachzuproduzieren, ohne den eigenen Körper allzu sehr auszuzehren. Giftige Insekten können eben nicht auf die Schnelle Eier herstellen. Dank der auffälligen Warnfärbung sind die Erdbeerfröschchen gut geschützt. Auch beim Ersteigen der Bäume droht ihnen kaum Gefahr. Ihre vergleichsweise große Häufigkeit zeigt, dass diese besondere Fortpflanzungsweise funktioniert.

Aber nur dort, wo es entsprechend reichlich Bromelien auf den Bäumen gibt. Das ist in den Regenwäldern der amerikanischen Tropen nicht überall der Fall. Costa Rica, Panama und einige andere mittelamerikanische Regionen sind besonders reich an Bromelien. Das liegt daran, dass Winde, die vom Ozean her wehen, insbesondere die Passatwinde, viel Feuchtigkeit herantragen. Diese regnet sich an den Bergen ab und erzeugt die besonderen feuchttropischen Lebensbedingungen. Dennoch könnten die Bromelien wie auch die Orchideen und die Farne auf den Bäumen nicht existieren, würde der Regen nicht auch Mineralstoffe wie Phosphate und Kalium mitbringen. In sehr geringen Mengen zwar, aber in solchen, die ausreichen für das luftige Aufsitzerleben ohne Wurzelkontakt zum Boden. Aus umfangreichen Forschungen der letzten Jahrzehnte wissen wir, dass nicht nur die Aufsitzerpflanzen, die Epiphyten, vom Wind und Regen ernährt werden, sondern der gesamte Regenwald Amazoniens. Und zwar von Staub aus der Sahara, den der Passat über den Südatlantik weht. Die Böden, auf denen der amazonische Regenwald wächst, sind so ausgelaugt an Nährsalzen, dass sie eigentlich nur noch die Standfläche für den Wald abgeben. Die Bäume müssen mit ihren Kronen, ihrem Wurzelwerk und den Symbiosen mit Pilzen die knappen Nährsalze einfangen und damit so haushälterisch wie möglich umgehen. Sie haben einen nahezu verlustfreien Kreislauf der Nährstoffe entwickelt. Was unvermeidlicherweise verloren geht, mit dem Wasser über die Flüsse aus dem Wald ausgeschwemmt wird und letztlich im Atlantik landet, ergänzt der Nährstoffeintrag aus der Luft. Wir erleben Ähnliches gelegentlich in Mitteleuropa nördlich der Alpen, wenn besondere Wetterkonstellationen Saharastaub bis zu uns verwehen.

Aus diesen neuen Befunden geht hervor, dass auch die Bromelien etwas davon haben, Kaulquappen der Erdbeerfröschchen in ihren Blatttrichtern zu beherbergen. Die tierischen Bewohner verbessern nämlich mit ihren Ausscheidungen die Versorgung der Bromelien mit Nährsalzen. Es besteht ja, wie schon betont, kein Wurzelkontakt mit dem Boden, und die Epiphyten sind keine Schmarotzer oder Halbschmarotzer wie unsere Misteln, die dem Baum über Saugwurzeln das entnehmen, was ihnen fehlt. Alles, was die Bromelien zum Leben und zum Blühen brauchen, muss auf dem Luftweg zu ihnen gelangen. Oder eben von ihren Untermietern ergänzt werden. Der Transport von Eiern zu den Kaulquappen bedeutet also für die Bromelien eine Zusatzversorgung. So knapp geht es im tropischen Regenwald zu. Und so phänomenale Lebensläufe entwickeln sich als Folge des Mangels. Noch besser zeigen dies die südostasiatischen Kannenpflanzen im nächsten Beispiel.

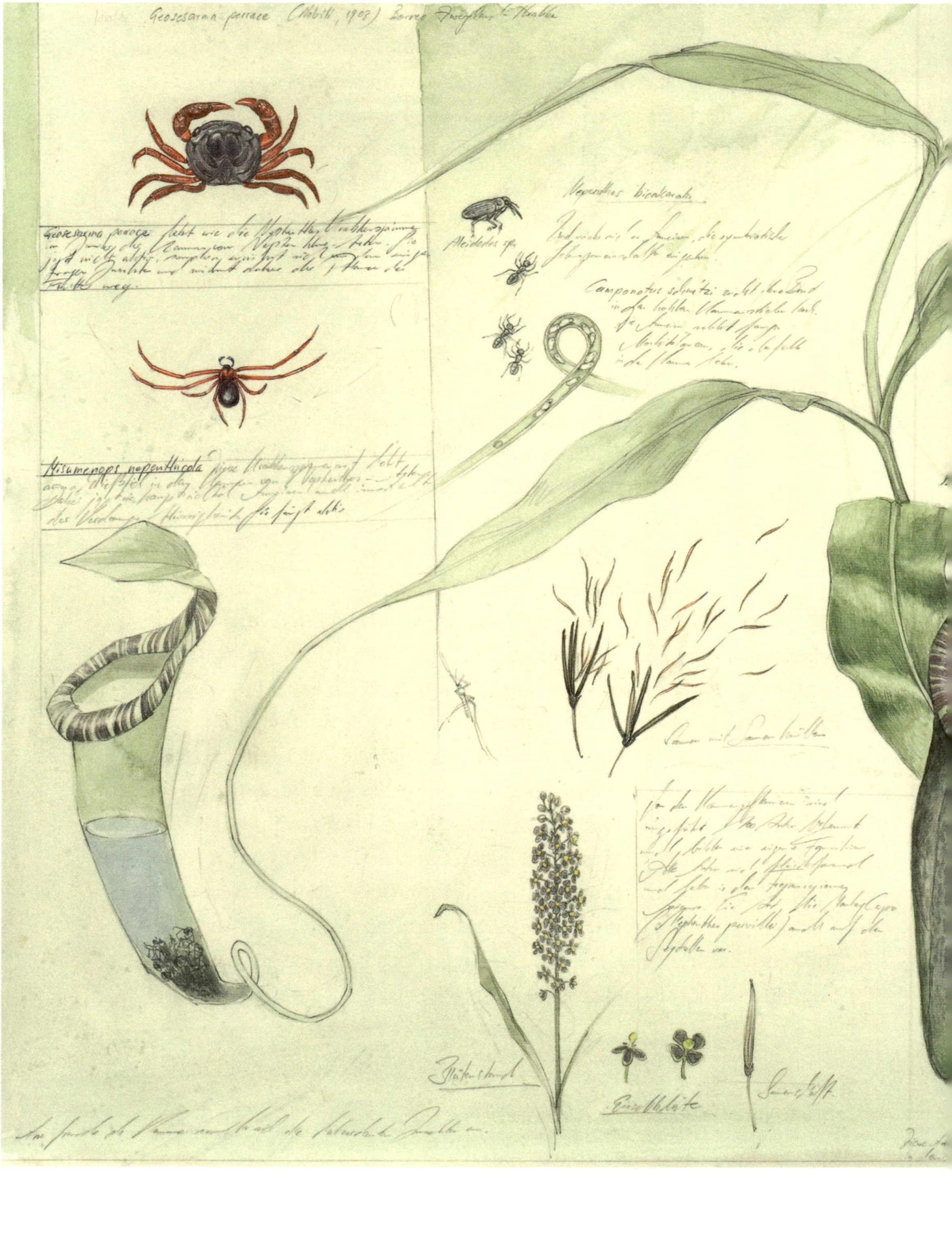
Geosesarma
Camponotus schmitzi
Misumenops nepenthicola
Samen mit Samenhülle

20. Kannenpflanzen

20.

Kannenpflanzen

Die Kannen der Kannenpflanzen (Gattung *Nepenthes*) gehören zu den ungewöhnlichsten Bildungen im Pflanzenreich. Sie entstehen aus Blättern, die bei ihrem Heranwachsen zunächst mehr oder weniger lange Stiele bilden und dann die Blattfläche zylinderartig so zusammenrollen, dass die Unterseite nach innen kommt. Die nicht umgebildete Blattspitze formt eine Art Deckel darüber. In die Kannen wird eine stark saure, wässrige Flüssigkeit mit Stoffen (Enzyme) abgeschieden, die hineingeratene Insekten und andere Kleintiere auflösen und verdauen. Aus dieser tierischen Zusatznahrung decken die Kannenpflanzen ihren Bedarf an Stickstoffverbindungen. An solchen herrscht in ihrem Lebensraum in den südostasiatischen Tropenwäldern zumeist Mangel. Als einen äußeren Magen könnte man die Kannen einstufen. Sie hängen von Bäumen, weil die meisten Arten der Kannenpflanzen rankenartig wachsen und klettern. Manche stehen aber auch einfach auf dem Boden. Die Gattung *Nepenthes* enthält nach gegenwärtigem Kenntnisstand etwa hundert Arten. Manche Kannen sind rötlich gefärbt, sodass sie (uns) im Grün des Regenwaldes auffallen. Für die Insekten, die hineingeraten (sollen), ist diese Farbe aber belanglos, da sie Rot nicht sehen. Entscheidend sind die extrem glatten, schlüpfrigen Ränder, an denen sich die landenden Insekten nicht festhalten können, sodass sie abrutschen und in die Verdauungsflüssigkeit fallen. Mit einem pH-Säuregrad von 3 entspricht diese etwa den Bedingungen in unserem Magen, wenn wir gegessen haben und die Verdauung einsetzt. »Kesselfalle« wird der Typ von Fangeinrichtung genannt. Die Kannenpflanzen gehören zu den allerdings nicht näher miteinander verwandten fleischfressenden Pflanzen. Kleb- und Klappfallen sind die anderen Typen von Fangeinrichtungen. Immer geht es dabei um die Behebung des Mangels an Stickstoffverbindungen. Deshalb sind solche carnivoren Pflanzen (»Fleischfresser«) in Lebensräumen zu finden, in denen von Natur aus stickstoffhaltige Verbindungen rar sind, wie in Mooren und sauren Gewässern.

In einer Brühe zu landen, in der man aufgelöst und verdaut wird, ist ein Missgeschick, das die auf der Pflanze Herumkletternden tunlichst vermeiden sollten. Die Kannenpflanzen haben jedoch die Anlockwirkung ihrer Fanggefäße offenbar so optimiert, dass genug Beute hineingerät. Anlockung und Vermeidungsverhalten sollten sich jedoch im Lauf der Zeit in etwa ausgleichen, in der Theorie zumindest. Grundsätzlich spricht nichts dagegen, dass ein »evolutionärer Wettlauf« zwischen solchen pflanzlichen Jägern und ihrer Beute stattgefunden hat. Dennoch gibt es »Gewinner«, die sich der Gefährdung entzogen und die Kannen auf ganz eigene Weise zunutze gemacht haben. Gemeint sind nicht die Menschen im Regenwald von Borneo, die gelegentlich einen Schluck aus solchen Kannen trinken, sondern Tiere, die darin leben, ohne von den Verdauungssäften aufgelöst zu werden. Es gibt davon so viele und so unterschiedliche, dass sie sich gar nicht in eine einfache Reihe stellen lassen.

So findet eine kleine Krabbe namens *Geosesarma malayanum* die Kannen ganz attraktiv. Die an den Scheren intensiv rote Landkrabbe aus der Verwandtschaft der Mangrovenkrabben lebt zwar hauptsächlich an den feuchten Fluss- und Bachufern, besucht aber mehr oder weniger regelmäßig die Kannen von *Nepenthes ampullaria* und untersucht sie, ob noch wenig verdaute Beutetiere enthalten sind. Diese fischt sie sich heraus und verzehrt sie. Offenbar hält sie die Verdauungssäfte in der Kanne bei ihren kurzen Besuchen unbeschadet aus. Auch eine andere, nahe verwandte Krabbe, *Geosesarma perracae*, ist beim Kannenbesuch beobachtet worden und vielleicht noch intensiver mit dieser Nahrungsquelle verbunden als bislang bekannt. Da die Kannen von *Nepenthes ampullaria* oft am Boden stehen und sogar halb von Laubstreu eingehüllt sein können, ist der Weg zu ihnen für Landkrabben leicht zu bewältigen. Diese Kannen verdauen zudem nicht nur Insekten und Spinnentiere, sondern auch pflanzlichen Abfall, sodass ihre Verdauungssäfte milder sind als die anderer Kannenpflanzen. Nicht immer geht jedoch der Beuteklau gut. Gelegentlich wird die kleine Krabbe auch verdaut. Die Beziehung zwischen den Krabben und den Kannen ist also recht einseitig und als Nahrungsparasitismus zu bezeichnen.

Eng verbunden mit den Kannen ist auch die Spinne *Misumenops nepenthicola*. Diese bleich rötliche Spinne, die entfernt unserer an Ufern von

Kleingewässern jagenden Listspinne *Pisaura mirabilis* ähnelt, aber zu den Krabbenspinnen gehört, lebt wohl beständig in den Kannen verschiedener *Nepenthes*-Arten. Sie spinnt an deren Innenwand ein für sie passendes Netzwerk von Fäden, an denen sie Halt findet, und lauert zumeist unter dem Rand auf abrutschende Insekten. Sie kann auch in die Verdauungsflüssigkeit tauchen und Mückenlarven fangen, die am Boden unter den bereits verdauten Resten der Tierkörper leben. Dazu rührt sie diese Schicht regelrecht um. Die davon zum Zappeln gebrachte Larve erfasst und tötet sie. Auch Weberameisen, die in die Falle geraten, werden ihr zur Beute. Sie sind bereits betäubt von der Kannenflüssigkeit. Diese sehr wehrhaften Ameisen könnte die Spinne im Freien nicht überwältigen. Mückenlarven können also durchaus in der Fangflüssigkeit leben und sich den mehr oder weniger regelmäßigen Zustrom von organischen Stoffen zunutze machen. Ihre Einmietung stellt einen Übergang vom Parasitismus, der direkt von den Fangerfolgen der Pflanze zehrt, zur Symbiose dar. Denn von den Larven Verdautes und Ausgeschiedenes kann die Pflanze leichter aufnehmen und für sich verwerten. Was sie braucht, sind chemische Verbindungen, die Stickstoff enthalten, und nicht die Tierchen an sich.

Die Fledermaus ruht nicht einfach in diesem Tagesversteck; sie gibt darin ihre Ausscheidungen ab. Diese enthalten nun aber genau die Stickstoffverbindungen, an denen es der Pflanze mangelt.

Das Fröschchen *Microhyla nepenthicola*, ein »Zwerglaubfrosch«, wie es die Gattungsbezeichnung ausdrückt, auch unter dem neueren Namen *Microhyla borneensis* im Internet und in der Fachliteratur zu finden, ist einer der kleinsten Frösche überhaupt. Der Winzling von kaum mehr als einem Zentimeter Körperlänge lebt in den Kannen von *Nepenthes ampullaria* auf Borneo. Genauer: Das Weibchen setzt die Eier in der Kanne ab. Die schlüpfenden Kaulquappen fallen ins »Wasser« darunter und entwickeln sich zwar langsam, aber ohne verdaut zu werden, zu den Minifröschchen. Sie zehren von den Nahrungspartikelchen in der Kannenbrühe. Mit der Gallerte der Froscheier gelangen organische Stoffe in die Kanne, und die Kaulquappen »helfen« so bei der Verwertung der Reste von Insekten. Was sie ausscheiden, ist verdaut und für die Kannenpflanze verwertbar. Die Einmieter bringen damit durchaus einen gewissen Gewinn.

Keinen solchen bringen die Rüsselkäfer, die in den Stängeln der Kannenpflanzen leben. Vielleicht, wahrscheinlich sogar, nützen ihnen die Ameisen der Art *Camponotus schmitzi*, die in Stängelhöhlungen der *Nepenthes* leben, vor allem von *Nepenthes bicalcarata*, aber den Nektar fressen, den die Kannen am Außenrand abscheiden. Dieser lockt normalerweise Insekten an, die beim Versuch, daran zu naschen, in die Kanne abstürzen. Die mit unseren Holzameisen (Rossameisen) verwandten *Camponotus-schmitzi*-Ameisen holen sich diese Insektenbeute und tauchen nach ihnen sogar in der Flüssigkeit der Kanne. Also betätigen sie sich als Nahrungsparasiten. Wie meistens bei Ameisen, die an/in Pflanzen leben, soll der Vorteil für den Partner in der Abwehr noch schädlicherer Insekten liegen, sodass in diesem Fall wohl bereits eine Symbiose gebildet ist.

Außer Zweifel handelt es sich um eine solche bei der Hauptfigur des Bildes, einer Fledermaus, die in der Kanne sitzt und herausschaut. Die Hardwicke-Wollfledermaus *Kerivoula hardwickii* benutzt die Kannen verschiedener *Nepenthes*-Arten, bevorzugt aber von *Nepenthes hemsleyana*, als Tagesrastplatz, in dem sie die Tagesstunden ganz gut geschützt und dank der Feuchtigkeit in der Kanne in für sie günstigem Mikroklima verbringt, bevor sie mit Einbruch der Nacht aktiv wird und Jagd nach Insekten macht. Die Kanne gerade tagsüber zu besetzen, wenn die meisten Insekten unterwegs sind, die von den Ausscheidungen am oberen Rand und von der Lockwirkung der Fangtrichter angezogen werden könnten, scheint so ziemlich das Ungünstigste, was der Pflanze passieren kann. Aber der Eindruck täuscht – wieder einmal. Tatsächlich ist es das Beste, was der Kanne geschehen kann. Denn die Fledermaus ruht nicht einfach in diesem Tagesversteck; sie gibt darin ihre Ausscheidungen ab. Diese enthalten nun aber genau die

Stickstoffverbindungen, an denen es der Pflanze mangelt. Diese kommen bereits in einer Form, die von den Zellen auf der Innenseite der Kanne aufgenommen, resorbiert, werden kann. Im Endeffekt sammelt also die Fledermaus Insekten für die Kannenpflanze mit, denn deren Proteingehalt kommt ihr zugute. Das ist nun eine richtige Symbiose, ein Mutualismus mit beiderseitigen Vorteilen. Dass es sogar darauf ankommt, die richtige Kanne als Rastplatz zu finden, haben neue Forschungen ergeben. Sind Kannen von *Nepenthes hemsleyana* rar, müssen die Wollfledermäuse auf Ersatz, wie etwa abgestorbene, aber dank ihrer Festigkeit noch stehende von *Nepenthes bicalcarata* ausweichen. In lebende können sie nicht »einziehen«, da diese häufig mehr oder weniger randvoll mit Verdauungsflüssigkeit sind. Den abgestorbenen nützen die Fledermausausscheidungen nicht mehr. Sie schützen zudem nicht so gut gegen zu große Tageshitze und erzeugen auch nicht die für die Fledermäuse nötige Luftfeuchte, die sie bei den hohen Lufttemperaturen von um die 30 Grad Celsius unbedingt brauchen, um nicht zu vertrocknen. Daher kommen sie nur als Ausweichquartiere infrage.

Wie sehr es auf die Ausscheidungen der Fledermäuse ankommt, geht aus einer weiteren, höchst bemerkenswerten Anpassung von Kannenpflanzen an Säugetiere hervor. Die Beteiligten sind Spitzhörnchen der Gattung *Tupaia* und die Kannenpflanze *Nepenthes lowii*. Diese sondert an der nach unten gekrümmten Seite des Kannendeckels eine für die Tupaias attraktive Substanz ab, die diese begierig aufnehmen. Doch davon bekommen sie Durchfall. Und zwar so rasch, dass die Ausscheidungen häufig gleich direkt in die Kanne geraten und diese »düngen«. Denn die Spitzhörnchen sitzen am Kannenrand. Je nachdem, wie sie gerade den Deckel bearbeiten, ragt ihr Hinterteil nach innen oder nach außen. Da sie ihren buschigen Schwanz nicht nass machen wollen, mit dem sie über die Spreizung der Haare ihren Erregungszustand kundtun, landet die Entleerung häufig ganz von selbst in der Kanne.

Winzigen Termiten, die in ähnlicher Weise (in Bildmitte dargestellt) von Ausscheidungen am Kannenrand angelockt werden, wird die Verlockung jedoch zum Verhängnis. Sie fallen in die Kanne und werden verdaut.

An den Kannenpflanzen werden also die einander widerstrebenden »Interessen« von Tieren und der fleischfressenden Pflanze in vielfältiger Weise sichtbar. In der Bilanz kommen unterschiedlichste Verhältnisse zustande. Sie reichen von direktem »Mit-Essen« am Fang der Kannen, also vom Nahrungsparasitismus, über teilweises Mitprofitieren der Pflanze bei weit überwiegendem Vorteil der beweglichen Tiere bis hin zu jener für unsere Augen so seltsamen Form des Zusammenlebens mit den Fledermäusen und den Spitzhörnchen, bei denen es um deren Exkremente geht. Symbiosen sind nicht leicht zustande zu bringen; sie entstehen nicht einfach, weil ihr Ergebnis den Partnern nützt. Dass es so sein kann, stellt sich erst hinterher heraus, nach Jahrtausenden oder Jahrmillionen Evolution von Strukturen (Formen), Stoffen (Chemie) und Verhalten. Evolution ist kein »Um zu«-Prozess. Von den evolutionären Entwicklungen werden keine Ziele angepeilt. Alle Veränderungen müssen sich unablässig und ausnahmslos im Hier und Jetzt bewähren, nicht erst irgendwann in der Zukunft. Dieses Grundprinzip der Evolution kommt in der Unvollkommenheit zum Ausdruck, mit der viele Symbiosen funktionieren. Nur wenn sie so perfektioniert sind wie die ganz alten aus der Frühzeit des Lebens, verlaufen sie so harmonisch, dass es sogar der modernen Forschung schwerfällt, sie als Verbindung ganz unterschiedlicher Lebensformen zu erkennen. Wie zum Beispiel die grünen Farbkörperchen der Pflanzen als symbiotische Blaugrüne Bakterien oder die Flechten als Doppel- und Dreifachwesen, ein Ergebnis des Zusammenschlusses von Pilzen, Algen und Hefen.

Amorphophallus titanum
Vegetative Phase

21. Titanenwurz – die größte Blüte braucht Käfer und heizt für sie ein

21.

Titanenwurz – die größte Blüte braucht Käfer und heizt für sie ein

Titanenwurz wird sie genannt, jedoch nicht wegen ihrer Wurzelgröße, wie der Name es andeutet, sondern wegen ihrer Blüte. Diese ist mit bis über drei Meter Höhe, die im Rekordfall erreicht werden, wahrlich titanenhaft. Voll entfaltet formt sie einen dunkel purpurbraunroten Kelch mit nach außen gewölbtem Rand. Aus diesem ragt meterhoch der eigentliche Blütenstand heraus. Der wissenschaftliche Gattungsname *Amorphophallus* bezieht sich auf diesen Blütenbau. Er bedeutet etwa »gestaltloser Phallus«; eine nicht gerade glücklich gewählte Bezeichnung. Die Gattung enthält über zweihundert verschiedene Arten mit sehr unterschiedlich geformten Blütenständen. Keine kommt jedoch an Größe der Titanenwurz gleich. Sie erhielt daher den sehr treffenden Artnamen *titanum*. Wer nach Rekorden in der Natur sucht, wird an dieser Pflanze mehrfach fündig.

Amorphophallus titanum gehört zu den Aronstabgewächsen. Die Titanenwurz ist also eine Art Riesenausgabe unseres Gefleckten Aronstabs *Arum maculatum*. Dieser blüht im Frühjahr, Ende April bis Mitte Mai, in Auenwäldern und anderen feuchten Wäldern. Wo er vorkommt, ist er nicht leicht zu entdecken, weil das Hüllblatt weißlich-grün ist. Es umschließt tütenförmig eine dunkelviolette, schlanke Keule, die aus dem eigentlichen, weiter unten sitzenden Blütenstand hochragt. Daher fällt (uns) die Blüte im grünenden Frühlingswald nicht auf. Der Kolben erzeugt aber einen aasartigen Geruch. Dieser lockt kleine Insekten, insbesondere Schmetterlingsmücken, an. Beim Versuch zu landen rutschen sie in den blasenartig ausgeweiteten unteren Teil der Blüte. Ein Kranz reusenförmig abstehender, borstenartiger Auswüchse (»Haare«) hält sie vom Herauskommen ab. Und zwar so lange, bis sie mit Pollen vom männlichen Teil des Blütenstandes eingestäubt sind. Die Reuse wird von sterilen Blüten gebildet. Sie besteht also nicht aus echten Haaren, wie sie viele Pflanzen an Stängeln und Blättern ausbilden. Sind die männlichen Blüten gereift und haben sie ihren Pollen freigegeben, wird das Schrumpfen der

Reuse ausgelöst. Die kleinen Insekten können entkommen. Doch sie lassen sich gleich durch den Geruch der nächsten Aronstabblüten wieder locken. In diese geraten, übertragen sie den Pollen auf die bereits aufnahmefähigen weiblichen Narben. Die weiblichen Blüten werden nämlich vor den männlichen reif. Monate später, das Hüllblatt, botanisch Spatha genannt, ist längst verschrumpelt, reifen im Hochsommer glänzend rote Beeren als Früchte des Aronstabs heran. So verlockend sie auch aussehen, für uns Menschen wären sie giftig. Vögel müssen nun kommen, sie verzehren und mit dem Kot irgendwo im Auenwald die Samen freisetzen. Dieser kurze Überblick zur Blütenbiologie unseres Aronstabs ist hilfreich, um die Titanenwurz zu verstehen, weil vieles bei ihr sehr ähnlich abläuft.

Sie kommt im tropischen Regenwald der indonesischen Insel Sumatra vor. Die feuchten Tropen sind die Heimat der Aronstabgewächse. Nur wenige haben es fertiggebracht, außerhalb der Tropen Lebensmöglichkeiten zu finden. Bei uns in Mitteleuropa kommt nur die eine Art vor, der Gefleckte Aronstab. Im Bereich des Mittelmeeres gibt es jedoch bereits mehr als zwei Dutzend, je nach geografischer Abgrenzung. Bei einer Art, der Schlangen- oder Drachenwurz *Dracunculus vulgaris*, erreicht die Blüte die stattliche Länge von über einem halben Meter. Der lange, spitze »Kolben« züngelt aus der satt purpurbraunen Hülle und hat dadurch zur Bezeichnung Schlangenwurz geführt. Bei allen Aronstabarten gilt dasselbe Prinzip: Die Blüten wirken als Kesselfallen. Aasartiger Geruch lockt Insekten an, die im Anschluss an eine kurzzeitige Gefangenschaft die Pollenübertragung bewirken. Bezeichnend ist auch, dass sie zumeist außerhalb normaler Zeiten und dann aber in besonderer Weise blühen. So öffnen sich die »züngelnden Mäuler« der Schlangenwurz bereits im zeitigen Frühjahr, wenn die übrige Vegetation noch kaum entwickelt ist. Das hält die Anflugwege für die angelockten Insekten frei. Zur Ausbildung von Blüten kommt es nur, wenn die unterirdischen Knollen dieser Gewächse genügend Reservestoffe angesammelt haben. Denn in die Blütenentwicklung geht viel mehr Material ein als in Blätter. Über Jahre hinweg müssen Reservestoffe angehäuft werden. Manche Blüten von Aronstabgewächsen erscheinen dann ganz ohne gleichzeitiges Vorhandensein von Blättern. Bei der Titanenwurz

> **In diesem Zustand ist die erblühte Titanenwurz in geschlossenen Gewächshäusern problematisch, weil sie einen außerordentlich penetranten Gestank verbreitet.**

liegen die Verhältnisse besonders extrem. Jahr um Jahr oder in größeren Zeitabständen von zwölf bis zwanzig Monaten entwickelt sie ein »Blatt«, das wie ein kleiner Baum heranwächst, der nach geraumer Zeit abstirbt; seine Inhaltsstoffe werden dann wieder weitgehend in die unterirdische Knolle eingezogen. Diese wächst und wächst und erreicht mit den Jahren ein gewaltiges Gewicht von bis über 100 Kilogramm. Solange sie weniger als 20 Kilogramm wiegt, wird die Titanenwurz keine Blüte bilden. Ist die Knolle schließlich groß genug, bildet sie kein Blatt, sondern etwas, das wie ein dicklicher, stumpfspitziger Baumstamm ohne jegliche Verzweigung aussieht. Er wird mit dem Hochwachsen bauchiger. Die untere Außenhülle wird grün, der obere, sich bald nach außen wölbende Teil aber dunkelviolett wie der Kolben, der schließlich aus dem nun weit offenen, glockenförmigen Becher emporwächst und 2 bis 3 Meter Länge erreicht. In diesem Zustand wird die erblühte Titanenwurz nun in geschlossenen Gewächshäusern problematisch, weil sie einen außerordentlich penetranten Gestank verbreitet.

Dieser lockt im Regenwald von Sumatra keine zarten Mücken oder Fliegen an, sondern massige Aaskäfer (aus der Familie der Silphidae); in Botanischen Gärten außertropischer Regionen stinkt sie allerdings vergebens. Die Käfer fliegen herbei und knallen regelrecht, nicht selten aneinanderstoßend, in den Trichter hinein. Dieser fängt sie auf wie ein großes Sammelgefäß. Das Gewimmel, das dabei zustande kommt, bewirkt beides, die Einpuderung der Käfer mit Pollen und deren Übertragung auf die Narben der weiblichen Blüten.

Außer einem warmen Nachtquartier und der Möglichkeit, sich mit den Artgenossen zu paaren, bringen die Blüten den Käfern nichts weiter. Wie beim Aronstab unserer Frühlingswälder entwickeln sich am unteren Teil des Kolbens männliche (obere Schicht) und weibliche (untere) Blüten voneinander getrennt. Sie reifen mit deutlichem Zeitunterschied, erst die weiblichen, dann die männlichen. Dadurch stammt wenig bis kein Pollen von den benachbarten männlichen Blüten, wenn die weiblichen besonders aufnahmefähig sind. Die Wahrscheinlichkeit einer Kreuzbefruchtung wird auf diese Weise stark gesteigert. Daher sollten, und das ist tatsächlich eine große biologische Unsicherheit, möglichst mehrere Riesenblüten der Titanenwurz in derselben Gegend gleichzeitig blühen. Denn nur so kann ein für die Kreuzbefruchtung passender Pollenaustausch zustande kommen. Die Käfer machen mit. Sie bemerken nicht, dass sie vom Aasgeruch getäuscht worden sind. Da sie keine Tierleiche im Blütentrichter finden, fliegen sie wieder los – zum nächsten Amorphophallus.

Eine weitere Besonderheit wirkt mit. Im Kolben wird auf rein chemischem Weg Wärme erzeugt. Die Temperatur der Blüte steigt nachts deutlich über die der Umgebung an, in der es dann im Regenwald von Sumatra eher feuchtkühl ist. Dieses Wärmesignal wirkt aller Wahrscheinlichkeit nach auf die Käfer. Denn von verwandten Aronstabarten aus Brasilien ist dies bekannt und gemessen worden. Auf jeden Fall verstärkt die Wärmeerzeugung aber die Reichweite des Aasgeruchs. Der aufgewärmte Kolben »verdampft« ihn gleichsam. Zwar handelt es sich nur um eine stärkere Verdunstung der schwer flüchtigen, da chemisch komplex gebauten Stoffe, aber in der Windstille des nächtlichen Tropenwaldes hilft das weiter. Wenn Tropengewitter toben und Wolkenbrüche niedergehen, vermindert die Abkühlung die Wärmeerzeugung. In dieser Situation gingen die Lockbemühungen ins Leere. Die Stinkstoffe bestehen aus chemischen Verbindungen, die Schwefel enthalten, wie Dimethyldisulfid, Dimethyltrisulfid sowie Putrescin und Cadaverin. Würden wir sie als angenehme Duftstoffe empfinden und Parfümmischungen zusetzen, gälten sie als »schwer«. In der Tat verbreitet sich auch echter Kadavergestank, der aus solchen und chemisch ähnlichen Verbindungen zusammengesetzt ist, nur schwer, wenn Windstille herrscht. Im natürlichen Regenwald der Tropen weht so selten und so schwach Wind, dass Gerüche oft nur im Nahbereich wirken. Aber es gibt Spezialisten, die gegen

geringste Konzentrationen bestimmter Duftstoffe anfliegen und diese über kilometerweite Distanzen gezielt ausfindig machen können. Fliegen wie die Schmeißfliegen gehören dazu. Und Aaskäfer. Zur Titanenwurz passen sie besser als Fliegen, weil Letztere nachts ruhen, die Käfer aber gerade nachts nach Leichen kleiner Tiere suchen.

Aus Gewächshauszuchten weiß man, dass die Titanenwurz sehr unregelmäßig und erst nach vielen Jahren blüht. Inwieweit diese für den natürlichen Lebensraum untypischen Verhältnisse die Zeitspannen verändern, ist nicht bekannt. Dennoch kann als sicher gelten, dass auch in der Natur Jahre vergehen, bis die Knolle genug Masse hat, um eine Blüte erzeugen zu können. Die Böden, auf denen die Titanenwurz wächst, sind arm an Nährstoffen. Möglicherweise blüht sie daher in Botanischen Gärten sogar häufiger als im Regenwald von Sumatra. Auf welche Weise die einzeln und weit verteilt vorkommenden Titanenwurzpflanzen zum richtigen Zeitpunkt zum Blühen kommen, ist anscheinend noch nicht geklärt. Regenfälle, wie bei der Yucca in der Halbwüste des nordamerikanischen Südwestens (Bildtafel und Kapitel 18), können es nicht sein.

Möglicherweise ist das Erblühen auch gar nicht synchronisiert. Die Käfer sind dabei dankbare Partner, weil sie groß, kräftig und langlebig genug sind und weite Distanzen zu fliegen vermögen, um blühende Exemplare ausfindig zu machen. Titanenwurzblüten halten länger, wenn sie nicht gleich bestäubt und befruchtet werden. Darin ähneln sie den Orchideen, die grundsätzlich der gleichen Problematik gegenüberstehen. Hier und dort erblüht eine. Sie kann gleichzeitig blühende Exemplare ihrer Art in der Nähe haben oder auch nicht. Besucher ihrer Blüten sollten lange genug leben und weit genug umherfliegen können, damit die Übertragung der Pollensäckchen hinreichend sichergestellt ist. Da dies bei uns nicht geschieht, bleiben die meisten Orchideenblüten, vor allem die großen, außerordentlich lange »frisch«.

Die Titanenwurz verblüht tatsächlich sehr schnell, wenn Befruchtungen zustande gekommen sind. Ihr Aasgeruch schwindet, das Hüllblatt, das den Trichter formt, verwelkt und der für manche geradezu obszön wirkende Kolben erschlafft. Doch noch schneller geht es offenbar mit ihr zu Ende, wenn keine Käfer kommen und die Befruchtung ermöglichen. Dann gibt die Blüte schon nach drei Tagen auf. Offenbar ist der Vorrat an Stärke aufgebraucht, die chemisch für die Wärmeerzeugung »verbrannt« wird. Ein anderer, höchst bedeutsamer Hintergrund ist jedoch auch gegeben. Kommt nämlich in der Natur keine Befruchtung in den ersten Nächten nach dem Aufblühen zustande, bedeutet dies, dass keine weiteren Blüten der Titanenwurz nahe genug vorhanden sind. Käfer können durchaus in passender Art und Menge angeflogen sein. Bringen sie jedoch keinen Pollen einer anderen Titanenwurz mit, kommt keine erfolgreiche Bestäubung zustande. Dann war der Zeitpunkt fürs Blühen falsch gewählt. Ganz vergebens war der Versuch dennoch nicht, denn die für das Fruchten nicht benötigten Reservestoffe können wieder in die Knolle eingezogen werden – für einen nächsten Versuch.

Nach erfolgreichen Befruchtungen setzt mit dem Verblühen die Entwicklung der großen Früchte ein. Sie bilden sich in dichter Schicht auf dem untersten Teil des Kolbens. Als orangefarbene Beeren reifen sie im Verlauf von acht Monaten allmählich heran. Danach endet das Leben dieser Titanenwurz. Die Knolle hat alles gegeben. Aus den Beeren sollten irgendwo neue Titanen entstehen. Dazu müssen diese aber von Tieren verbreitet werden. Je weiter verteilt, desto besser. Die größte Blüte der Erde ist daher in doppelter Weise auf Helfer, auf Symbiose angewiesen. Bei der Bestäubung der Blüten vornehmlich auf Aaskäfer und bei der Verbreitung der reif gewordenen Beeren auf größere Vögel, wahrscheinlich auch auf kleinere Säugetiere, die am Waldboden nach Beeren und Früchten suchen. Noch sind nicht alle Details bekannt. Doch auch so ist das Leben der Titanenwurz staunenswert genug.

Banksia attenuata

22. Banksia – alles fremd und seltsam

22.

Banksia – alles fremd und seltsam

Australiens Natur ist anders. So verschieden ist sie vom Leben auf den übrigen Kontinenten, dass es den Europäern schwerfiel, den Pflanzen und Tieren, die sie auf dem Inselkontinent im Südmeer vorfanden, passende Namen zu geben. Bei den Säugetieren behalfen sie sich mit dem Zusatz »Beutel-«, wenn sie nur gewisse Ähnlichkeiten mit Tierformen erkannten, die ihnen aus Europa vertraut waren. Das ging, weil alle ursprünglich australischen Säugetiere zu den Beuteltieren gehören, von Fledermäusen, Flughunden und den Eier legenden Säugetieren abgesehen. Oder sie nutzten Bezeichnungen, die sie von den Ureinwohnern genannt bekamen, wie Känguru oder Koala. Viele Pflanzen und Tiere bekamen wissenschaftliche Namen, die in die Alltagssprache übernommen wurden, weil nichts anderes zur Verfügung stand. So geschah es mit Pflanzen, von denen eine blühende Vertreterin im Zentrum der Bildtafel steht, *Banksia attenuata*, die Gelbe Banksia. Sie ist eine der etwa neunzig *Banksia*-Arten, die zu Ehren des Botanikers Joseph Banks benannt und in die Umgangssprache aufgenommen wurden. Es gibt sie nur in Australien und dem nahe benachbarten Tasmanien.

Besucht wird der abgebildete Blütenstand von einer Gelbfuß-Beutelmaus *Antechinus flavipes*, die daran herumturnt und sich gütlich tut, wie es in altertümlich verniedlichender Ausdrucksweise heißt, und von einem Vogel, dem Weißaugen-Honigfresser *Phylidonyris novaehollandiae*. In seinem Artnamen ist noch die alte Bezeichnung »Neuholland« für Australien enthalten. Die rund 180 Arten der Familie der Honigfresser (Meliphagidae) gibt es nur in Australien, Neuguinea und den angrenzenden Inseln im Südwestpazifik. Sie stellen eine australische Parallelentwicklung zu den Nektarvögeln Afrikas, Süd- und Südostasiens dar. Die »Maus« ist, wie es der deutsche Name besagen würde, keine Maus, sondern ein mausartiges Beuteltier und entwicklungsgeschichtlich von den echten Mäusen viel weiter entfernt als der Mensch von der Hausmaus. Die Banksien gehören zu den Silberblattgewächsen, deren bekannteste die Proteen sind (Gattung *Protea* mit sehr schönen großen Blüten). Diese Australier haben im südlichsten Afrika noch Angehörige, die dort aus jener fernen Erdzeit überlebten, in der das südliche Afrika mit Australien und einem Teil der Antarktis verbunden war. Die Banksien sind also erdgeschichtlich sehr alte Pflanzen. Ihr Blütenbau ist einfach, wirkt aber recht seltsam, weil die Blütenstände so bürstenartig geformt sind. Mit gelben oder roten Farben locken sie Insekten, die vornehmlich auf Gelb fliegen, und Vögel, die das Rot sehen. Die Beutelmaus zieht der Duft an. Damit ist das Ensemble charakterisiert.

Die an der Banksia interessierten Tiere entsprechen den Blütenbesuchern, wie sie auf allen Kontinenten vorkommen. Die australischen Arten sind aus unserer eurozentrischen Sicht Stellvertreter für uns vertraute Arten. Wissenschaftlich ausgedrückt handelt es sich um Konvergenz, und zwar um Musterbeispiele für die Entwicklung von Ähnlichkeiten nicht näher miteinander verwandter Arten bei ähnlicher Lebensweise. Was die Banksie mit ihrem Blütenstand bietet, würde in Afrika von Nektarvögeln, in Südamerika von Kolibris, auf Neuguinea und den Philippinen von Blütenpickern und in Indien von Brillenvögeln und einigen anderen Kleinvögeln genutzt werden. Die äußere Ähnlichkeit ist besonders groß zwischen den afrikanischen Nektarvögeln und den australischen Honigfressern. Die kleine Beutelmaus in der Gelben Banksie zeigt das Phänomen der verwandtschaftslosen Ähnlichkeit besonders gut, weil es für uns so naheliegt, sie für echte Mäuse zu halten. So haben wir uns lange von ihr täuschen lassen, bis ihre ganz andere Art der Fortpflanzung bemerkt wurde. Mit Jungen im Beutel.

Ähnlichkeiten zu unserer Fauna gibt es natürlich auch bei den Schmetterlingen. Der abgebildete *Delias harpalyce* sieht sich wie Tagfalter bei uns an den Blüten um, ob sie erreichbaren Nektar bieten. Seine Raupen müssen nicht an diesen Banksien fressen können. Tatsächlich leben sie an Mistelgewächsen, von denen es in Australien viele Arten gibt, die zudem noch viel verbreiteter sind als die Misteln bei uns.

Die Verbreitungskarte links oben soll darauf hinweisen, dass sich die Artenvielfalt Australiens vornehmlich um den Rand des Inselkontinents verteilt. Nur dort, nicht aber im trockenen Innern, im zwar nicht wirklich zutreffend

»Totes Herz« genannten Zentrum des Kontinents, fallen hinreichend ausgiebige Niederschläge. Doch von wenigen Bereichen abgesehen sind die Regenfälle sehr unregelmäßig über die Monate und Jahre verteilt. Es kann jahrzehntelange Dürren geben oder auch kurzfristig Überschwemmungen, bei denen sich im Landesinnern riesige Flachseen bilden. Nirgendwo sonst auf den Kontinenten ist die Natur großflächig so unberechenbar wie in Australien. Doch ob es uns gefällt oder nicht: Mangel und extreme natürliche Schwankungen der Witterung fördern die Artenvielfalt. Australien hat rund doppelt so viele Vogelarten wie Europa. Und dies trotz seiner so einheitlichen Struktur als Kontinent, während Europa insbesondere im klimatisch Australien annähernd vergleichbaren Süden stark zerklüftet ist. Normalerweise fördert strukturelle Vielfalt den Artenreichtum. Dennoch ist dieser in Australien viel größer als in Europa; auch an Kriechtieren, Schmetterlingen und anderen Insekten.

Diese Hinweise sollen bekräftigen, dass Konvergenz zu den Lebensformen der Alten Welt und hohe Artenvielfalt Australiens lebendige Natur kennzeichnen. Dieser Einstufung zufolge sollte es zahlreiche und markante Symbiosen auf dem Antipodenkontinent geben. Blüten und Blütenbesucher stehen für so eine unverzichtbare Wechselseitigkeit; die Gelbe Banksie mit der Beutelmaus und dem Honigfresser bieten ein typisches Beispiel. Doch es würde nichts weiter als eine Wiederholung sein, weil es überall, wo es blüht, Beziehungen der Blüten mit Insekten oder Vögeln gibt. Als Fall wäre es verzichtbar, wenn sich damit nicht etwas anderes, sogar ganz Besonderes verbinden würde. Die züngelnden Flammen deuten das an. Die Banksie ist ein sogenannter Pyrophyt. Mit diesem Fachausdruck werden Pflanzen bezeichnet, deren Wachstum, speziell deren Vermehrung, von natürlicherweise auftretendem Feuer abhängt. Während der langen Trockenheit sammelt sich in weiten Regionen Australiens pflanzlicher Abfall am Boden an. Weil Wasser fehlt, können Blätter, dürr gewordene Äste oder andere Pflanzenteile nicht abgebaut und zu Humus umgewandelt werden. Die Bodenpilze, Bakterien

Blüten und Blütenbesucher stehen für eine unverzichtbare Wechselseitigkeit; die Gelbe Banksie mit der Beutelmaus und dem Honigfresser bieten ein typisches Beispiel.

und Bodenkleintiere brauchen Wasser, sonst können sie nicht aktiv werden. So häuft sich brennbares Material an. Viel verbleibt direkt an den Büschen und Stauden, weil das dürr Gewordene nur selten durch starke Winde oder Gewitterstürme abgerissen wird. Irgendwann zündet ein Blitz und löst ein Buschfeuer aus. Dieses läuft über die ausgedörrte Landschaft, solange es Brennbares vorfindet. Die darin noch enthaltenen Stoffe werden zu Asche (also mineralisiert) und für neues Wachstum im oberflächlich bereits mehr oder minder stark ausgelaugten Boden verfügbar.

Asche ist Düngung, natürliche Düngung, die von der vorausgegangenen Zerstörung stammt. Nur Pflanzen mit dicker Borke oder solche, deren dürre Blätter lebende Teile, wie die ruhenden Knospen, schützen, sind hitzebeständig genug und können in Gebieten mit häufigen Buschfeuern bestehen. Pflanzen, die trotz Feuerbeständigkeit keine längere Dürre aushalten, überleben auch nicht. Das Ergebnis der Selektion von Feuer und Dürre ist eine spezielle Vegetation. Banksien gehören dazu. Deshalb ihre Einstufung als »Feuerpflanzen«, als Pyrophyten. Zwar überleben viele Banksien das Feuer nicht, zumal wenn es ein »heißes« oder ein zu lange dauerndes Feuer war. Aber Buschfeuer sind die Chance für ihre Samen. Hitzefest verpackt stecken sie in Hüllen, die erst nach Ende eines Buschbrandes aufspringen und sie freigeben. Setzt dann auch noch Regen ein – wie nicht selten nach Bränden, die vom Blitz ausgelöst waren, weil Regenwolken das Gewitter verursachten – können sie keimen und praktisch konkurrenzfrei auf von Asche gut gedüngtem Boden aufwachsen. Es wird danach lange, oft viele Jahre dauern, bis erneut Blitze zünden. Auf diese Weise bilden sich nicht selten weithin gleichartige Bestände feuertoleranter Gewächse. An die übliche Symbiose der Blüten mit ihren bestäubenden Besuchern schließt sich bei der Banksia also das Feuer als Naturereignis an. Die Samen können lange in ihrer Hülle warten, aber nicht unbegrenzt. Sie brauchen Feuer für ihre Freisetzung.

Ziemlich sicher haben die Menschen das natürliche Feuerregime in Australien sehr stark verändert, seit vor gut vierzigtausend Jahren die Vorfahren der Aborigines von Südostasien her den Inselkontinent erreichten. Was ihrem Eindringen folgte, war eine Welle des Aussterbens unter den vordem vorhandenen Großtieren. In Australien hatte es sogar löwenähnliche Raubtiere, Beutellöwen, gegeben. Die Aborigines jagten alle Tiere, deren Fleisch sie als Nahrung verwerten konnten. Manche größere Arten rotteten sie dabei direkt aus. Andere aber, die Mehrzahl der Ausgestorbenen vielleicht, fielen den veränderten Lebensbedingungen zum Opfer. Denn die Aborigines legten Feuer, auf das kein Regen folgte. Buschbrände gehörten zu ihrer Überlebensstrategie. Zahlreiche Befunde deuten darauf hin, dass Australien dadurch viel trockener gemacht wurde, als es von Natur aus sein müsste. Die feuertoleranten Pflanzen und die mit ihnen verbundenen Tiere wurden davon gefördert. Darunter wahrscheinlich auch die Banksien. Möglicherweise wirkte also der Mensch auf deren Symbiosen und festigte sie. Sicher ist, dass Australiens Natur anders war, bevor die Aborigines auf den Kontinent der Beuteltiere gelangten. Nach über vierzigtausend Jahren starker Einwirkung der Urbevölkerung kam vor etwas mehr als zweihundert Jahren der noch viel größere Umschwung. Australien wurde europäisiert. Es ist zu einem Neoeuropa gemacht worden, wie es der Historiker Alfred W. Crosby höchst treffend ausgedrückt hat. Ursprünglich australische Natur gibt es nur noch rudimentär in klimatisch besonders extremen Gebieten. Schafe und Weizen und viele andere europäische Tier- und Pflanzenarten charakterisieren seither die »Süd-Erde«, die Terra Australis der frühneuzeitlichen Seefahrer. Von einer halbwegs zukunftsträchtigen Symbiose mit der australischen Natur sind die eingedrungenen und eingeschleppten Europäer weit entfernt. Dieses Verdikt gilt für die Pflanzen wie für die Tiere und die Menschen.

Wüstenspringmaus · Jaculus jaculus
Dornschwanzagame · Uromastyx aegyptica

23. Echse und Skorpion – ein seltsames Duo

23.

Echse und Skorpion – ein seltsames Duo

Wehrhafte, schnelle Echse und großer giftiger Skorpion bilden eine Wohngemeinschaft. Wirklichkeit oder Wunschdenken? Leben die beiden so ungleichen Tiere tatsächlich wie Partner zusammen in denselben Verstecken oder handelt es sich lediglich um mehr oder weniger zufälliges Treffen mit wechselseitigem Tolerieren? Offenbar ist das Verhältnis beider noch nicht so recht geklärt. Folgendes soll sich abspielen.

Die Dornschwanzagame *Uromastyx aegyptica* und der Kaiserskorpion *Pandinus imperator* werden in der nordafrikanischen Wüste mitunter in derselben Höhle angetroffen. Sie nutzen sie als Unterschlupf, der vor der Tageshitze und vor der Nachtkälte schützt. Wie kommen sie dabei miteinander zurecht? Das ist die Frage. Und die zweite, die sich anschließt, lautet: Handelt es sich um eine Symbiose? Die Dornschwanzagamen kommen in mehreren Arten über ganz Nordafrika und die Arabische Halbinsel bis ins westliche Indien verbreitet vor. Sie fallen bei näherer Betrachtung durch ihren stacheligen Schwanz und ihre eher plumpe Gestalt auf. Alle Arten bewohnen Halbwüsten und Wüsten; in Afrika bis ins Sahel am Südrand der Sahara. Mit Längen bis 50, beim Ägyptischen Dornschwanz sogar bis an die 75 Zentimeter gehören sie zu den größeren, durchaus eindrucksvollen Echsen, zumal große Exemplare ein Gewicht bis 1,5 Kilogramm erreichen. Doch so eindrucksvoll und gefährlich sie auch für Mensch und Tier aussehen, sie sind harmlose Pflanzenfresser und am Tag aktiv, wenn es nicht allzu heiß ist. Nachts ziehen sie sich in einen geschützten Unterschlupf, zumeist in eine Höhle, zurück. Die Kühle der Nacht macht sie träge. Sinkt die Temperatur in der Wüste zu stark ab, was ziemlich oft geschieht, würde sie die Kälte ganz bewegungsunfähig machen. Ihr massiger, kompakt gebauter Körper hielte die vom Tag noch gespeicherte Wärme in der Strahlungskälte der nächtlichen Wüste lediglich für kurze Zeit. Im Schutz der Höhle geht es besser, da diese die großen Schwankungen der Temperatur zwischen Tag und Nacht dämpft. Als reine Pflanzenfresser hätten die Dornschwanzagamen mit nächtlicher Aktivität auch nichts zu gewinnen. Für sie sind die Stunden des Übergangs am Morgen zur Mittagshitze und zur Nachtkälte am Abend die günstigsten Zeiten zur Nahrungssuche. Pflanzen und deren Samen laufen nicht davon. Die Agamen müssen daher nicht auf höchste Betriebstemperatur aufgewärmt sein, um aktiv werden zu können. Ihre sichtlich gute Panzerung schützt zudem vor Angriffen; nicht vor allen, aber vor vielen.

Der Kaiserskorpion *Pandinus imperator* gehört zu den größten Skorpionen. Mit seinen bis über 20 Zentimetern Körperlänge sieht er so eindrucksvoll aus, dass ihm bei der wissenschaftlichen Beschreibung die Ehre zuteil geworden war, *imperator*, Kaiser, genannt zu werden. Größe imponierte bei der Benennung offenbar mehr als eine Besonderheit, die ihn in Kreisen von Terrarianern besonders attraktiv macht, nämlich sehr »friedfertig« oder »handsam« zu sein. Kaiserskorpione tolerieren Artgenossen, halten häufig in lockeren Gruppen zusammen und greifen einander normalerweise nicht an, außer es herrscht akuter Mangel an Nahrung. Dann kann es zu Kämpfen und zum Auffressen der unterlegenen Gegner kommen. Nach Skorpionart ist »der Kaiser« nachtaktiv und Jäger von Kleingetier, das er mit den Scheren fassen und töten kann. Vor größeren Tieren weicht er zurück und riskiert selten einen Angriff; vielleicht weil er bei seiner Größe von nachts aktiven Säugetieren leicht erkannt und mit Schlägen getroffen werden kann. Sein Körper reflektiert UV-Licht, sodass er, wie viele andere Skorpione auch, im Mondlicht weiß erscheint und sich gegen den Untergrund deutlich abhebt. Kaiserskorpione laufen schnell, jedoch nur über kurze Strecken. Es mangelt ihnen an Ausdauer.

Eine weitere Besonderheit bildet die Art ihrer Fortpflanzung. Die befruchteten Eier entwickeln sich bereits im Körper der Mutter, die Jungen werden geboren, wenn es an der Zeit ist. Für dieses Lebendgebären brauchen die Skorpionsweibchen einen geschützten Zufluchtsort mit hinreichend hoher Feuchtigkeit, denn die Neugeborenen sind noch sehr weich. Ihre Entwicklung im Mutterleib braucht erstaunlich lange, rund ein Jahr, bei kühler Witterung mitunter ein paar Monate länger. Geboren werden zehn bis zwanzig, manchmal auch mehr Junge. Doch es soll vorkommen, dass von einem sehr großen Weibchen bis zu fünfzig Junge im Verlauf von mehreren Tagen geboren werden.

Die Kinder versorgt die Skorpionsmutter und trägt sie an die drei Wochen vorwiegend auf ihrem Rücken bei ihrer nächtlichen Nahrungssuche mit umher. Den ersten Lebensmonat lang zehren sie von den Vorräten, die sie aus dem Ei mitbekommen haben. Erst danach benötigen sie frische Nahrung. Diese schafft die Mutter heran, bis die sie zwischendurch verlassenden und zunehmend weiter umherschweifenden Jungen in der Lage sind, selbst Beute zu machen. Dabei halten sie Kontakt mit der Mutter und untereinander. Auf diese Weise entsteht das friedliche Gruppenleben, das den Kaiserskorpion auszeichnet. Das Gift des Giftstachels wird im Wesentlichen zur Verteidigung eingesetzt. Die Beute packen die Kaiserskorpione mit ihren Scheren. Daher ist es verständlich, dass sie gar Konfrontationen mit verhältnismäßig kleinen Mäusen ausweichen. Und in der Terrarienhaltung als friedlich gelten.

Die Dornschwanzagame ist am Tag, der Kaiserskorpion in der Nacht aktiv. Also gehen sie sich aus dem Weg und müssten sich nicht treffen. Das gilt zwar im Durchschnitt sicher für einen Großteil der 24 Stunden eines Tages, aber eben nicht für alle. Der Dornschwanz kehrt heim, wenn sich der Skorpion abends zum Ausgang vorbereitet, und wird wieder munter, wenn dieser von seinen nächtlichen Ausflügen zurückkehrt. Kann man sich wechselseitig arrangieren bei derart abwechselndem, teilweise sich jedoch überschneidendem Aktivitätsrhythmus? Und warum sollten Echse und Skorpion das tun?

Als Begründung wird vorgebracht, dass sich am Skorpion nachts Feuchte niederschlägt und dieser Tau von der Echse abgeleckt wird. Damit ergänzt sie ihren Wasserbedarf unter den äußerst wasserarmen Wüstenbedingungen. Dazu müssen jedoch beide miteinander vertraut genug sein. Ein giftiger Skorpion, dessen Giftmenge, die beim Zustoßen vom Stachel abgegeben wird, glatt zwei Meerschweinchen töten kann, wird sich nicht einfach belecken lassen. Außer er ist schon so träge, weil die Nacht sehr kalt geworden ist. Die Skorpione unterliegen wie die Echsen grundsätzlich der Auskühlung, aber sie können länger mit niedrigeren Temperaturen zurechtkommen als die wärmebedürftigen Dornschwanzagamen. Hat ein feucht gewordener Skorpion die Höhle erreicht, in der auch eine Echse lebt, kommt ihm möglicherweise eine Trocknung zugute. Sollte aber ein Wüstenfuchs, ein Fennek, beide entdeckt haben, verteidigt sich der Skorpion gegen den kleinen Fuchs mit dem Giftstachel. Der Fuchs wird dank seiner geregelt hohen Körperinnentemperatur, seiner Warmblütigkeit, nicht von der Kälte der Wüstennacht beeinträchtigt. Er muss allerdings entsprechend mit energetisch ergiebiger Nahrung »nachheizen«. Sogar große Wüstenspringmäuse könnten dem unterkühlten Skorpion gefährlich werden. Eine tiefe Höhle, in die er sich zurückziehen kann, zumal wenn diese auch noch von einer massigen Echse bewohnt wird, hält die schnellen, an Insektennahrung interessierten, wie Kängurus hüpfenden Mäuse ab, dem Skorpion in den Unterschlupf zu folgen. Kann diese Erklärung überzeugen?

Einschränkend muss gesagt werden, dass die Verbreitungsgebiete von Dornschwanzagame und Kaiserskorpion lediglich in verhältnismäßig geringem Umfang zusammenpassen. *Pandinus imperator* lebt vornehmlich in den randtropischen Wäldern von Mauretanien bis ins nördliche Kongogebiet mit hoher Luftfeuchte (um die 80 Prozent) sowie Temperaturen am Abend und in den frühen Nachtstunden um die 20 Grad Celsius. Daher gibt es nur wenige Regionen, in denen die an das Leben in Wüsten und Halbwüsten angepassten Dornschwanzagamen Höhlen bewohnen, in die sich auch Kaiserskorpione zurückziehen könnten. Deshalb ist es nach gegenwärtigem Stand des Wissens eher wahrscheinlich, dass es sich um mehr oder weniger zufällige Vergesellschaftung handelt. Deren Zustandekommen begünstigen Eigenschaften der Beteiligten, die in wesentlichen Lebensäußerungen nicht miteinander in Konflikt kommen. Die Echse ernährt sich vegetarisch, der Skorpion von kleinen Tieren. Die Aktivitätszeiten liegen großenteils unterschiedlich. Der gut gepanzerte Dornschwanz ist nicht sonderlich anfällig für eventuelle Stiche des Skorpions. Diesen zeichnen Toleranz gegenüber Artgenossen und eine recht intensive Brutpflege aus. All das passt eigentlich ganz gut zusammen. Vielleicht ist die Symbiose weiter verbreitet als bislang bekannt. Mag sein, dass sie auch nur abgeleitet worden ist von zufälligem Zusammentreffen beider in entsprechend geräumigen Höhlen. Wir können den Fall als Beispiel dafür ansehen, unter welchen Umständen eine Beziehung zustande kommen kann, die zunächst gar nicht so passend erscheint, langfristig aber als wirkliche Symbiose funktioniert.

Süßwasserpolyp · Hydra viridissima

24. Die grüne Hydra – Pflanze oder doch Tier?

24.

Die grüne Hydra – Pflanze oder doch Tier?

Der griechischen Sage nach gab es in den Sümpfen von Lerna, der Landschaft Argolis im Süden Griechenlands, ein schlangenartiges Untier, dem für jeden abgeschlagenen seiner Köpfe sogleich zwei neue nachwuchsen. Herakles besiegte und vernichtete diese Lernäische Hydra in heroischem Kampf. Unsere Hydra der Bildtafel ist alles andere als ein Untier. Sie ist sehr klein, nur wenige Millimeter groß, sieht zerbrechlich aus und hübsch smaragdgrün, wenn wir sie mit starker Lupe oder besser noch unter dem Mikroskop betrachten. Auf Erschütterungen hin zieht die Hydra ihre dünnen langen Fangarme ein. Sie schrumpft auf einen länglichen Knopf zusammen, wenn die Beunruhigung zu heftig wird. Nach einiger Zeit streckt sie sich und fährt ihre Fangarme wieder aus. Damit durchstreift sie das sie umgebende Wasser. Gerät ein winziges Tierchen an so einen Tentakel, wird es erfasst und der zwischen den Fangarmen liegenden Mundöffnung zugeführt. Der Süßwasserpolyp, so die deutsche Bezeichnung, verhält sich also ähnlich wie ein Krake im Meer. Nur verläuft sein Leben in der Größendimension des Wassertropfens, während Riesenkraken angeblich sogar Bootsmannschaften verschlangen, was allerdings ziemlich sicher Seemannsgarn ist. Gleichwohl wäre ein großer Krake für Taucher ein ernst zu nehmender, wenn nicht lebensgefährlicher Gegner, dem zwar nicht wie bei der mythischen Hydra für jeden abgeschlagenen Fangarm zwei nachwachsen, der aber genug davon hat, um den Kampf mit Menschen aufzunehmen.

Um Kraken geht es hier aber nicht, sosehr die Ähnlichkeit des Kleintiers mit dem langarmigen Riesenweichtier im Meer den Vergleich nahezulegen scheint. Unsere Hydra ist winzig, und vor allem ist sie grün. Das ist ihre Spezialität. Bei der wissenschaftlichen Namensgebung hat man dieses mit der Gattungsbezeichnung *Chlorohydra* (grüne Hydra) und dem Artnamen *viridissima* (die allergrünste) sogar dreifach betont. Also muss es eine besondere Bewandtnis mit ihr haben. Worin diese besteht, ergibt sich aus ihrer

Verwandtschaft. Die Ähnlichkeit mit Kraken ist sehr oberflächlich. Diese sind Weichtiere, wie die Schnecken und Muscheln, Süßwasserpolypen aber viel einfacher gebaute Tierchen. Sie gehören zum großen, insbesondere im Meer lebenden Tierstamm der Nesseltiere (Cnidaria). Davon schafften nur wenige Formen das Eindringen ins Süßwasser, wie eben unsere Süßwasserpolypen. Diese sind in europäischen Gewässern lediglich mit fünf Arten vertreten, die alle klein und unauffällig sind. Da sich ihr Körper strecken und zusammenziehen kann, ist es schwierig, eine Größe anzugeben. Mehrere Zentimeter Länge in entspannter Normalhaltung mag passen. Hinzuzufügen ist, dass sie dabei durchscheinend hell, eventuell leicht bräunlich getönt erscheinen; alle, außer unserer »allergrünsten Grünhydra«. Ihre Farbe kommt nämlich von winzigen Grünalgen der Gattung *Chlorella*, die in ihrem nur aus zwei Zellschichten aufgebauten Körper leben. Zwischen der inneren und äußeren Zellschicht gibt es eine gallertartige Schicht, durchsetzt von einem lockeren Netzwerk aus Nervenzellen.

In der Außenhaut sitzen die Nesselkapseln. Das sind außerordentlich kompliziert gebaute Zellen mit einem pfeilartigen Gebilde und dünnen Schläuchen, die Gift enthalten. Auf einen äußeren Berührungsreiz hin explodieren diese Nesselzellen regelrecht. Ihr Gift lähmt oder tötet die Beute, zum Beispiel einen kleinen Wasserfloh oder eine Wassermilbe. In dieser Fähigkeit entsprechen sie durchaus den Nesseltieren im Meer, deren Miniaturausgaben sie sind. Allerdings bringt es ihre Kleinheit mit sich, dass sie, anders als ihre Verwandtschaft im Korallenriff oder im Ozean, für die Menschen und für Fischchen völlig ungefährlich bleiben. Wer nicht nach Süßwasserpolypen sucht, wird sie auch kaum jemals zu sehen bekommen, außer sie vermehren sich massenhaft im Aquarium dank eines überreichen Angebots an Planktontierchen. Dann sieht man sie, angeheftet über eine winzige Fußscheibe am Glas oder auf den Pflanzen. Mit etwas Geduld lässt sich beobachten, wie sie mit ihren langen Tentakeln nach Beute suchen und diese erfassen. Waren sie entsprechend erfolgreich, fangen sie an, Nachwuchs zu bilden. Das geschieht auf so pflanzenähnliche Weise, dass der Vorgang von den Wissenschaftlern »Knospung« genannt wird. Am Körper der Hydra entsteht eine winzige Beule, die sich in die Länge streckt, schließlich auch Tentakel ausbildet und dabei wie eine Kleinausgabe am Muttertier sitzt. Schließlich löst sie sich davon ab und lebt als eigenständige Hydra weiter. Diese Knospung oder Sprossung stellt eine »vegetative Vermehrung« dar. Auch darin steckt das Pflanzenhafte des Vorgangs, das gar nicht so recht zu einem Tier passen will. Hydra erhielt ihren Namen also in gewisser Weise zu Recht. Aber sie kann sich auch generativ über die Bildung von Eiern vermehren.

Die Fähigkeit, beschädigte oder durch Feindeinwirkung verlustig gegangene Körperteile wiederherstellen zu können, gehört zu den ganz ursprünglichen Eigenschaften der Lebewesen. Diese Regeneration funktionierte, bis die Organismen dafür zu kompliziert wurden. Letzte Reste dieser Fähigkeit äußern sich, wenn eine Eidechse den längeren äußeren Teil ihres Schwanzes abwirft, dieser weiterzappelt und damit die Aufmerksamkeit des Feindes, der die kleine Echse gepackt hat, auf sich lenkt. An der Bruchstelle wächst ein Ersatzschwanz nach, der aber viel kürzer bleibt und den früheren Verlust erkennen lässt. Regenerieren können wir unsere Haut nach Verletzungen, sogar in beachtlich großem, d. h. großflächigem Umfang, aber leider keine ganzen Finger, Hände oder Beine. Die Hydra kann alles an ihr regenerieren und sich durch das Auswachsenlassen eines verkleinerten Abbildes ihres Körpers auf diese ungeschlechtliche Weise auch fortpflanzen. Verständlicherweise weckte diese Fähigkeit das Interesse der Biologen und Mediziner. Gegenwärtig wird versucht, gleichsam die Hydra nachzuahmen und mit den noch zu allen Entwicklungen fähigen Stammzellen neues Gewebe oder Organe wachsen zu lassen. Die Hydra enthält Gene, die auch wir in unserem Erbgut tragen, obgleich sie uns so fern steht, dass wir sie lediglich als urtümliches Lebewesen einstufen und zum Tierreich rechnen.

Zum Tierreich? Sie bringt uns damit in begriffliche Schwierigkeiten. Knallgrün, wie sie ist, und mit Grünalgenzellen in ihrem Körper, könnte, ja sollte sie doch der Pflanzenwelt zugerechnet werden. Die Knospung von Nachkommen passt dazu. Und die Tatsache, dass die grünen Algen nicht nur grüne Tarnung im Blättergewirr der Wasserpflanzen bewirken, die wahrscheinlich sogar ganz unerheblich ist, denn die fahlbraunen Hydren ihrer Verwandtschaft fallen kaum stärker auf, sondern dass sie Fotosynthese betreiben, nähert sie den Pflanzen an. Hydra und ihre *Chlorella*-Algen leben in sehr enger Symbiose miteinander. In einer, die beiden Partnern große Vorteile bringt. Die Süßwasserpolypen erhalten die Produkte der Fotosynthese, allen voran Zucker, den sie als Energiespender für ihre Bewegungen brauchen, und die Chlorellen einen geschützten Lebensraum, der mit ihnen dorthin wandert, wo günstige Lichtverhältnisse im Wasser herrschen. Damit ist eigentlich alles Wesentliche mitgeteilt, was *Hydra* und *Chlorella* betrifft. Und wir können ganz nach Lust und Laune entscheiden, ob wir ihre Gemeinschaft der Tier- oder der Pflanzenwelt zurechnen. Der Tierwelt, stellen die Biologen klar. Denn die Algen sind lediglich Gäste. Der Polyp kann ohne sie leben, und die anderen Arten von Süßwasserpolypen tun dies auch. Deshalb wird unsere *Chlorohydra* auch in deren gemeinsamer Gattung *Hydra* geführt.

Die Hydra kann alles an ihr regenerieren und sich durch das Auswachsenlassen eines verkleinerten Abbildes ihres Körpers auf ungeschlechtliche Weise fortpflanzen.

Vielmehr sollten wir der Algensymbiose der Süßwasserpolypen entnehmen, dass sie nur im Kleinformat funktioniert, nicht aber bei Kühen oder »Grünen Männchen«. Die Kühe müssen weiterhin Gras fressen und auf komplexe Weise mithilfe von symbiotischen Mikroben in ihrem Pansen in verwertbare Nahrung umwandeln. Sie können keine Grünalgen in ihre Haut einlagern und direkt von deren Produktion leben. Ein Grundprinzip der lebendigen Natur steht dem entgegen. Die Oberfläche müsste riesengroß sein im Verhältnis zur Körpermasse der Kuh, um genug Fotosynthese betreiben zu können. Oder die Kuh winzig klein; eben auf Polypengröße geschrumpft. Dieser Seitenblick ist deshalb aufschlussreich, weil wir Menschen gegenwärtig versuchen, unseren so exorbitant angewachsenen Energiebedarf möglichst naturverträglich,

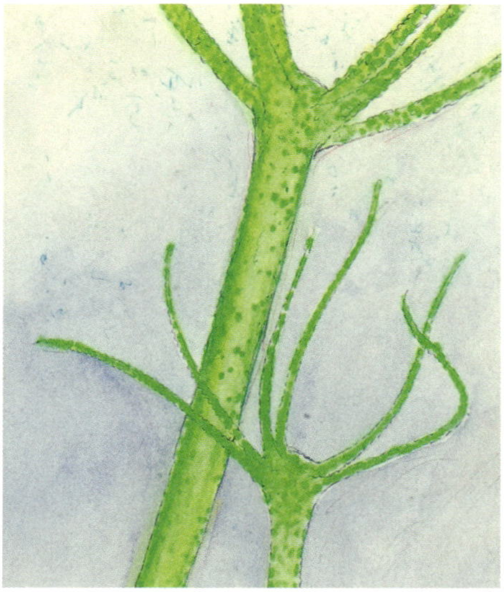

d.h. am besten ganz erneuerbar direkt aus der Natur zu decken. Wollten wir dies mit *Chlorella*-Zuchten tun, müssten wir mehr als das ganze Land mit Algenkulturen überziehen. Der Wirkungsgrad ist hoffnungslos gering. Nicht einmal für die winzige *Hydra* lohnt die Symbiose immer. Das zeigen die anderen Arten, die ohne Symbionten leben. Es ist für *Chlorohydra viridissima* extrem schwierig, wenn nicht meistens unmöglich, die Wintermonate zu überbrücken, wenn das Licht in den Kleingewässern unter der Eisdecke schwach geworden ist. Die in viel engerer und wirkungsvollerer Symbiose mit Algen lebenden Korallen entledigen sich ihrer Symbionten und stoßen sie aus, wenn die Lebensbedingungen im Korallenmeer zu stressig werden. Wir nennen diesen Vorgang Korallenbleiche und bangen um den Fortbestand des Lebens im Riff. Auch diese Symbiose ist also nicht so sicher und fest, wie es scheint, gleichwohl aber so wirkungsvoll, dass Korallen in Symbiose mit Algen die größten Gebilde entwickelt haben, die jemals Lebewesen erzeugten: Tausende von Kilometer lange Riffe; Strukturen, die aus dem Weltraum sichtbar sind. Die Korallenpolypen sind mit unseren Süßwasserpolypen verwandt. In diesem Winzling, den wir mit wenig Mühe im pflanzenreichen Kleingewässer finden können, wahrscheinlich in den meisten kleinen Gartenteichen, steckt mehr vom »großen Leben«, als man erahnen kann. Werfen wir daher nun einige Blicke auf die Unterwasserwelt der Korallenriffe.

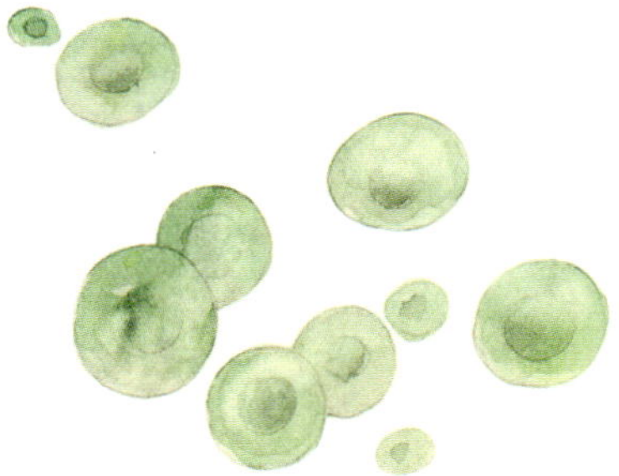

Murie
Alge als Symbiont
Larve mit Alge
Symbiotische Acropora-Alge

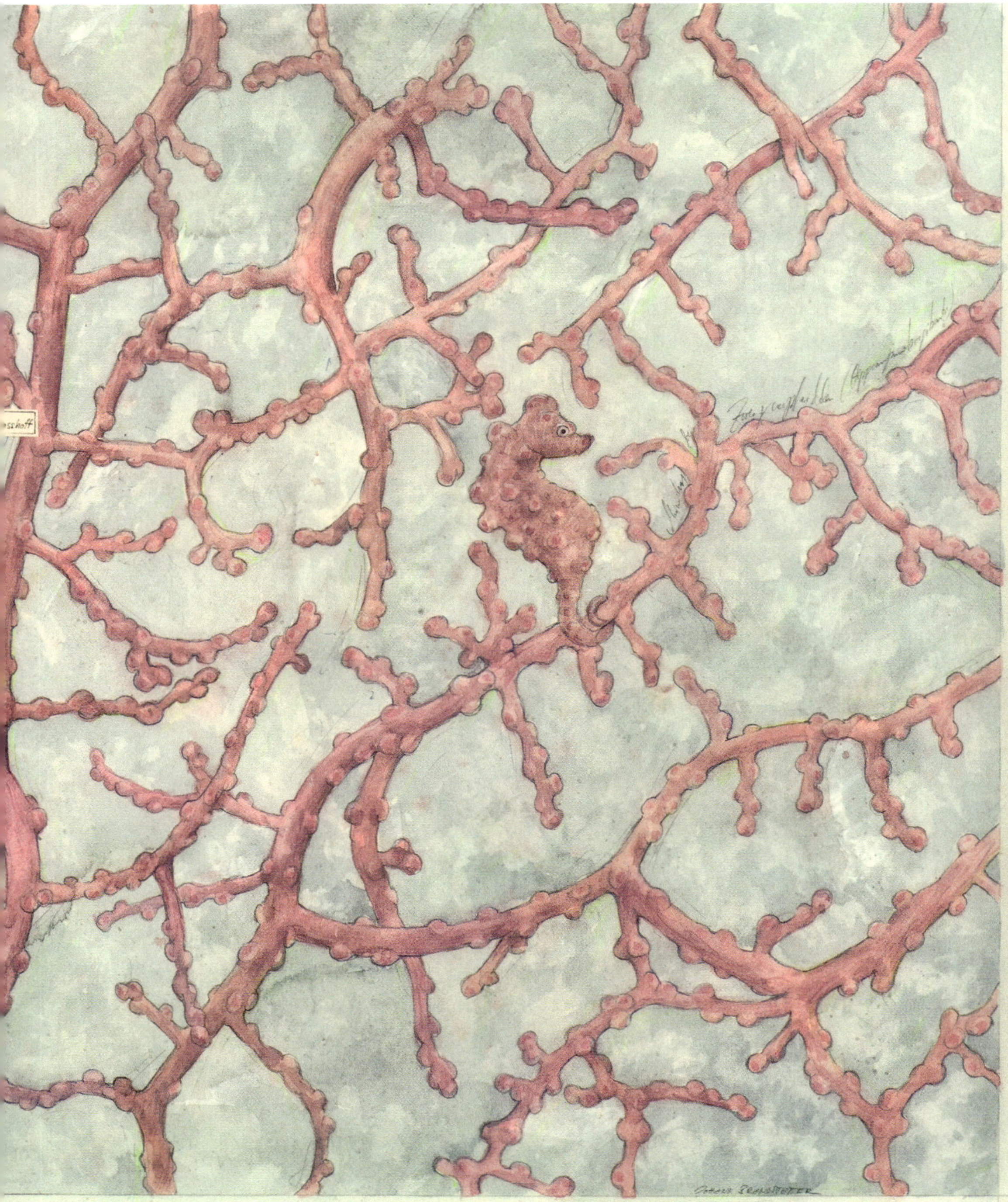

25. Korallen – Symbiose, die Tiere pflanzenartig macht

25.

Korallen – Symbiose, die Tiere pflanzenartig macht

Die tropischen Korallenriffe entsprechen mit ihrem Reichtum an Arten im Meer den Regenwäldern der Tropen an Land. So heißt es in Kreisen der Biologen und Naturschützer. Tatsächlich übertreffen sie die Tropenwälder in der Fülle ihres Tierlebens bei Weitem. Wer am Riff taucht, sieht sich umgeben von Tieren. Vorausgesetzt, das Riff ist nicht schwer geschädigt, wimmelt es von Fischen unterschiedlichster Größen, Farben und Musterungen. Es gibt Krebse und Muscheln, Tintenfische und Meeresschnecken sowie eine Vielzahl von Tierformen, die oft auch Zoologen kaum dem Namen nach kennen. So eine Artenvielfalt begeistert und verwirrt. Anfangs fällt es schwer, sich in ihr zurechtzufinden. Aber wunderschön ist das Tauchen am Riff. Alle, die einmal in diese Wunderwelt gekommen sind, fasziniert die geschaute Lebensfülle. Viele lässt das Riff nicht mehr los. Immer wieder kehren sie zurück und tauchen ab für ein Wasserleben auf Zeit.

Ganz anders der tropische Regenwald. Der erste Eindruck enttäuscht fast immer. Die Erwartungen, die von bunten, zusammenkomponierten Bildern erweckt werden, stimmen nicht mit der Wirklichkeit überein. Im tropischen Regenwald herrscht eher düsteres, kaum zu durchschauendes Grün. Selten einmal, und wenn, dann nur an ganz bestimmten Stellen, fliegen schillernde Schmetterlinge in größerer Menge umher. Rufe und Gesänge sind zwar zu hören, die Vögel selbst aber kaum zu sehen. Gleiches gilt für Frösche oder Zikaden, die akustisch auffallen, sich aber optisch offenbar verborgen halten, so gut es geht. Lediglich mit Ameisen ist man im tropischen Regenwald permanent konfrontiert. So interessant diese auch sind, so wenig ästhetische Reize bieten sie verglichen mit dem wimmelnden Leben am Korallenriff. Dennoch trifft die Feststellung der Biologen zu: In Regenwald und Korallenriff erreicht die Lebensvielfalt die jeweiligen Höchstwerte. In keinem anderen Typ von Lebensraum gibt es an Land wie im Meer annähernd so viele verschiedene Arten.

Wie passt das zusammen, wenn doch das Leben im Wald so ganz anders aussieht als am Riff? Diese Frage beschäftigte die Forschung immer wieder, weil die von allen gemachten Erfahrungen nicht trügen. Den entscheidenden Unterschied sehen wir eigentlich auf den ersten Blick. Der Tropenwald wird von Bäumen gebildet. Im Korallenriff fehlen sie oder ihnen vergleichbare Pflanzen, wie große Tange. Tiere sind im tropischen Regenwald selten. Nur Ameisen und Termiten bilden mit ihrer Allgegenwart Ausnahmen. Aber sie sind winzig, verglichen mit den Fischen und dem anderen Getier des Korallenriffs. In diesem sind Tiere nicht nur häufig, sondern sie erzeugen sogar die Riffe. Geradezu in Umdrehung der Verhältnisse im tropischen Regenwald, in dem pro Hektar auf tausend Tonnen Pflanzenmasse nur ein paar Hundert Kilogramm Tiere oder weniger kommen, erblicken wir im tropischen Korallenriff überhaupt keine Pflanzen. Dort umgeben uns Tiere, Tiere und wieder Tiere, wohin wir uns wenden, und auch die Gebilde, an denen sie leben, haben Tiere gebaut: Korallentiere.

In diesem Gorgonienfächer *Muricella plectana* verbirgt sich, kaum erkennbar, ein *Hippocampus-bargibanti*-Seepferdchen. Die tropischen Korallenriffe entsprechen mit ihrem Reichtum an Arten im Meer den Regenwäldern der Tropen an Land.

Sie wachsen wie Pflanzen, gegabelt, blattartig, fächerförmig, blumenartig. Wie Blüten, die sich entfaltet haben, sehen sie aus, wenn die Korallenpolypen tätig sind und ihre Fangarme ausbreiten. Andere ohne festes, aus Kalk aufgebautes Stützskelett sind so pflanzenartig, dass sie Seerosen, Wachsrosen, Purpurrosen etc. genannt werden. Ihr Äußeres legt das nahe, wenngleich es sich ganz klar um Tiere handelt. Blumentiere lautet der sie zusammenfassende Begriff. Besondere Bedeutung kommt den Korallen zu; genauer den Steinkorallen. Sie bauen die meisten Riffe auf. Sie verleihen deren Ober- und Außenflächen das pflanzenartige Aussehen, und sie geben dem ganzen Gebilde eine Festigkeit und Dauerhaftigkeit, die jene der stärksten Bäume übertrifft. Im Wald bleibt jeder Baum ein Baum für sich, so verwoben er mit anderen über Lianen auch sein mag, und sosehr sich die Randbereiche benachbarter

Kronen durchdringen. Im Riff verhält es sich anders. Die Steinkorallen haben ein Gesamtgebilde erzeugt, das ins Meer hinauswächst und zu Inseln, Koralleninseln, oder zu Atollen werden kann. Im Wald müssten alle Baumstämme bis kurz vor den Kronen miteinander zu einer festen Holzmasse zusammengewachsen sein, um dem Riff zu gleichen. Eine solche Vorstellung erscheint uns absurd, weil wir gewohnt sind, Bäume als einzelne Lebewesen zu betrachten. Nur im Wurzelwerk stehen sie untereinander in Verbindung, meist mit den Fäden der Wurzelpilze. Aber ansonsten und im Wesentlichen wächst jeder Baum für sich. Eine gewisse Vergleichbarkeit mit Korallen kommt allerdings dadurch zustande, dass beide größtenteils aus eigentlich totem Material bestehen. Die Bäume aus Holz, die Korallen aus (Kalk-)Stein oder »Horn«. Die lebendige Schicht umgibt den Baum am Stamm, in den Wurzeln und im Astwerk nur als dünne Hülle zwischen der eigentlichen Außenschicht, der Borke, und dem Holz. Voll lebendig sind die Blätter und die noch dünnen Zweige oder Sprosse. Bei den Korallen sitzen die lebendigen Polypen in ihren festen Gehäusen, die sie selbst bilden, den Blättern der Bäume vergleichbar ganz außen. Der allergrößte Teil des Riffs besteht aus totem, von den Polypen abgeschiedenem Material. Daher entsprechen Blätter und Polypen einander. In ihnen laufen die entscheidenden Lebensvorgänge ab. Vorgänge, die wiederum in erstaunlicher Weise einander ähneln.

Denn die Blätter nehmen über ihre große Oberfläche das in der Luft fein verteilte, nur in winzigen Mengen vorhandene Kohlendioxid auf. Es stellt die stoffliche Grundlage dar für die pflanzliche Produktion, die Fotosynthese. Bäume wachsen, weil sie über die Fotosynthese die Substanzen erzeugen, die das Wachstum nötig hat, im Fall der Bäume Zellulose und vor allem Holzstoff, Lignin. Sie brauchen für die Fotosynthese Wasser. Dieses steigt aus dem Wurzelwerk nach oben. Und Licht, Sonnenlicht. Die Stämme vermitteln zwischen Wasser im Boden und dem aktiv tätigen Blattwerk, in dem durch Lichteinwirkung Kohlendioxid und Wasser photochemisch gebunden und in organische Stoffe umgewandelt werden.

Genau dieser grundlegende Produktionsvorgang scheint allen Ähnlichkeiten zum Trotz im tropischen Korallenriff zu fehlen. Die Korallenpolypen entnehmen dem Wasser, das an ihnen vorbeiströmt, feinste Nahrungspartikelchen – ähnlich wie die Blätter das Kohlendioxid der Luft. Wasser brauchen sie nicht zu »ziehen«; sie sind davon umgeben. Dennoch können sie durch den Ertrag ihres Wasserfilterns nicht wachsen; oder nur in so geringem Maße, dass davon kein Riff zustande käme. Selbst größere Tiere ihrer Verwandtschaft, wie die roten Seeanemonen, die es an den Felsküsten des Mittelmeeres gibt, oder die viel größeren tropischen Seeanemonenarten, die in der Lage sind, Fische zu fangen, wachsen recht langsam und bilden keine Riffe. Zudem sagt uns die Ökologie, dass letztlich alles höhere tierische Leben am Anfang seiner Lebenskette irgendwo auf der Existenz von Pflanzen und deren Produktion, auf der Fotosynthese beruht. Korallentiere, die das Riff aufbauen, und die Fülle des Tierlebens darin scheinen dem Prinzip der Ökologie total zu widersprechen. Doch ist im Riff alles Tierwelt? Keineswegs! Leisten die Algen, die am Korallenriff da und dort wachsen, vielleicht so viel, dass das Riff im ökologischen Sinne normal, also von ihrer Produktion leben kann? Oder sind es die fürs menschliche Auge unsichtbar winzigen Algen im Wasser, die das Riff ernähren? Gewiss tragen beide zur pflanzlichen Ernährung der Riffbewohner bei. Die mikroskopisch kleinen Algen im Wasser sogar beträchtlich mehr als die größeren, dem Auge des Betrachters fassbaren Formen. Aber Mikroalgen gibt es überall im Ozean, nicht nur bei den Riffen. Sie können nicht Ursache von deren Entstehung sein. Es dauerte, bis das scheinbare Paradox des Korallenriffs aufgeklärt war. Grundlage ist wiederum eine Symbiose. Die riffbildenden Korallen leben mit Algen zusammen, die ihrer bräunlichen Tönung zufolge *Zooxanthellen* genannt werden. Diese sitzen in den Polypenkörpern so fest integriert, dass sie einfach wie Inhaltsstoffe der Zellen wirken. Nur wenn die Korallenpolypen unter massiven Stress geraten, zum Beispiel weil das Wasser im Riff zu warm geworden ist, stoßen sie ihre symbiotischen Algen aus. Dabei werden sie heller und mit ihnen die Riffe. Das

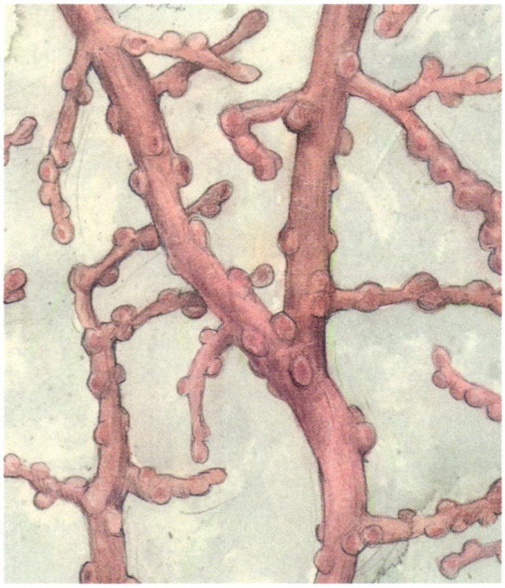

ist die bei Biologen wie Tourismusmanagern gleichermaßen gefürchtete Korallenbleiche. Das Leben im Riff wird von so einer Bleiche heftig durcheinandergebracht. Es dauert, bis sich der Zustand wieder normalisiert. Größere Teile oder ganze Riffe können absterben, wenn sie von der Korallenbleiche befallen sind. Danach dauert es Jahrzehnte oder noch länger, bis das Korallenwachstum wieder in Schwung kommt. Bleibt das Meer im Bereich des Riffs anhaltend zu warm und ist es zudem zu sehr belastet mit Stoffen wie stickstoffhaltigem Dünger vom Land, steht es schlecht um die Zukunft des Riffs.

Immer noch fehlt ein wichtiger Teil zum Verständnis der Riffbildung. Die Symbiose zwischen den Korallenpolypen und den Algen bedeutet, dass diese weiterhin in algenüblicher Weise Fotosynthese betreiben. Das können sie nur in der hinreichend durchlichteten Zone unter der Oberfläche des Meeres, und sie benötigen dazu genauso wie die Landpflanzen Kohlendioxid. Anders als in der Luft, in der das Kohlendioxid als Spurengas mit einem in unserer Zeit

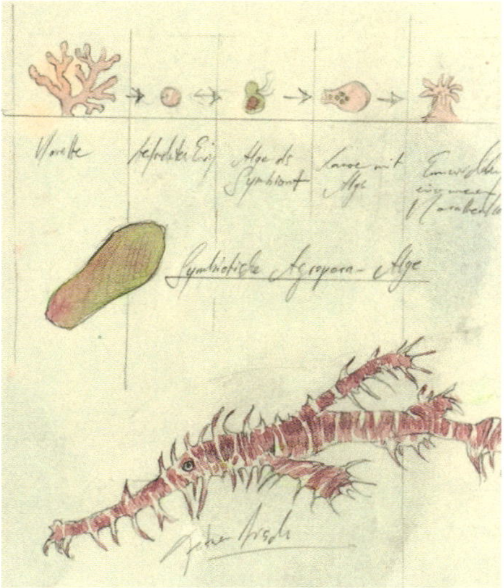

deutlich steigenden Gehalt von knapp 0,04 Prozent (weniger als die Hälfte eines Promilles aller Gase der Luft) enthalten ist, gibt es dieses im Meerwasser vorwiegend in der chemisch gebundenen Form als Bikarbonat in Verbindung mit Kalzium. Wird diesem Kohlendioxid, CO_2, entnommen, entsteht aus dem Rest des Bikarbonats das im Wasser schwer lösliche Kalziumkarbonat, also Kalk. Solcher bildet sich auch aus dem Kohlendioxid, das bei der Zellatmung im Tierkörper der Korallen freigesetzt wird. Wenn die symbiotischen Algen im Korallenpolypen bei ihrer Fotosynthese das Kohlendioxid aufnehmen, scheiden sie also Kalk ab. Auf diese Weise wird das Stützskelett der Steinkorallen gebildet. Das geht zwar alles sehr langsam vor sich, aber stetig und abermillionenfach. So wächst das Riff grundsätzlich ähnlich wie die Wälder. Der Hauptunterschied liegt im Abscheidungsprodukt. Die Bäume erzeugen Zellulose und Holzstoff, die Korallen Kalkskelette oder solche aus hornartigem Material, je nachdem, um welche Korallenarten es sich handelt. Das pflanzenartige Wachstum der Riffe ist somit eine Folge der Symbiose der Korallentiere mit mikroskopisch kleinen Pflanzen, den Zooxanthellen-Algen. Rund eine Milliarde Tonnen Riffsubstanz scheiden sie global alljährlich ab. Und gestalten dabei die Lebensbedingungen im Tropenmeer. Manche Formen insbesondere der Hornkorallen sind so delikat zerbrechlich wie der im Bild dargestellte Gorgonienfächer *Muricella plectana*, in dessen Netzwerk sich, wie in der Natur kaum erkennbar, ein *Hippocampus-bargibanti*-Seepferdchen verbirgt. Bei Gorgonien geht die Symbiose mit Zooxanthellen an die (Licht-)Grenze des Möglichen für die Fotosynthese. Nahrung, lebenswichtige Ressourcen sind ganz allgemein knapp im Riff. Spezialisierung und Kooperation sind die wichtigsten Überlebensstrategien. Darin gleichen die Riffe ebenfalls dem tropischen Regenwald.

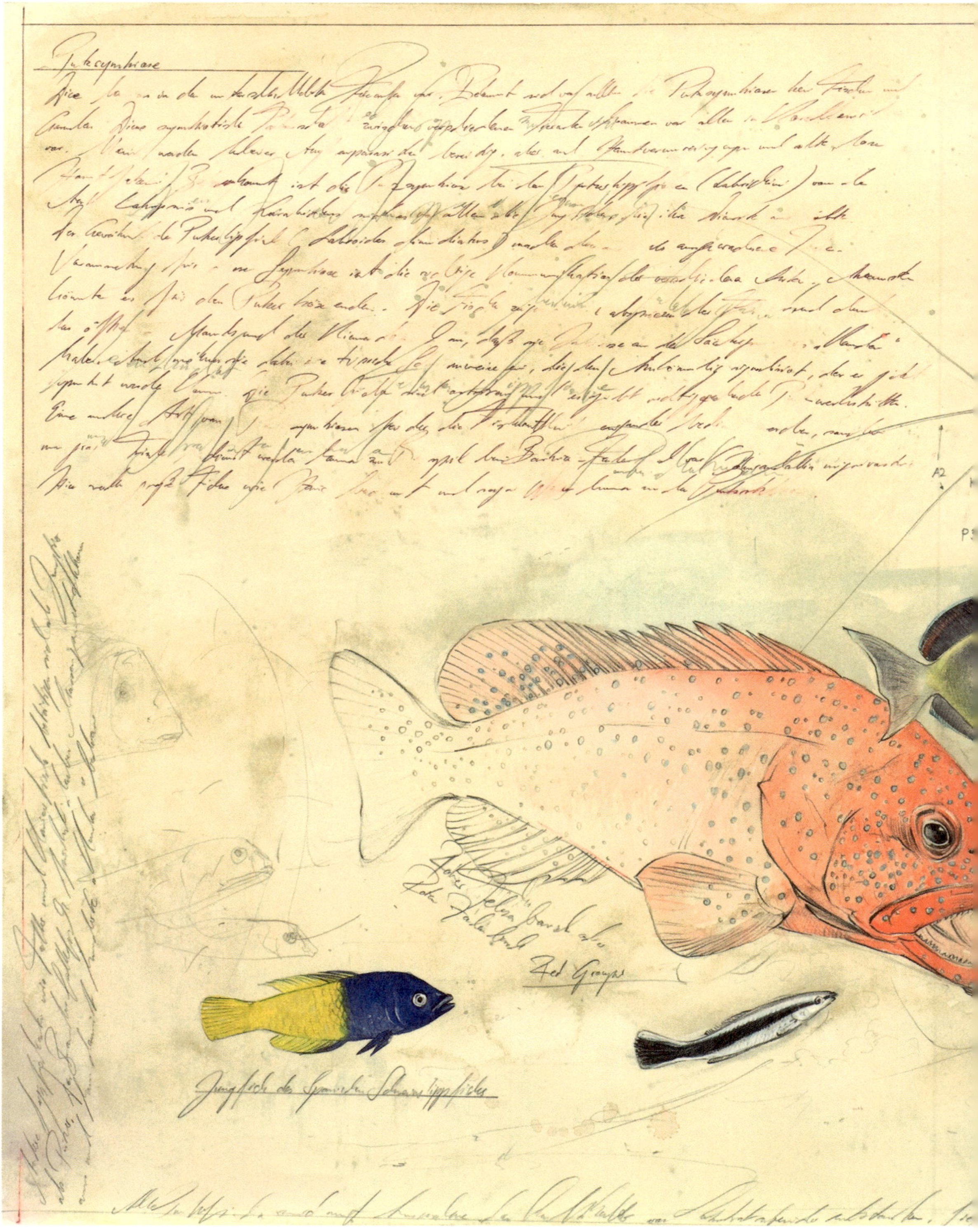
Red Grouper

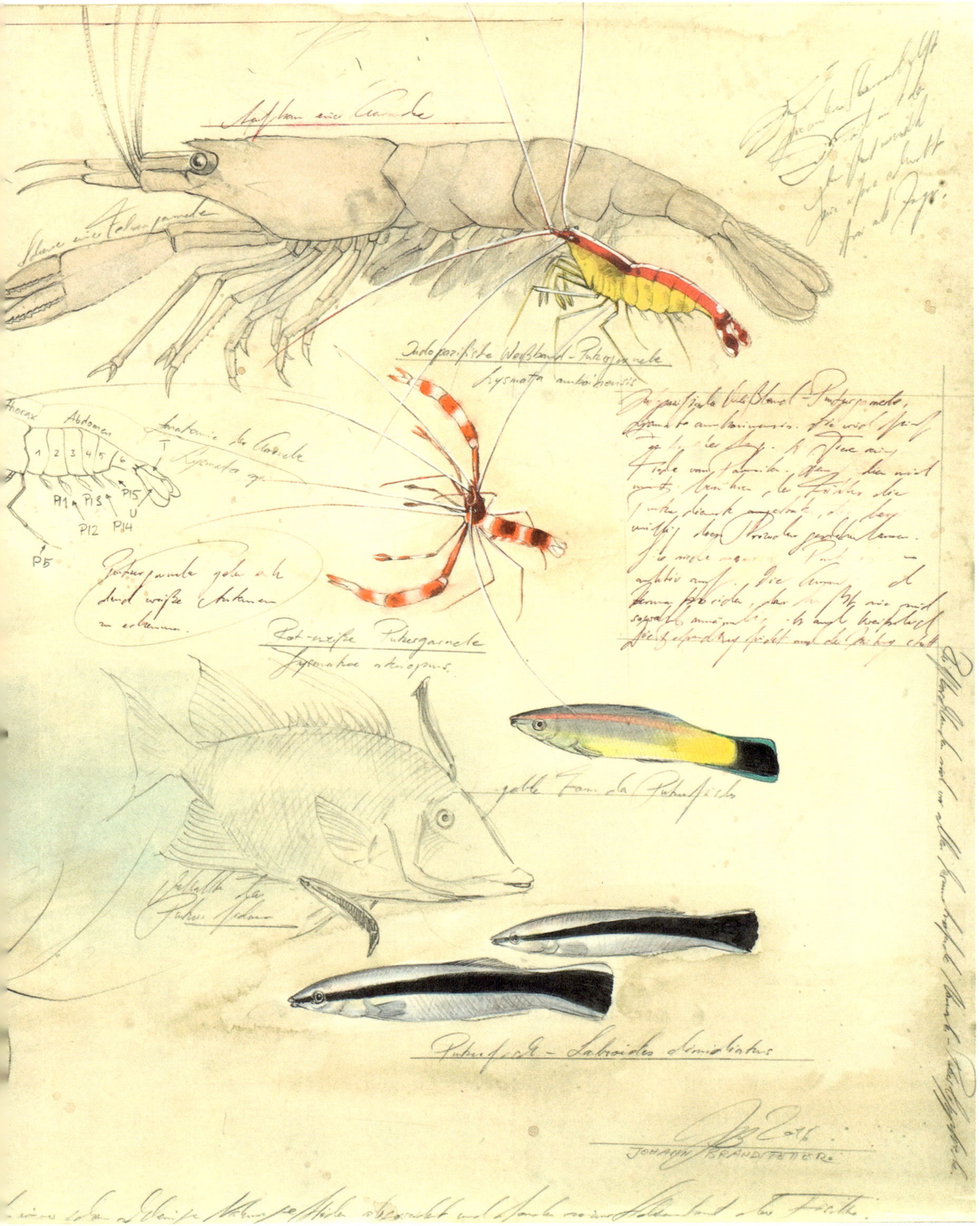

26. Putzer am Riff

26.

Putzer am Riff

Der Tauchsport erfreut sich großer Beliebtheit. Längst ist er eine Massenbewegung geworden. Dabei gibt es ihn erst seit rund einem halben Jahrhundert. Hans Hass, Irenäus Eibl-Eibesfeldt und Jacques-Yves Cousteau waren die Pioniere, die nach dem Zweiten Weltkrieg das Tauchen als wissenschaftliche und sportliche Betätigung entwickelten. Zwar tauchten Menschen schon seit Jahrtausenden nach Schwämmen und Perlmuscheln, aber ohne Ausrüstung, die ein längeres, ruhiges Verweilen unter Wasser ermöglicht hätte. Die wenigen Minuten des Hinabtauchens ließen keine Zeit zum Bestaunen der Unterwasserwelt. Perlentaucherin zu sein, bedeutete härteste Inanspruchnahme des Körpers mit der steten Gefahr, dabei ums Leben zu kommen. Fische und Muscheln wurden ohnehin mit immer besseren Netzen gefischt, die nach dem Herausholen ein vergleichsweise bequemes Sortieren des Fangs ermöglichten. Man fischte im Trüben und in der Hoffnung, dass sich der Aufwand lohnt.

Gesichtsmaske und Schnorchel zum Atmen boten schließlich erste Eindrücke von der bunten und bizarren Vielfalt des Lebens am Korallenriff. Sie wirkten wie kleine Fenster, die Einblicke in den größten Lebensraum der Erde ermöglichten. Was sichtbar wurde, entwickelte einen unwiderstehlichen Reiz und weckte den Erfindergeist. Lange Atemschläuche für Taucher, die in schwerer Schutzkleidung in die Tiefe gingen, erwiesen sich als nicht zielführend. Die Lösung kam mit komprimierter, sauerstoffangereicherter Luft aus der Tauchflasche, die auf dem Rücken getragen wurde und freie Beweglichkeit garantierte. Wer, wie der Textautor, in den Sechzigerjahren Biologie studierte und in Vorlesungen die Berichte »aus dem Riff« von Irenäus Eibl-Eibesfeldt erlebte, wurde geradezu verzaubert von den mitunter kaum glaubhaft anmutenden Neuigkeiten. Ein Vorgang, mit Unterwasserfilmaufnahmen belegt, setzte sich im Gedächtnis fest. Er handelte von einem kleinen, auffällig gestreiften Fisch, der großen Zackenbarschen die Zähne putzt.

Wir Studierenden waren hin und her gerissen zwischen Staunen und Lachen, so komisch sah das aus, was uns Eibl-Eibesfeldt im Film zeigte. Für ihn und Hans Hass, mit dem er auf den tropischen Meeren umhersegelte, mutete das Geschehen zunächst auch so bizarr an, dass sie ihren Augen nicht trauen wollten. Doch sie erlebten es immer wieder. Die Putzer-Symbiose gibt es tatsächlich weitverbreitet in den tropischen Meeren an den Riffen. Sie gehört zum Fischleben im Korallenmeer.

Was sich dabei abspielt, mutet in der Beschreibung stark vermenschlicht an, aber es ist tatsächlich so, dass große Fische eine Barbierstube aufsuchen. Die Bildtafel zeigt einen Roten Zackenbarsch *Epinephelus morio*. Er gehört nicht zu den größten, bis über zwei Meter langen Zackenbarschen, ist aber eindrucksvoll genug, zumal wenn er sein zähnestarrendes Maul öffnet. Das tut er in auffälliger Weise, wenn er am Riff eine bestimmte, ihm offenbar wohl bekannte Stelle erreicht hat. Er hält im Schwimmen inne und sperrt das Maul weit auf. Nun eilt ein kleines schlankes Fischchen mit markant dunklem Längsstreifen herbei und vollführt eine tänzelnde Bewegung. Daraufhin lässt der Zackenbarsch das Fischchen hineinschwimmen und hält das Maul geöffnet. Zwischen den Zähnen und aus allen Winkeln und Falten des Mauls zupft der mit der Mundhygiene betraute Partner nun Reste der Beute, die vom Zackenbarsch gepackt und verzehrt worden war, hervor. Minutenlang wird das Maul gründlichst untersucht und gesäubert. Auch die Kiemen können in das Putzen miteinbezogen werden. Das geschieht offenbar dann, wenn der Fisch bemerkt hat, dass sich Parasiten daran festgesetzt haben. Der Putzerfisch schwimmt in diesem Fall ins Maul und kommt nach einiger Zeit aus der Kiemenraumöffnung wieder hervor. Der Kiemendeckel wird dafür weit abgespreizt. Der Putzdienst ist so begehrt, dass die Fische mitunter eine Warteschlange bilden, bis sie an der Reihe sind. Wer dem Putzen länger zusieht, kommt zu dem Schluss, dass es sich für den

Der Putzerfisch schwimmt dem Zackenbarsch ins Maul und kommt nach einiger Zeit aus der Kiemenraumöffnung wieder hervor. Der Putzdienst ist so begehrt, dass die Fische mitunter eine Warteschlange bilden, bis sie an der Reihe sind.

kleinen Putzerfisch durchaus lohnt. Er erhält Nahrung zugetragen, die er nicht wie andere Kleinfische mehr oder minder mühsam selbst erjagen muss.

Verständlicherweise machen Putzerfische mit ihrem Aussehen und Verhalten auf sich aufmerksam. Die Gäste können nicht von vornherein wissen, wo sich einer versteckt hält. Sie geben sich zu erkennen. Und da sie an ihren Aufenthaltsorten bleiben, können die Fische, die sich das Maul putzen lassen, immer wiederkommen. Die Putzstellen werden zu »festen Orten« am Riff. Es entwickeln sich sogar bestimmte Zeitabläufe, wann die Fische kommen. Die Putzer können sich darauf einstellen und dienstbereit sein. Das klingt fast zu schön, um wahr zu sein, könnte man argwöhnen. Die Partner sind wirklich perfekt aufeinander eingestellt. Doch dann geschieht mitunter etwas, das zeigt, dass auch die besten Verhältnisse betrügerisch ausgenutzt werden können. Ein auf den ersten Blick einem Putzer gleichendes Fischchen nähert sich. Der große Raubfisch sperrt sein Maul auf und nimmt jene Starre ein, die dem Putzer die Sicherheit bietet, nicht doch plötzlich gefressen zu werden. Da fasst dieses Fischchen zu, beißt ein Stück lebendes Fleisch aus dem Mundraum, von der Körperoberfläche des Fisches oder von den Flossen. Ehe dieser darauf reagieren kann, ist der Kleine schon wieder verschwunden. Er putzt nicht, sondern tut nur so. In Aussehen und Teilen des Verhaltens macht er die echten Putzerfische nach. Der Betrüger *Aspidontus taeniatus* gehört zu den Säbelzahnschleimfischen. Dem wahren Putzerfisch *Labroides dimidiatus* ähnelt er so sehr, dass es auch guten Beobachtern nicht leicht fällt, die beiden voneinander zu unterscheiden, bevor sie sich am Fisch betätigen, der das Putzen erwartet. Das ist ein ganz besonderer Fall, denn Nachahmer, für die es sehr viele Beispiele in der Tierwelt gibt, imitieren in aller Regel gefährliche oder giftige Vorbilder. Wie etwa die völlig harmlosen Schwebfliegen die stechenden Wespen mit ihrer gelb-schwarzen Tracht.

Mimikry wird dieses Phänomen von den Biologen genannt. Um eine Mimikry handelt es sich auch im Fall des falschen Putzerfisches. Doch das Vorbild ist harmlos, sodass es sich um eine Nachahmung handelt, die der Volksmund »Wolf im Schafspelz« nennen würde. Die echten Putzerfische könnte diese Täuschung in arge Bedrängnis bringen, wenn Fische wie die

Zackenbarsche – und oft handelt es sich auch um Raubfische, die kommen, um sich putzen zu lassen – den Putzern nicht mehr trauen dürfen. Dann reicht ein Biss, ein Schluck, und der »ehrliche« Kleine ist weg, obwohl er sich ordentlich verhalten hat. Das bloße Aussehen genügt also nicht; das Tänzeln und Zögern hat den Eindruck guter Absichten zu verstärken. Die Signale müssen erkennbar ehrlich genug sein, damit die Putzersymbiose funktioniert. Ganz lässt sich der Missbrauch jedoch nicht verhindern. Die falschen Putzer könnten auch das Verhalten präzise imitieren. Dass sie das nicht so genau tun, verwundert zunächst. Denn die große Ähnlichkeit des Aussehens sollte sich doch mit passendem Verhalten leicht und wirkungsvoll ergänzen lassen. Dann gelänge ihnen noch öfter das aggressiv-parasitische Zubeißen.

Tatsächlich geriete dies auch den falschen Putzern bald zum Nachteil. Denn sie müssen selten genug bleiben, damit das für die Putzersymbiose nötige Vertrauensverhältnis nicht beeinträchtigt wird. Die aggressive Ausnutzung der Symbiose zwingt den Nachahmer sogar in die Seltenheit. Nur dann kann *Aspidontus* überleben und die Putzersymbiose immer wieder ausnutzen. Der »Giftschlangenzähnige« bedeutet sein wissenschaftlicher Name mit Bezug auf die Aspisviper. Schädigte er das Vorbild durch zu häufiges Auftreten und zu aggressives Verhalten, wäre die Symbiose beendet. In dieser Falle stecken alle Sozialparasiten. Es darf ihrer nicht zu viele geben. Ihr Parasitismus ist sich selbst im Weg. Ist das zu sehr menschlich-moralisierend? Darüber mag man geteilter Meinung sein. Die Putzersymbiose am Riff bietet jedenfalls eine klare Alternative, sollte die Mundpflege mit den echten und falschen Putzerfischen nicht mehr funktionieren. Sie lebt in Gestalt feingliedriger, auffällig rot-weiß geringelter Garnelen. Auch diese Krebstiere betätigen sich als Putzer. Sie werden ganz ähnlich wie die Putzerfische an den Kopf und ins Maul gelassen, wo sie mit ihren kleinen Scheren beseitigen, was an Rückständen zwischen den Zähnen hängen geblieben ist oder sich in Form kleiner Parasiten festgesetzt hat. Mit ihren langen Antennen scheinen die Garnelen die großen Fische sogar irgendwie zu beruhigen, wenn sie deren Kopf und Körper damit abtasten. Das kann wie ein Streicheln wirken. Es gibt sie also, die Alternative zu den echten Putzerfischen. Die falschen schränkt diese Gegebenheit noch mehr ein. Die Fische könnten dadurch ganz auf Putzerfische verzichten. Dass dies Zackenbarsch und Co nicht längst getan haben, mag an der Geschwindigkeit liegen, mit der geputzt wird. Die Garnelen brauchen länger. Oft sind sogar mehrere von ihnen nötig, um hinreichend intensives Säubern zu bewirken. Als Raubfisch am Riff hat man aber nicht unbegrenzt Zeit. Solange sie sich putzen lassen, können Zackenbarsche oder Muränen nicht jagen.

Woraus sich die abschließende Frage ergibt, warum das Geputztwerden nötig ist. Unsere Forellen und Hechte kommen ganz ohne Putzer zurecht. Und all die Hochseefische auch, von kleinen Sardinen bis zu großen Thunfischen. Die Putzsymbiose finden wir nur an tropischen bis randtropischen Riffen, nicht in kalten Meeren und auch nicht im Süßwasser. Hat es mit dem Leben am Riff, wo es die größte Vielfalt an Organismen im Meer gibt, eine besondere Bewandtnis? Nehmen wir uns zur Klärung dieser Frage eine weitere Symbiose aus demselben Lebensraum vor, die Clownfische, die mit Nesseltieren, mit Seeanemonen, zusammenleben.

27. Anemonenfische

27.

Anemonenfische

Bemalt wie Clowns, so sehen sie aus, die kleinen Anemonenfische, die sich offenbar recht wohl fühlen in der Nähe der Tentakel der Seeanemone, die in der Wasserströmung am Riff leicht hin und her geweht werden. Eine gefährliche Nachbarschaft ist das, denn die Fangarme sind voll besetzt mit Nesselkapseln. Kommt ein Fisch oder ein anderes Tier damit in Berührung, »feuern« sie. Die harpunenartig eindringenden Spitzen der Nesselkapseln enthalten Stoffe, die Muskelbewegungen lähmen, stark brennen und geradezu eine Schockstarre verursachen können. Taucher wissen, dass sie Nesseltiere meiden müssen, außer sie tragen hinreichend dicke Schutzanzüge aus Neopren. In Bau und Funktionsweise entsprechen die Nesselkapseln, die in den Fangarmen der Seeanemonen sitzen, denen der Quallen im Meer. Aus gutem Grund. Polyp und Qualle sind zwei Formen, in denen die Nesseltiere auftreten und die einander im Generationszyklus abwechseln. So einfach ihre Körper aufgebaut sind, so kompliziert sind die Nesselzellen. Die Bezeichnung »Nesseltiere« passt daher viel besser als Polypen oder Quallen. Darauf ist bereits bei der Hydra, beim grünen Süßwasserpolypen, hingewiesen worden (Bildtafel und Kapitel 24).

Nun nähert sich ein Raubfisch. Oder der Schatten eines Tauchers trifft die gelb-weißen Clownfische (*Amphiprion percula*) – blitzschnell verschwinden sie zwischen den Fangarmen der Seeanemone. So als ob diese die Fischchen regelrecht aufgesogen hätte. Bei einer stärkeren Störung zieht diese sogar teilweise ihre Fangarme ein. Auf die Fischchen müsste ein Trommelfeuer von Nesselpfeilen niedergehen, und zwar von allen Seiten, so eingeschlossen, wie sie sind. Doch nach einiger Zeit entspannt sich die Seeanemone. Sie streckt ihre Fangarme wieder, breitet sie aus – und entlässt die Fischchen gänzlich unversehrt. Munter wie zuvor schwimmen sie um die Fangarme herum, schnappen dahin und dorthin und achten nur darauf, sich nicht zu weit zu entfernen. Die Seeanemone bildet ihr Lebenszentrum. Zwischen den Fangarmen finden sie Schutz. Fressfeinde kommen ihnen nicht zu nahe. Gefährdet sind sie nur, wenn sie sich zu weit von dem Nesseltier entfernen. Doch dieses reckt seine Fangarme nicht, um kleine Fische zu beschützen, sondern um Beute zu machen. Nach Nesseltierart mit dem Beschuss durch Nesselkapseln.

Das Zusammenleben von Clownfischen mit Seeanemonen hat die Meeresbiologen ebenso fasziniert wie mit Fragen beschäftigt. Denn irgendwie muss das simple Blumentier ohne Kopf und Gehirn in der Lage sein, seine Gäste, die Clownfische, von seiner Beute – andere Kleinfische und Kleingetier, das im Meer am Riff umherschwimmt – zu unterscheiden. Und die Clownfische? Kennen sie ihre Seeanemone? Dass der Schutz der Tentakel ihnen nützt, ist offensichtlich. Aber wie kann das gehen? Nesseltiere von der Größe der Seeanemonen, in deren Schutz sich die Clownfische begeben, stellen für alle übrigen Kleinfische ihrer Größenklasse eine tödliche Gefahr dar. Auch die Clownfische selbst tun gut daran, andere Arten von Seeanemonen zu meiden. Sie halten sich an »ihre« und lassen sich von dieser kaum vertreiben. Forscher, die dies versuchten, mussten trickreiche Methoden anwenden, etwa für die Fische unsichtbare Glaskörper, die ganz vorsichtig über der Seeanemone niedergelassen wurden, während die Clownfische abseits von ihr das Wasser nach Nahrungspartikelchen absuchten. Dann wollten die Fische aber unbedingt zurück zu ihrem gewohnten Nesseltier. Fing man sie mit einem Netz und ließ sie weiter entfernt frei, wo keine Seeanemonen der Art vorkamen, bei denen sie normalerweise leben, verschwanden sie in Spalten im Korallenriff und trauten sich nicht wieder heraus. Ihre Körperfärbung und -zeichnung ist zu auffällig: Abseits der Seeanemone würden sie leichte Beute für Raubfische.

Die Beziehung der Clownfische zu ihren Seeanemonen ist also sehr eng. Einseitig eng? Was hat die Seeanemone davon? Die kleinen Fische können sie gewiss nicht verteidigen. Und wogegen auch? Sie könnten sogar Nahrungspartikelchen wegschnappen, die für das Nesseltier geeignet wären. Handelt es sich womöglich um eine recht einseitige Beziehung, die überwiegend oder nahezu ausschließlich den Fischchen nützt, während die Seeanemone darauf verzichten könnte – so wie viele ihrer Art und der weiteren Verwandtschaft, denn bei längst nicht allen See-, Wachs- oder Zylinderrosen hält sich ein Schwarm kleiner Fische auf.

Doch stellen wir zuerst die Frage nach dem »Wie«, bevor wir uns dem »Warum « zuwenden. Das »Wie« hat man in umfangreichen Forschungen klären können. Es funktioniert nach demselben Prinzip, das verhindert, dass sich die Fangarme gegenseitig nesseln. In der Außenschicht des Hohltierkörpers,

und die Nesseltiere gehören zu den Hohltieren, sind chemische Stoffe eingelagert, die verhindern, dass die Nesselzellen bei Berührung feuern. Sie erkennen sich selbst, auch wenn damit nur gemeint ist, dass der berührende Teil (chemisch) nicht als fremd empfunden wird. Andernfalls würden die Nesselkapseln feuern. Die Wasserströmung bringt sie jedoch unablässig zusammen. Das darf den Mechanismus der Nesselkapseln genauso wenig auslösen wie das Zusammenziehen, was immer der äußere Grund dafür ist. Fremd muss vom Selbst unterschieden werden. Das ist eine Grundforderung des Nesseltierlebens. Und die Chance für den Fisch, sich in den Selbstschutz einzuschmuggeln, so es gelingt, sich von der Chemie des Nesseltierkörpers ununterscheidbar zu machen. Irgendwie ist es bestimmten Fischen aus der Verwandtschaft der Clownfische offenbar gelungen, den chemischen Code der Seeanemonen zu knacken und die eigene chemische Signatur anzugleichen. Damit werden sie von den Nesselzellen nicht mehr als fremd erkannt.

Geschehen ist dies ganz sicher nicht erst vor kurzer Zeit, denn es gibt in den tropischen Meeren des Indopazifik 29 unterschiedliche Arten von Clownfischen, die in Symbiose mit Seeanemonen leben. Die Tafel enthält eine Auswahl davon. Verwandtschaftlich gehören sie zu den Riffbarschen, einer sehr großen und vielfältigen Fischgruppe, die vor allem an tropischen Riffen vorkommt. An der Färbung liegt es offenbar nicht, dass das Feuern der Nesselzellen verhindert wird. Das lässt sich aus der Unterschiedlichkeit der Clownfische in verschiedenen Meeresregionen schließen. An der breiten, fleckenartigen Bänderung liegt es auch nicht. Sie wirkt sicher viel mehr als Artkennzeichen für die Fische untereinander als auf die Seeanemonen, die gar keine Augen haben, um Farben und Muster erkennen zu können. Die chemischen Stoffe müssen im Hautschleim sitzen, der die Fischchen überzieht.

Solche sind nicht von Anfang an in der nötigen Konzentration in der Fischhaut vorhanden. Durch ein besonders vorsichtiges Annähern an die Seeanemonen gewinnen die Fischchen nach und nach den umfassenden chemischen Schutz. Ihre eigene Fortpflanzung muss ja irgendwie auch mit den besonderen Umständen des Lebens an und mit den nesselnden Seeanemonen zurechtkommen. Der Ablauf ist seltsam genug. Anemonenfische wachsen zunächst als Männchen heran. Erst ab ausreichender Körpergröße für die Entwicklung von Eiern, also wenn sie genügend Reservestoffe dafür im Körper angesammelt haben, verwandeln sie sich zu Weibchen. Sobald diese legebereit sind, paaren sie sich mit Männchen und setzen das klebrige Gelege am Fuß der Seeanemone ab. »Fuß« bedeutet die Ansatzstelle ihres Körpers am Untergrund. Das Männchen putzt diesen vorher von Algenaufwuchs oder sonstigen Hindernissen für eine gute Entwicklung der Eier. Auch dieses Gelege säubert es eine gute Woche lang und bewacht es. Falls nötig, verteidigt das Männchen die Eier heftig gegen Fressfeinde, bis die Fischlarven schlüpfen. Diese leben frei im Wasser rund um die Seeanemone, von der sie sich möglichst nicht zu weit zu entfernen versuchen. Aber weit genug von den Tentakeln müssen sie sich dennoch halten. Sind sie nach einigen Wochen groß genug, suchen sie im Riff nach einem anderen, möglichst noch nicht besetzten Exemplar. Denn in diesem Fall »besetzt« ein großes Weibchen den Platz zusammen mit mehreren Männchen und bildet den Clownfischschwarm, der an dieser Anemone lebt. Die muntere Clownfischgruppe ist also nicht einfach nur eine Ansammlung dieser Fischchen, sondern ein geschlechtlich strukturiertes Gebilde mit einem Weibchen, zu dem sich das größte und stärkste Männchen weiterentwickelt hat.

Nun wird das Zusammenleben zwischen Seeanemone und Clownfisch merklich klarer. Noch fehlt aber, was das Nesseltier davon hat. Anfänglich meinte man, die Fische würden ihre Schützerin füttern. Das ließ sich aber nicht nachweisen. Eher fangen sie ihr mehr weg, weil sie ja ihren gesamten Nahrungsbedarf aus der unmittelbaren Umgebung decken. Nachschub kommt mit der Strömung, die von den Wellen erzeugt wird oder von Seitenströmungen am Riff stammt. Die Fangarme der Seeranemonen wirken als »Filtrierer« von gröberen Partikeln, als die viel kleineren der Korallenpolypen dem Wasser entnehmen können. Die Strömung trägt alles herbei. Es könnte also sein, dass sich die Fischchen eher noch größere Teile herauspicken, die von den Fangarmen ihres Partners ohnehin nicht festgehalten werden könnten. Aber diese erfassen auch Fische. Experimente sollten Klärung bringen. Man fing die Clownfische weg. Ging es den Nesseltieren nun besser? Durchaus nicht. Feilenfische und andere Fische griffen diese Seeanemonen an und fraßen sie auf, wenn keine Clownfische mehr vorhanden waren. Die ziemlich aggressiven, warnfarben bunten Partner bieten somit viel mehr Schutz, als man dachte und direkt sehen konnte. Die klare, kontrastreiche Zeichnung signalisiert zwar auch jungen Clownfischen, ob eine Seeanemone schon besetzt oder noch frei ist, verdeutlicht aber auch den Fressfeinden der Anemonen, dass hier Abwehr zu erwarten ist. Sie hat also sehr wohl etwas von ihren Gästen, die Seeanemone. Diese vergrößern ihre Überlebenschancen in der Welt des Riffs, wo es mehr als in jedem anderen Lebensraum um Fressen und Gefressenwerden geht.

Damit wird die chemische Anpassung der Clownfische an die Seeanemonen weniger problematisch, als es zunächst den Anschein machte. Beide Partner müssen, um es aus typisch menschlicher Sicht auszudrücken, ein erhebliches Interesse am Zustandekommen der Symbiose haben. Die Seeanemonen brauchen die explosiven Nesselkapseln zum Leben. Sie sollen aber weder den eigenen Körper noch den der »Freunde« nesseln. Eine wechselseitige Abstimmung der chemischen Nichtauslösung ergibt sich daraus als Zielrichtung für eine Weiterentwicklung. Sicher hat es lange gedauert, bis es so weit war, dass sich die kleinen Fische richtiggehend in ihre Anemone kuscheln konnten. Die Zeitspanne, in der dies geschah, lässt sich ungefähr eingrenzen. Denn die Anemonenfischsymbiose gibt es nur im Indo-Westpazifik. Sie reicht bis ins Rote Meer, erreicht aber nicht die Karibik oder das Mittelmeer an dessen wärmsten Stellen. Seeanemonen kommen durchaus im Mittelmeer vor. Es gibt sie sogar in beträchtlich kälteren Meeren. Nun wissen wir aber, dass die Karibik erst vor drei bis fünf Millionen Jahren entstand. In der Zeit davor strömte das warme, vom Passatwind getriebene Atlantikwasser am Nordrand von Südamerika vorbei nach Westen in den Pazifik. Als die Landbrücke zwischen Nord- und Südamerika entstand, und sie schloss sich vor rund drei Millionen Jahren, hörte der Durchstrom von Atlantikwasser auf: Die Karibik war als riesige Bucht und warmes Tropenmeer entstanden. Als solches ist sie jedoch ungleich artenärmer als der Westpazifik und große Teile des Indischen Ozeans. Dort, in der Umgebung von Neuguinea, liegt das Ausbreitungszentrum der Clownfische. Dort sollte folglich die Symbiose entstanden sein. Sie hatte sich westwärts nur bis ins Rote Meer ausbreiten können. Also kann sie erst zustande gekommen sein, nachdem die Tethys, das Urmittelmeer zwischen Asien und Afrika, verschwunden war und die beiden Kontinente miteinander in Verbindung kamen.

Der Zeitraum öffnet immerhin die Spanne von mehreren Jahrmillionen vor Beginn des Eiszeitalters; genug Zeit für das Zustandekommen der feinen chemischen Abstimmungen und der Verhaltensanpassungen, die nötig sind, damit die Symbiose dauerhaft funktioniert. Und nun wird auch der Zusammenhang mit den Putzersymbiosen deutlich. Im tropischen Riff kommt freie Nahrung nur feinstverteilt in den Wasserströmungen vor. Den mengenmäßigen Hauptteil der Tiere bildet der Ernährungstyp der Filtrierer. Sie sind die eigentliche Basis für die Nahrungsnetze im Riff, nicht größere Pflanzen. Diese sind uns als Lebensbasis auf dem Land geläufig und selbstverständlich. Im Wald, besonders im Tropenwald, nutzt eine Vielzahl hochgradig spezialisierter, jedoch fast immer seltener Tiere die Bäume und andere Pflanzen. Auch im Riffleben setzen die Spezialisten bei der Beschaffung der fein verteilten Nahrung an, die vom Plankton über Fischlarven bis zu den zu bestimmten Zeiten freigegebenen Eiern von Würmern und anderen Tieren reicht. Nahezu alles lohnt, die Beherbergung aggressiver Clownfische und das Putzen von Raubfischen oder das Herausstanzen von Flossen- und Hautstückchen durch die Falschen Putzer. Solche Lebensstile sind keine Launen der Natur. Insbesondere im Meer sind faszinierende Symbiosen zustande gekommen. Sie erschließen sich erst, seit wir hineintauchen können in den weitaus größten Lebensraum des blauen Planeten, der eigentlich »Wasser« oder »Meer« und nicht »Erde« heißen sollte.

Dichonia aprilina
Obere Deckschicht
Alge
Pilzgeflecht
Untere Deckschicht
Scharlach Flechte
Cladonia coccifera
JOHANN BRANDSTETTER

Landkartenflechte · Rhizocarpon geographicum
„Isländisches Moos" · Cetraria islandica

28. Flechten

28.

Flechten

Vom Meer zum Land. So könnte es angefangen haben, das Landleben der Pflanzen. Krustenartiger Bewuchs auf Felsen am Ufer, kaum abzulösen von der Unterlage. Ungemein zäh und ausdauernd. Trockenheit und Hitze halten sie aus, Frost ebenfalls. Viele Arten von Flechten zumindest. Manche sind winzig. Wie fehlende Mineralkörner fügen sie sich in die Ritzen und Fugen von Steinen. Es gibt sie in den Tropen, auf hohen Bergen, bis an den Rand des arktischen und antarktischen Eises. In unserer Zeit wachsen manche sogar auf Metall, auf den gebrannten Ziegeln, mit denen Häuser gedeckt sind, auf Beton und, kaum zu glauben, auch auf Glas. Sie haben keine Wurzeln, keinen Spross, keine Blüten, doch viele Farben. Und sie wachsen langsam; extrem langsam, wie es ihren extremen Lebensräumen entspricht. Doch wieder einmal trügt der Augenschein. Flechten sind keine Pflanzen. Die Flechtenkunde, die Lichenologie, wie diese Wissenschaft heißt, wird zwar traditionell der Botanik angefügt, aber die akademische Zuordnung macht Flechten dennoch nicht zu Pflanzen. Sie sind, wie man heutzutage vielleicht noch gelegentlich in der Schule lernt, Doppelwesen aus Pilzen und Algen. Beide Partner sind so eng miteinander verbunden, dass es besonderer Untersuchungstechniken bedarf, um sie getrennt sichtbar zu machen. Würden wir das Vorhandensein von Blattgrün, von Chlorophyll, als einziges Kriterium für Pflanzen betrachten, wären auch die meisten Korallen oder die grünen Süßwasserpolypen Pflanzen. Was offensichtlich Unsinn wäre. Tatsächlich sind die Verhältnisse bei den Flechten noch komplizierter, als es in Lehr- und Schulbüchern steht. Neuesten Forschungen zufolge gehören nämlich auch Hefepilze mit in die Gemeinschaft, die hauptsächlich aus Algen und Schlauchpilzen gebildet wird. Die kleinen Hefen beeinflussen, in welchen Formen die Flechten wachsen. Sie sind die Urheber der Schwierigkeiten, denen sich Flechtenforscher bei der genauen Bestimmung, um welche Arten es sich handelt, ausgesetzt sehen. Denn die Wuchsformen scheinen sich oft an keine festen Regeln zu halten, die für Arten gelten sollten. Betrachten wir sie nun etwas genauer, diese Symbiose. Warum sind ihre Ergebnisse trotz der sich aufdrängenden Pflanzenähnlichkeit keine Pflanzen? Der Algenpartner bringt doch die Farbkörperchen mit, die Chloroplasten, die den Pflanzen das autonome Leben ermöglichen. Autonom meint, nicht auf andere Organismen angewiesen zu sein, die organische Grundstoffe enthalten oder produzieren. Der präzisiere Ausdruck für diese Fähigkeit ist autotroph. Es bedeutet sich selbst ernährend. Der Körper der Pflanze stellt den chemischen Vorgängen in den Farbkörperchen Wasser zur Verfügung. Dieses wird in der Regel von Wurzeln aufgenommen und über Leitungsbahnen zu den Minifabriken, genannt Blätter, transportiert. Kohlendioxid aus der Luft kommt dazu, und nun kann sich die wichtigste chemische Reaktion des Lebens vollziehen, die Fotosynthese. Das Sonnenlicht liefert die dazu nötige Energie.

Das ist zwar längst Grundwissen im Naturkundeunterricht, aber in der Größe der Bedeutung nach wie vor kaum verstanden worden. Wie stümperhaft und aufwendig in der Herstellung sind bislang die technischen Vorrichtungen zum Einfangen von Lichtenergie in der Fotovoltaik. Sie ist teuer, wird hochgradig mit öffentlichen (Steuer-)Mitteln subventioniert und ist dennoch weit entfernt von der Eleganz, mit der grüne Blätter Kohlendioxid und Wasser mithilfe von Sonnenlicht in organische, energiereiche Stoffe umwandeln. Die pflanzliche Produktion wird aus guten Gründen »Primärproduktion« genannt. Aber eigentlich sind die Pflanzen nur die biotechnischen Vorrichtungen für ihren Ablauf. Die Fotosynthese findet in den Farbkörperchen, den Chloroplasten, statt. Und sie sind, wie wir inzwischen mit an Sicherheit grenzender Wahrscheinlichkeit annehmen müssen, symbiotische Einmieter im Pflanzenkörper. Ursprünglich lebten sie frei als Bakterien, als Angehörige einer besonderen Bakteriengruppe, der Cyanobakterien. Es gibt sie noch immer in frei lebenden Arten. Manchmal erzeugen sie in viel zu gut gedüngten Gewässern die sogenannte Algenblüte.

Flechten sind keine Pflanzen. Sie sind Doppelwesen aus Pilzen und Algen. Beide Partner sind so eng miteinander verbunden, dass es besonderer Untersuchungstechniken bedarf, um sie getrennt sichtbar zu machen.

Fehlen Pflanzen aus irgendwelchen Gründen ihre grünen Symbionten, müssen sie sich ähnlich wie Pilze von organischen Reststoffen »saprophytisch« ernähren, oder sie sind zu Parasiten geworden, die aus anderen Pflanzen all die Stoffe entnehmen, die grüne Pflanzen selbst erzeugen. Die Symbiose von Cyanobakterien in Form der grünen Farbkörperchen in den Pflanzenzellen kann sich also grundsätzlich auch wieder auflösen. Die Pflanzen verlieren dabei die Fähigkeit, sich selbst zu ernähren, also autotroph zu sein. Sie werden wie alle Tiere und Pilze fremdnahrungsabhängig, heterotroph. Pflanze dem allgemeinen Sprachgebrauch nach zu sein, bedeutet also, symbiotische Cyanobakterien zu besitzen.

Genug dieser formalen Biologie. Wir benötigen sie nur in dieser gedrängten Form, um das Doppelwesen namens Flechte verstehen zu können. Es unterscheidet sich nämlich von Pflanzen grundsätzlich darin, dass seine Zellwände nicht wie bei diesen aus Zellulose und ähnlichen (»typisch pflanzlichen«) Stoffen aufgebaut sind, sondern aus einem Material, das dem Chitin der Insekten sehr ähnlich ist. Chitin ist ein Eiweißstoff. Zellulose ein Kohlenhydrat, dessen Bausteine aus Zuckermolekülen bestehen. Auch hier soll nicht ins Detail gegangen werden, weil es um den grundlegenden Unterschied geht. Der Baustoff der Flechtenzellwände entspricht dem von Pilzen, und Pilze sind keine Pflanzen. Sie bilden ein eigenes, extrem vielfältiges Reich; wenn man so will ein drittes, gleichberechtigt mit Pflanzen und Tieren. Doch Pilze leben von bereits vorhandenen organischen Stoffen. Sie zerlegen diese mit ihren vielfältigen chemischen Fähigkeiten in ihre Bausteine und fertigen körpereigene Substanzen daraus. Auf nacktem Fels sind solche jedoch nicht zu finden. So können auch Pilze nicht auf ihnen leben. Flechten können es. Der Zusammenschluss von Pilzen mit Algen schafft die Voraussetzungen dafür. Die Algen produzieren, was die Pilze konsumieren. Ist beider Verhältnis ausgewogen, sind sie sich gegenseitig von Nutzen.

So eine Feststellung klingt gut, blendet aber eine entscheidende Vorbedingung aus. Wasser und mineralische Nährstoffe sind für diese Symbiose genauso unerlässlich wie für das Pflanzenwachstum. Mineralstoffe gibt es an Felsen im Prinzip genug. Doch Pflanzenwurzeln können bekanntlich nicht einfach auf Steinen wachsen, sollten diese auch noch so reichhaltig an Mineralstoffen sein. Wasser hält sich darauf zudem schlecht. Die Schwankungen der Temperaturen im Tages- und Jahreslauf sind auf unbewachsenem Untergrund viel größer als in Böden, die Humus enthalten. Nackter Fels, Rohboden ohne jeglichen Humus oder gar Mauern sind daher alles andere als günstige Stätten für die Entfaltung von Leben. Doch es gab und gibt solche Flächen in großem Umfang in den Gebirgen, an Meeresküsten, am Rand der Gletscher und auf Wüsten, die allenfalls nächtlicher Tau ein wenig befeuchtet. Insgesamt ist dies eine riesige Domäne auf der Erde. Die Flechten haben sich in vielen Jahrmillionen Evolution diesen besonderen Lebensraum erschlossen, auf dem die ungleich effizienter arbeitenden grünen Pflanzen keine Chancen haben zu gedeihen. Die Vielzahl der Arten von Flechten beweist ihren generellen Erfolg und die hochgradige Spezialisierung auf die unterschiedlichsten Lebensmöglichkeiten. Diese schließen auch Teile der ihnen so überlegenen grünen Pflanzen ein, wie Baumstämme, Blattoberflächen und exponierte Wurzeln.

Was hat sie so erfolgreich gemacht? Mit dem Zusammenschluss von Pilz und Alge kamen neue Eigenschaften zustande. Sie lassen sich in zwei besonderen Fähigkeiten zusammenfassen, nämlich Widerstandsfähigkeit und Genügsamkeit. Die Flechten halten, wie schon betont, Hitze, Kälte und Trockenheit weit besser aus als grüne Pflanzen. Das liegt an den Fähigkeiten des Pilzpartners. Dieser kann äußerst haushälterisch mit den für das Leben des Algenpartners unentbehrlichen Mineralstoffen umgehen. Entnommen werden diese dem Untergrund, auf dem sich die Flechten angesiedelt haben, oder auch nicht, wenn sie auf dem Luftweg genügend mit Wind und Wetter antransportiert bekommen. Deshalb wachsen Flechten so langsam. Wo sie aber keiner Konkurrenz durch schneller wachsende Pflanzen ausgesetzt sind, ist das kein Nachteil. Die Flechten können es sich im Gegenteil sogar leisten, auf hochgradig giftigem Grund zu wachsen,

auf toxischem Gestein. Manche Arten natürlich nur. Keineswegs alle. Das Flechtensterben vergangener Jahrzehnte hat ihre Anfälligkeit gezeigt. Die stark verschmutzte Luft in Städten und Industriegebieten tötete die meisten Flechtenarten, die an den Gebäuden und an den Baumstämmen lebten. Flechten wurden zum »Bio-Indikator« für das auch für uns Menschen gefährliche Ausmaß der Luftverschmutzung. Ihre Wiederkehr nach Jahrzehnten umfangreicher und sehr kostspieliger Maßnahmen zur Verbesserung der Luftqualität signalisiert zuverlässiger als technische Messinstrumente, wie weit und wie gut die Entwicklung gediehen ist. Und auch, welch neue Veränderungen eingetreten sind, seit Kohle und Kraftstoffe entschwefelt worden sind. Aus dem »sauren Regen«, der die Flechten getötet und erhebliche Schäden an Gebäuden verursacht hatte, ist inzwischen ein »basischer Regen« geworden mit einem viel zu hohem Gehalt an Stickstoffverbindungen. Einige Flechtenarten wuchern seither, wie die Gelbe Wandflechte oder graue Flechten, die sogar Metallrohre und Gestänge besiedeln. Nach wie vor ist die Luft, die wir atmen, in großen Teilen Mitteleuropas nicht so, wie sie von Natur aus sein sollte. Die Flechten zeigen dies klar an.

Doch warum wachsen sie dann so langsam, wenn sie reichlich, ja überreich mit Nährstoffen versorgt sind? Noch allgemeiner gefragt: Warum blieben sie die kleinen, an den Rand der Existenzmöglichkeiten gedrängten Pseudopflanzen, wenn ihre Symbiose doch so gut funktioniert? Darauf zu antworten, fällt nicht leicht. Zu sehr wird die Art, wie wir das Leben betrachten, vom Gewohnten beeinflusst. Weil wir dieses als normal empfinden, Abweichungen davon aber für unnormal halten. Versuchen wir uns kurz davon zu lösen und Pflanze und Flechte vergleichend zu betrachten. Die Flechte wächst sehr langsam. Produktion des Algenpartners und Verbrauch durch den Pilzpartner gleichen sich fast vollständig aus. Als Lebewesen haben sie ein langfristig dauerhaftes Gleichgewicht mit ihrer Umwelt erreicht. So langsam, wie sich diese ändert, wachsen und verändern sich auch die Flechten. Sie könnten geradezu Vorbild sein für die Idealisierung des Gleichgewichts mit der Umwelt, das auch wir Menschen erreichen sollten.

Ganz anders die Pflanzen. Sie wachsen ungleich schneller und stärker als die Flechten. Wachsen bedeutet bei ihnen Zuwachs, Zunahme an Masse. Bei Bäumen ist dies vor allem tote Masse in Form von Holz. Pflanzen allein können gar nicht ins Gleichgewicht mit ihrer Umwelt kommen. Sie würden wachsen, bis sie sich selbst mit ihrem Wachstum erstickten, wenn sie nicht entsprechend verzehrt, genutzt, zurückgestutzt würden. Pflanzen waren es, die im fernen Erdaltertum jene gigantischen Überschüsse erzeugt hatten, die zu Kohle und Erdöl wurden. Die Pflanzen verursachten mit unterschiedlicher Intensität ihres Wachstums über lange Zeiträume auch die großen Schwankungen des Sauerstoff- und Kohlendioxidgehalts der Atmosphäre. Sie bestimmten, welche Temperaturen herrschten. Sie ermöglichten mit ihrer Überschussproduktion das Entstehen großer Tiere und des größten und verschwenderischsten aller Konsumenten, des Menschen. Wir hängen mit unserem Leben und mit der damit verbundenen Wirtschaft von der Überschussproduktion ab; von Wachstum, das immer wieder beschworen wird als notwendige Voraussetzung, dass unsere Lebensweise und unser Wirtschaftssystem funktionieren. Mit der Ausgeglichenheit des Flechtenlebens könnten wir nicht leben. Nur einige wenige Tiere schafften das, wie die Raupen mancher Schmetterlinge (im Bild *Griposia aprilina*, ein Eulenfalter, und in Mitteleuropa mehrere Schmetterlinge aus der Gruppe der Flechtenbären), die allerdings verhältnismäßig selten bleiben, je nach Häufigkeit der Baumflechten. Dazu kommen wenige größere Tiere im extremen Lebensraum der Tundra, wie die Rentiere. Diese nutzen dort vor allem im Winter die nach ihnen benannten Rentierflechten, aber auch Moschusochsen und Lemminge fressen davon. Denn als Nahrung sind sie durchaus ergiebig, die Flechten, zumal was ihren Mineralstoffreichtum betrifft. Einige hochnordisch lebende Völker brachten es sogar fertig, aus vergorenen Flechten eine Art Bier zu brauen.

29. Stelzvögel und Krokodile

29.

Stelzvögel und Krokodile

Manches ist offensichtlich, wird aber erst nach genaueren Nachforschungen erkannt. So findet man im tropischen und subtropischen Amerika häufig Krokodile, Alligatoren und Kaimane an der Stelle, wo Stelzvögel, wie Störche, Reiher oder Ibisse, ihre Brutkolonien auf Bäumen am Wasser angelegt haben. Das sollte nicht sonderlich wundern, denn vor allem die großen amerikanischen Störche, die Waldstörche *Mycteria americana* und die riesigen Jabiru-Störche *Jabiru mycteria*, füttern ihre Jungen mit Fischen. Dabei fällt der eine oder andere, für die Kleinen im Nest zu groß Geratene hinab – und den Krokodilen in den Rachen. Sie tun also gut daran, die trägen Panzerechsen, unter den Bäumen zu lagern, auf denen die Vögel ihre Nester gebaut haben. Auch hierzulande riecht es unter Reiherkolonien nach Fisch, nach toten Fischen, die zu Boden gefallen sind. Das passiert eben. Fliegen stürzen sich darauf, Füchse holen sich vielleicht nachts, was tagsüber angefallen ist, und Schwarzmilane *Milvus migrans*, gut bussardgroße Greifvögel, versuchen sogar in Reiherkolonien selbst zu nisten, weil der Abfall aus den Nestern für diesen gefiederten Halbschmarotzer ergiebig ist. Halbschmarotzer deswegen, weil er, obwohl durchaus in der Lage, kleine Beutetiere zu greifen, dazu neigt, sich von tierischen Abfällen, Kadavern, zu ernähren, wo immer es geht. Deshalb waren die an ihren gewinkelt gehaltenen Flügeln und dem leicht gegabelten Schwanz gut zu erkennenden, dunklen Milane an offenen Müllhalden bei uns in Mitteleuropa zu Dutzenden, in Afrika und Indien gar zu Hunderten oder Tausenden anzutreffen. Bessere Müllentsorgung hat ihnen das Leben schwerer gemacht. Was Wunder also, wenn sich Kaimane und Alligatoren ähnlich verhalten, nur boden- und wassergebunden eben.

Aufmerksamen Beobachtern entging nicht, dass die Brutkolonien von Störchen und Reihern nicht etwa dort angelegt worden waren, wo man sie aus menschlicher Sicht erwartet hätte, etwa weil die Bäume besonders kräftig und damit für die schweren Nester auch tragfähig waren, sondern durchaus an weniger günstigen Stellen. Zum Beispiel auf Bäumen, die auf kleinen Inseln oder an Ufern standen, und nicht auf solchen weiter weg vom Wasser an besser vor Störungen durch Menschen geschützten Orten. Da Reiher, Störche und Ibisse, wenn überhaupt, nur in geringem Umfang in unmittelbarer Nähe ihrer Brutkolonie nach Nahrung suchen, konnte die Wassernähe nicht der Grund für die Nistplatzwahl sein. Unsere Graureiher bauen ihre Horste durchaus kilometerweit von Gewässern entfernt auf hohen Bäumen, speziell auf Fichten oder Eichen. Andere Reiher nisten im Röhricht. Es gibt also zweifellos mehr Möglichkeiten als die tatsächlich genutzten; gerade auch in Amerika, das einen besonders großen Artenreichtum an Reihern, Störchen und Ibissen hat. Genau davon gingen jüngst amerikanische Zoologen aus und stellten die Frage, ob es weitere, vielleicht sogar gewichtigere Gründe für die Wahl des Ortes gibt, an dem große Stelzvögel ihre Nester auf Bäumen bauen.

Was sie fanden, war eigentlich offensichtlich. Die Ruheplätze der Krokodile und die Nistplätze der Vögel sind nicht mehr oder weniger zufällig verteilt oder voneinander unabhängig, sondern stehen offenbar in Beziehung zueinander. Also doch der Fisch, der von oben herabfällt! Oder der eine oder andere zu schwache Jungvogel. Die Krokodile können auch diesen fressen. Die vielen Reste von toten Jungvögeln, die man unter den Reiherkolonien findet, zeigen jedoch, dass sich die Kaimane und Alligatoren als Fischfresser, die sie vornehmlich sind, gar nicht so sehr für die heruntergefallenen Vögel interessieren, zumal wenn diese nicht mehr zappeln. Füttern die Vögel also die Krokodile ein wenig mit Fischen mit, damit sie von den Vögeln ablassen? Vielleicht käme ein beim ersten Flug abgestürzter Jungstorch durch, könnten ihn die Eltern dazu bringen, auf- und hinauszufliegen zu den Ufern der Lagunen, wo es darum geht, selbst das Fischen zu lernen.

Das wäre sicherlich zu vermenschlichend gedacht. Für die Stelzvögel ist jeder aus dem Nest zu Boden gefallene Jungvogel verloren. Sie können ihn nicht weiter versorgen, gleichgültig, ob er ins Wasser fiel oder sich auf einem Ast in halber Höhe halten konnte. Sobald er das Nest verlassen hat, ist es um ihn geschehen. Für die Eltern existiert er nicht mehr. Was für sie zählt, sind Junge, die erfolgreich zum Ausfliegen kommen. Doch was haben sie dann von der Anwesenheit der Panzerechsen? Die Lösung brachten weitere erstaunliche Beobachtungen zu den Überlebenschancen der Jungvögel. Wo sich Krokodile regelmäßig zu mehreren unter den Nestern aufhalten, kommen, so die überraschende Feststellung, mehr Junge zum Ausfliegen als in Kolonien ohne die Panzerechsen. Deutlich mehr! Doch welche Vorteile sollten die Alligatoren in den Everglades von Florida oder die Kaimane unter den Nestern der Störche im brasilianischen Pantanal den Stelzvögeln bringen? Der positive Befund vergrößerte zunächst das Problem, das gelöst werden sollte. Wiederum kann man mehrere Möglichkeiten erwägen. Würden die heruntergefallenen, nicht rasch verwerteten Fische zu viele Fliegen anlocken, die dann oben in den Nestern die Jungen gefährdeten? Die Larven mancher Fliegen befallen Jungvögel und schwächen sie. Dann sollten die Reiher und Störche versuchen, Nistbäume zu wählen, die im Wasser stehen. Tatsächlich gibt es auch Vogelbrutkolonien auf solchen Bäumen. Aber nicht nur und nicht überwiegend. Die letztendliche Lösung des Krokodilproblems brachten Videoaufzeichnungen, die zeigten, was in den Nestern geschieht. Wo unter diesen keine Krokodile vorkommen, gelingt es den Waschbären leichter, die Bäume zu erklettern und die Eier oder die kleinen Jungen zu erbeuten. Waschbären sind sehr geschickte Kletterer. Bei uns in Mitteleuropa hat man sie schon in Adlerhorsten in luftiger Höhe schlafend angetroffen. Sie verfügen über ein sehr gutes Riechvermögen. Ihre Nasen sagen ihnen auf Hunderte von Metern Entfernung, wo es nach Reiherkolonie riecht. Der Fischgestank eignet sich geradezu ideal als Signal. Das können wir mit unseren Nasen durchaus gut nachvollziehen. Die von Fischen lebenden und ihre Jungen damit versorgenden Großvögel könnten ihre Brutkolonien gar nicht geheim halten. Auch nicht, wenn die Nistbäume im Wasser stehen.

Die erst jüngst aufgedeckte Symbiose zwischen Stelzvögeln und Krokodilen hält uns einen Spiegel vor, in dem wir erkennen könnten, welche Fehler im Umgang mit der Natur gemacht werden. Wo sich Krokodile regelmäßig in Anzahl unter den Nestern aufhalten, kommen mehr Junge zum Ausfliegen als in Kolonien ohne die Panzerechsen.

Es stinkt genügend stark von den Nestern herab. Umso mehr an verräterischem Geruch würde entstehen, wenn die heruntergefallenen Fische auf dem Boden der Inselchen oder des Ufers liegen blieben. Die Attraktivität für die Waschbären wäre gleich doppelt gegeben durch Fisch, der noch frisch genug für den Verzehr ist, und über den Inhalt der Nester oben in den Bäumen.

Diese sind groß und schwer, weil sie nicht nur das Gewicht der Jungvögel und das ihrer Eltern tragen können müssen, wenn diese zum Füttern angeflogen sind, sondern auch den tropisch-subtropischen Gewitterstürmen standzuhalten haben. Dementsprechend werden die Nester nicht auf dünnen, schwankenden Zweigen in prekärer Randlage gebaut, sondern dort, wo die Äste die entsprechende Tragkraft haben. Das ermöglicht es den Waschbären geradezu mühelos, sie zu erklettern. Ein Adlerhorst, der auf dem (abgebrochenen) Gipfel einer hohen Kiefer oder oben auf einem Hochspannungsmast erbaut wurde, ist viel schwerer zu erreichen, weil sich der Kleinbär von unten her über den Rand hangeln muss. Mit Absturzgefahr. Diese ist in der Reiher- und Storchenkolonie erheblich geringer. Es würde sogar lohnen, ein Nest mitsamt den Jungen herunterzuwerfen und die Beute unten am Boden zu verzehren. Waschbären sind findig. Die beiden Arten, die es in Amerika gibt, unterstreichen dies mit ihrer Verbreitung. Sie reicht von Südkanada bis Nordargentinien. Die in Südamerika verbreitete Art, zu Deutsch Krabbenwaschbär, wissenschaftlich *Procyon cancrivorus* genannt, lebt noch ausgeprägter am und vom Wasser als der nordamerikanische *Procyon lotor*. Von diesem stammen die in Mitteleuropa mit Schwerpunkt Deutschland angesiedelten Waschbären ab. Sie erweisen sich auch hierzulande als sehr erfinderisch und erfolgreich und dürften nicht mehr auszurotten sein. Allerdings werden ihnen weit schlimmere Zerstörungen nachgesagt, als durch seriöse Forschung nachgewiesen sind. Es reicht, dass sie fremd sind, um sie für verdächtig zu halten. Sicher gehen bei uns weit weniger Verluste an Jungadlern auf das Konto von Waschbären, als Adler nach wie vor abgeschossen oder vergiftet werden, obwohl sie seit Jahrzehnten »streng geschützt« sind.

Wenn gute Nistplätze rar sind, spielen Nestfeinde vor allem für Vögel eine wichtige, nicht selten für den Fortpflanzungserfolg sogar die entscheidende Rolle. Von ihrer passenden Wahl hängt das Überleben der Nestlinge ab. Doch wählen lässt sich nur, wo Auswahl möglich ist. Viele Verluste, die von Nestfeinden verursacht werden, kommen dadurch zustande, dass es an guten Plätzen mangelt, weil die Bäume gefällt und die Uferbereiche oder das Dickicht vernichtet wurden, die die Vögel brauchen würden. Optimale Nistplätze können nicht gefunden werden, weil es sie nicht mehr gibt. Die erst jüngst aufgedeckte Symbiose zwischen Stelzvögeln und Krokodilen hält uns einen Spiegel vor, in dem wir erkennen könnten, welche Fehler im Umgang mit der Natur gemacht werden. Noch gibt es reichlich Wildnis in Amerika. Doch sie schrumpft. Flüsse werden begradigt, aufgestaut und Krokodile gewildert, weil ihre Häute begehrt sind für Damenhandtaschen und -schuhe. Es steht uns nicht an, Brasilien oder Paraguay wegen der dortigen Wilderei anzuprangern. Bei uns steht es weit schlechter um Tierarten, die von Fischen leben. Insbesondere die nur als Freizeitbeschäftigung zum Vergnügen betriebene Angelfischerei will Reihern und Kormoranen, Fischottern und sogar den kleinen, bunt schillernden Eisvögeln die Fische nicht gönnen, von denen diese Tiere ihrer Natur gemäß leben müssen. Fisch- und Seeadler waren nahezu ausgerottet worden, weil sie Fische fangen. Fische fressende Krokodile wären in Gewässern hierzulande unvorstellbar. Den Menschen in viel ärmeren tropischen und subtropischen Gebieten muten wir hingegen ganz selbstverständlich zu, dass sie all diese Arten erhalten und Rücksicht nehmen auf das Zusammenspiel zwischen Kaimanen, Störchen und Waschbären. Bei uns hingegen wird kaum eine Reiherkolonie geduldet. Dabei würden sich mehrere verschiedene Arten an gemeinsamen Brutplätzen zusammenfinden, wenn man sie ließe. Vielleicht ist es ganz passend, zum Abschluss zwei Formen von Symbiosen zu behandeln, die hauptsächlich mit dem Zusammenleben vieler Individuen derselben Art zu tun haben.

30. Die Gemeinschaftswohnanlage der Siedelweber

30.

Die Gemeinschaftswohnanlage der Siedelweber

Spatzenkleine Vögel erbauen gemeinsam das größte Nest der Vogelwelt. Wie ein riesiger, auf der Unterseite mehr oder weniger glatt geschnittener Heuhaufen hängt es im Baum. Riesig ist nicht übertrieben, denn die Nester der Siedelweber *Philetairus socius* können Durchmesser von mehr als 5 Metern und bis zu 3 Metern Höhe erreichen. Sie wiegen dann mehrere Tonnen. Die Erbauer sehen irgendwie unseren Sperlingen ähnlich. Sie sind mit diesen tatsächlich näher verwandt und mit 14 Zentimetern Länge ziemlich gleich groß wie die Spatzen. Ihre Wohnanlage, die hundert Nestkammern und mehr enthalten kann, übertrifft das Körpergewicht eines Siedelwebers um das Dreißigmillionenfache. Das ergibt ähnliche Verhältnisse wie bei Menschen, die in großen Wohnkomplexen leben. Die Siedelweber sind damit ähnlich einzigartig in der Vogelwelt wie die Menschen unter den Säugetieren. Sie gehen allerdings in der Regel viel friedlicher und kooperativer mit ihrer engen Nachbarschaft um.

Das Riesennest ist Gemeinschaftswerk – von den Bewohnern erbaut. Vergrößert wird es durch Anbauten von neu hinzugekommenen Paaren. Das können frisch verpaarte Jungvögel aus derselben Kolonie sein. Manche Großnester der Siedelweber werden auf ein Alter von über hundert Jahren geschätzt. Sie sind damit als Bauwerke sehr beständig und als »sozialer Wohnungsbau« gewiss auch. Zum Höhepunkt der Brutzeit, wenn Jungvögel in den Nestern versorgt werden, herrscht eine solche Betriebsamkeit, dass das Ganze auf die Betrachter wie ein totales Chaos wirkt. Doch das liegt an uns, nicht an den Vögeln. Sie irren sich nicht, finden stets den richtigen Nesteingang und füttern die eigenen Jungen.

Siedelweber kommen nur in einer bestimmten Region im südwestlichen Afrika vor, und zwar vom Norden Namibias, etwa von der als Nationalpark sehr bekannten Etosha-Pfanne südostwärts bis in die westliche Kalahari. Die extrem trockene Namib-Wüste an der Küste Namibias wird nicht besiedelt und auch nicht die feuchtere, niederschlagsreichere Kapregion Südafrikas und die tiefer gelegenen Weiten der östlichen Kalahari-Halbwüste. In diesem Gebiet muss es wohl ganz spezielle Lebensbedingungen geben, die über das Vorkommen der Siedelweber bestimmen. Die wichtigsten Faktoren lassen sich vom Nest ableiten, das gegen bestimmte Einflüsse schützt. Dieses dämpft sehr gut die Schwankungen der Temperatur. Genaue Messungen haben das nachgewiesen. Für das Überleben von bebrüteten Eiern und geschlüpften Jungvögeln im Nest ist diese Dämpfung sehr bedeutsam. Denn am Tag kann die Lufttemperatur weit über 40 Grad Celsius ansteigen, nachts aber, insbesondere in den höher gelegenen Gebieten, erheblich unter null fallen. Das gewaltige Nest mindert äußere Temperaturextreme von 40 bis 50 Grad Celsius Unterschied zwischen Tag und Nacht auf wenige Grad Schwankung. Es ist zudem so dicht gebaut, dass Regengüsse an der das Dach bildenden Grasschicht ablaufen, ohne in die Nestkammern einzudringen. Darin entspricht das Siedelwebernest den mit trockenem Gras und Stroh gedeckten Hütten der afrikanischen Bewohner dieser Region (wie auch den alten Reetdächern norddeutscher Küsten). Damit sind bereits die besonderen klimatischen Verhältnisse beschrieben, die das Areal des Siedelwebervorkommens charakterisieren: extreme Temperaturunterschiede zwischen Tag und Nacht, bedingt durch die sehr geringe Luftfeuchte und fehlende Wolkenbildung während des größten Teils des Jahres, aber wolkenbruchartige Regenfälle in der kurzen Regenzeit. Das Gemeinschaftsnest hält solchen Außenbedingungen stand.

Die Gemeinschaftsnester der Siedelweber *Philetairus socius* können Durchmesser von mehr als 5 Metern und bis zu 3 Metern Höhe erreichen. Sie wiegen dann mehrere Tonnen.

Es leistet noch mehr. In den Savannen und baumarmen Grasländern des südlichen und östlichen Afrika, den Hauptverbreitungsgebieten der afrikanischen Webervögel, gibt es mehrere Arten von Schlangen, die sehr gut klettern und die Bäume nach Vogelnestern absuchen. Die gefährliche, sehr giftige Schwarze Mamba *Dendroaspis polylepis* gehört dazu. Hauptsächlich sind es aber Vogelnattern (Gattung *Thelotornis*), ebenfalls giftige, extrem dünne Schlangen von über einem Meter Länge (sie werden auch Lianennattern genannt), die außerordentlich gut klettern und die Brut gefährden. Wie groß die von ihnen ausgehende Gefahr für Nester (auch für solche, die ganz außen an den Spitzen dorniger Zweige hängen) ist, geht aus der Struktur des Nestes von Kap-Beutelmeisen *Anthoscopus minutus* hervor. Diese kleine Verwandte der Beutelmeisen baut einen falschen offenen, aber sackförmig blind endenden Nesteingang, während der richtige elastisch verschlossen bleibt und nur zum Ein- und Ausfliegen der brütenden oder Junge fütternden Altvögel kurz geöffnet wird. Bei aller Kunstfertigkeit kommen die Webervögel mit ihren dickeren Schnäbeln an die Präzision der mit feinsten Fasern und Wolle arbeitenden Beutelmeisen beim Bau ihrer Nester nicht heran. Die Webervogelnester hängen wegen der Gefahr, die von den Baumschlangen ausgeht, an den äußersten Ästen mehr oder weniger frei pendelnd. Manche bekommen röhrenförmige, nach unten gerichtete Nesteingänge angebaut, deren Länge davon abhängt, wie häufig Baumschlangen im Gebiet vorkommen. Allerdings sind solche pendelnden Hängenester auch ungleich mehr den Unbilden der Witterung, vor allem Sturmböen und Starkregen, ausgesetzt als mehr im schützenden Kronenbereich angelegte. Die davon verursachten Nestverluste dürfen nicht größer sein als jene, die auf das Konto der Baumschlangen gehen würden. Die beiden unterschiedlichen Selektionsdrücke lassen sich in gewissem Umfang über das gemeinsame Nisten in Kolonien an einem Baum ausgleichen. Die Schlangen sehen die Ansammlung von Nestern nicht. Sie hören auch den Lärm der Vögel nicht, der dort herrscht, und sie können einen Baum voller Webervogelnester beim Herumsuchen unter Dutzenden oder Hunderten Bäumen ohne Nester nicht so leicht ausfindig machen. In Ostafrika sind lockere Kolonien die übliche Form der Nistweise der meisten Webervogelarten, wie es in den Nationalparks von Kenia, Uganda und Tansania überall zu sehen ist. Doch dort wird es in den Nächten nicht annähernd so kalt wie im südlichen Afrika und tagsüber nicht so heiß. Größere Bäume sind zudem nicht so selten wie in den Trockengebieten Namibias und in der Kalahari. Webervögel, die dort nisten wollen, müssen zwangsläufig zusammenrücken mit ihren Nestern, bis sich diese treffen, als Bauten ineinander verwoben werden und die Vorteile von Wärme- und Kälteschutz einsetzen. Nachteile entstehen dadurch keine.

Noch fehlt aber eine dritte Komponente, um neben den Außenfaktoren der Witterung und dem Druck der Feinde die Vorteile des Zustandekommens eines großen Gemeinschaftsnestes nachvollziehen zu können. Der dritte Aspekt ist die Nahrung. Wo diese mehr oder weniger gleichmäßig verteilt vorkommt wie in Ostafrika und in den meisten Regionen Afrikas, legen die Webervögel ihre lockeren Brutkolonien entsprechend verteilt an. Im südwestlichen Afrika fallen aber Niederschläge sehr unregelmäßig und ganz unterschiedlich ergiebig. Die Bodenvegetation reagiert schnell auf die örtlichen Regenfälle. Die Gräser wachsen und bilden Samen. Kurzfristig kommt so für die Nutzer der Pflanzensamen ein Überangebot zustande. Danach herrscht wieder lange Zeit Mangel. Vögel, die das unvermittelt günstige Angebot schnell nutzen können, profitieren davon. Die meisten Arten schaffen das nicht. Die Siedelweber haben sich jedoch genau diesen besonderen Verhältnissen angepasst. Ihr Gemeinschaftsnest versetzt sie dazu in die Lage. Es muss nicht wie bei den anderen Webervogelarten zu Beginn der Brutzeit neu gebaut werden. Es bleibt als Wohnraum in Betrieb. Darin können sogar mehrere Siedelweber in einer Nestkammer dicht zusammengedrängt die Kälte der namibischen Hochland-Winternächte überdauern. Gemeinsam wird das Dach repariert und dicht gehalten. Kommt dann irgendwann der Regen, der das ausgedörrte Land ergrünen lässt, ist die Anlage ohne Zeitverzug zur Brut bereit. Das Nisten kann beginnen. Die alternative Strategie bestünde darin, gar keine festen Wohnorte einzunehmen, sondern den Niederschlägen zu folgen und weitflächig umherzuschweifen. Und schnell zu nisten, wenn die Bedingungen gerade besonders günstig sind, weil Grassamen – oder das Getreide der Menschen – reifen. Genau dies tun die Blutschnabelweber *Quelea quelea*, kleinere Verwandte des Siedelwebers. Ihre Millionenschwärme bedrohen und vernichten tatsächlich immer wieder die Ernten der Menschen, sodass sie in manchen Regionen Afrikas ähnlich gefürchtet sind wie die Wanderheuschrecken.

Mit ihrer Strategie des nomadischen Umherwanderns konnten sich die Blutschnabelweber über ganz Afrika ausbreiten, die geschlossenen Waldgebiete ausgenommen, weil es in diesen keine Massenentwicklung von Pflanzensamen gibt. Das Leben der Siedelweber ist hingegen auf die besonderen Verhältnisse des namibischen Hochlandes und der westlichen Kalahari eingestellt. Ihre Gemeinschaft ist die Antwort auf Hitze und Kälte und die Unregelmäßigkeit der Regenfälle.

Und wo bleibt die Symbiose? Nestbau und Lebensweise des spatzenkleinen Vogels im fernen Südwestafrika sind als Kooperation gewiss interessant, aber doch keine Symbiose?! Denn die am Bau des Nests beteiligten Vogelpaare gehören zu derselben Art. Es geht bei ihnen um Sozialverhalten. Tatsächlich enthält das Gemeinschaftsnest aber oft mehr als nur Siedelweber. Es gibt Ansätze für die Entwicklung von Symbiosen mit anderen Arten. Ein kleiner Papagei, das Rosenköpfchen *Agapornis roseicollis*, nistet sich bevorzugt in Siedelwebernestern als Untermieter ein. Große Nester sind auch andernorts attraktiv für andere Vogelarten. So siedeln durchaus auch da und dort bei uns in Mitteleuropa Sperlinge in Horsten von Störchen und Adlern. Bei den Rosenköpfchen verhält es sich jedoch deutlich anders. Sie sind zwar nur wenig größer als die Siedelweber selbst und passen mit ihrer Kleinheit in nicht besetzte Nestkammern, aber ihr Verhalten ist von dem der Siedelweber verschieden. Nach typischer Papageienmanier lärmen sie viel und laut. Vor allem, wenn Luftfeinde gesichtet werden. Solchen sind auch die Siedelweber ausgesetzt. Kleine Falken jagen gern Webervögel, zumal diese nicht wehrhaft sind. Siedelwebernester mit ihren Insassen ziehen Kleinvogeljäger geradezu an. Die wachsamen Papageien warnen oft rechtzeitig. Das macht sie zu Partnern der Erbauer des Gemeinschaftsnestes, nicht bloß zu unwillkommenen, jedoch kaum zu vertreibenden Einmietern. Anders mag es sich mit den zu den Prachtfinken gehörigen Rotkopf-Amadinen *Amadina erythrocephala* verhalten, die sich, da ähnlich wie die Siedelweber von den Regenfällen abhängig, in deren Nester einzumieten versuchen. Ein weiterer Mitbenutzer des Siedelwebernestes ist der afrikanische Zwergfalke *Polyhierax semitorquatus*. Dieser nur bis zu 30 Zentimeter lange Zwergfalke wird in der Regel paarweise in der

Nähe der Siedelwebernester angetroffen, in denen er auch brütet. Möglicherweise schützt seine Anwesenheit die wehrlosen Webervögel gegen Angriffe anderer vogeljagender Falken. Die Hauptbeute der Zwergfalken sind große Heuschrecken, kleine Reptilien und kleine Mäuse. Nestlinge und Altvögel der Siedelweber holen sie sich offenbar nur selten. Diese Verluste könnten in der Bilanz weniger zu Buche schlagen als der Schutzeffekt. Doch noch ist zu wenig darüber bekannt. Fest steht, dass Siedelwebernester mehr sind als nur eine Gemeinschaftsnistanlage einer besonderen Webervogelart. Sie sind ein Fokus, ein *Hotspot* des Tierlebens in den Weiten Namibias und der (westlichen) Kalahari. Und, wenn man so will, auch Ausdruck dafür, dass gemeinschaftliche Wohnanlagen energetisch günstiger sind als Einzelbauten. Aber das ist natürlich eine Wertung aus menschlicher Sicht.

SUBVENTIONEN
Jan
Feb
Mär
Apr
Mai
Jun
Jul
Aug
Sep
Okt
Nov
Dez

31. Stadt und Land – die schwierigste Symbiose

31.

Stadt und Land – die schwierigste Symbiose

Blicken wir zurück auf die dreißig Beispiele für Symbiosen. Sie repräsentieren ganz unterschiedliche Formen und Intensitäten des Zusammenlebens verschiedener Arten von Lebewesen. Stets ging es um den Nutzen, den die Beteiligten damit erzielen. Dieser ist keineswegs ausgewogen verteilt. Mitunter hat sich kaum ein Unterschied zur Ausnutzung eines Partners, zum Parasitismus, ergeben. Manche Symbiosen erwiesen sich als recht locker. Nur zeitweilig kommen sie zur Wirkung. Einige mögen sogar dem Wunschdenken der Menschen entsprungen sein, die beobachteten und interpretierten. Vielleicht entstand immer wieder einmal der Eindruck, es sei in der Natur manches auch nicht so anders als bei uns Menschen. Konfliktfreies Zusammenleben ist selten. Gesetze und kulturelle Konventionen versuchen zu ermöglichen oder zu erzwingen, was sich offenbar nicht von selbst ergibt. Und das, obgleich wir uns zugutehalten, als Wesen, das denken kann und Verantwortung wahrnehmen muss, bessere Voraussetzungen mitzubringen als die Tiere oder gar die Pflanzen- und Mikrobenwelt. Daher mag es zum Abschluss angebracht sein, die von den Biologen gewählte Abgrenzung für die Symbiosen zu verlassen, um einen wichtigen Bereich des Lebens der Menschen in die Betrachtung mit einzubeziehen. Unsere Menschenwelt ist so arbeitsteilig, dass Gruppen (fast) wie unterschiedliche Arten nebeneinander leben und miteinander im Sinne der Symbiose kooperieren sollen. Allein diese Tatsache rechtfertigt die vermeintliche Grenzüberschreitung.

Feste Grenzen gibt es jedoch in der Natur in aller Regel nicht. Das macht klare Definitionen, wie sie insbesondere Geisteswissenschaftler anstreben oder fordern, so schwierig. Kaum sind Grenzen gezogen, zeigen sich Ausnahmen. Manche lehnen aus Prinzip den Übergriff biologischer Forschung auf den Menschen ab. In der menschlichen Gesellschaft, so deren Position, gelten besondere Regeln. Die Natur hat nichts mehr zu sagen. Sie ist dem Menschen untertan. Doch wer den Menschen so hoch einschätzt, erweist sich als wirklichkeitsblind.

Viel, viel zu viel läuft falsch im Tun und Verhalten der Menschen. Menschlichkeit und Vernunft haben es schwer, sich durchzusetzen. Oft unterliegen sie. Wir hätten keine Bevölkerungsexplosion, keine Klimakrise, keinen Hunger und keine Kriege, würden sich die Menschen halbwegs menschlich verhalten. Schon in der Antike, vor zwei Jahrtausenden, galt der Satz, dass der Mensch des Menschen Wolf sei, als Lebensweisheit. Zum Gutsein muss erzogen werden, davon gehen die Religionen aus. Sie wären gänzlich unnötig, würden die Menschen von Natur aus gut und kooperativ sein. Misstrauen begleitet hingegen stets das Vertrauen im Umgang miteinander. Die Aufspaltung der Menschheit in Völker und Staaten, die Entwicklung eigenständiger Sprachen und Kulturen, die die Lebensweise anderer ablehnen oder als minderwertig einstufen, führte dazu, dass Menschen das bei weitem größte Problem für das Überleben der Menschen geworden sind. Viel mehr und weitaus engere Kooperation wäre nötig. Die Menschheit müsste sich zu einem Komplex von Symbiosen weiterentwickeln, um mittel- und langfristig bestehen zu können. Die Schwierigkeiten entstanden keineswegs erst mit der gegenwärtigen Globalisierung. Mit dieser lebt die Menschheit bereits seit gut einem halben Jahrtausend, nämlich seit der Entdeckung Amerikas durch die spanischen und portugiesischen Seefahrer und dem darauf unmittelbar folgenden Zeitalter des Kolonialismus. Seither haben sich Menschen, ihre Krankheiten, Haustiere und Nutzpflanzen sowie allerlei unerwünschte tierische und pflanzliche Begleiter global verbreitet. Mit verheerenden Folgen für viele indigene Völker und ihre Kulturen. Aber auch für die Eroberer selbst.

Unsere Menschenwelt ist so arbeitsteilig, dass Gruppen (fast) wie unterschiedliche Arten nebeneinander leben und daher miteinander im Sinne der Symbiose kooperieren sollten. Das Zusammenleben unterschiedlicher Partner ist nicht leicht. Es ergibt sich nicht von selbst. Faire, ausgewogene Lösungen sind dringend nötig – im Interesse aller.

Dieser Kolonialismus, das Unterwerfen und Ausbeuten anderer, geht weiter, auch wenn er formal nicht mehr existiert, weil die Kolonien weitestgehend in ihre politische Selbstständigkeit entlassen worden sind. Er hat sich in der zweiten Hälfte des 20. Jahrhunderts auf die wirtschaftliche Ebene verlagert; auf das höchst einträgliche Geschäft der Ausbeutung von natürlichen Ressourcen und Arbeitskräften. Und er vollzieht sich vor unser aller Augen weitgehend unbemerkt, weil ganz offen gehandhabt. Mit dieser Behauptung begeben wir uns hinein in das zum Abschluss gewählte Beispiel der Beziehung zwischen Stadt und Land. Aus staatlicher Sicht wird sie als Einheit eingestuft. Hinsichtlich der ökologischen und sozialen Wechselwirkungen ist das jedoch ganz klar nicht so.

Die ökologische Betrachtung geht davon aus, dass das Land produziert, die Stadt konsumiert. Da Produktion und Verbrauch zwangsläufig Abfall, Reststoffe, erzeugen, sollten diese möglichst wirkungsvoll recycelt werden. Dann schließen sich Produktion – Verbrauch – Recycling zum Kreislauf. Idealerweise. Und bilden ein sogenanntes Ökosystem. Produktion, Konsum und Recycling sind die Grundvorgänge in jedem Ökosystem. Die Büffel, Antilopen und Zebras in der ostafrikanischen Savanne (mit den Madenhackern, die an ihnen Zecken ablesen, Kapitel 4) leben von der Produktion der Pflanzen. Mit ihrem Dung halten sie den Boden fruchtbar und die Savanne produktiv. Die Menschen in Stadt und Land sind miteinander auf ganz ähnliche Weise verbunden. Die Ökologiebewegung unserer Zeit begründet ihre Denkweise und ihre politische Ausrichtung mit dieser grundsätzlichen Übereinstimmung des Lebens der Menschen mit den Naturvorgängen. Angestrebt werden gute Lebensbedingungen für möglichst alle Menschen, Rückgang der von den menschlichen Tätigkeiten ausgehenden Belastungen von Luft, Wasser und Boden sowie nachhaltige, zukunftsträchtige Weiterentwicklung mit immer weniger Abfällen, die zunehmend besser wiederverwertet und in die Kreisläufe einbezogen werden. Alles ganz nach dem Vorbild der Natur. Dass die Ökologiebewegung im letzten Viertel des 20. Jahrhunderts zustande kam und zu einer politisch wichtigen Kraft wurde, lag an der ausbeuterischen Nutzung der natürlichen Ressourcen, der Freisetzung von Giftstoffen in die Umwelt und den sich anhaltend verschlechternden Lebensbedingungen im Zuge der Industrialisierung. Die Luft war verpestet von Abgasen aus Fabriken und Kraftfahrzeugen, die Böden verseucht und das Wasser enthielt zu viele

Schadstoffe. Der moderne Umweltschutz sollte die für das Wohlbefinden von Mensch und Natur nötigen Verbesserungen herbeiführen. Gewaltige Summen wurden investiert in die Abwasser- und Abgasreinigung, in den Lärmschutz und in die Überwachung von Belastungen von Nahrung und Umwelt durch Giftstoffe. Produktionsweisen, die mit der Freisetzung von sehr vielen Schadstoffen verbunden waren, wurden stark eingeschränkt oder ganz stillgelegt. Wir bezahlen viel für Müllabfuhr und Abwasserreinigung, für die Bereitstellung von sauberem Trinkwasser und für Lärmschutz. Ein halbes Jahrhundert Umweltschutz hat die Lebensqualität der Menschen in den Industriestaaten ganz erheblich verbessert. Die Industrie konnte nicht mehr produzieren, wie sie wollte, um möglichst hohe Gewinne zu erzielen. Sie musste akzeptieren, dass sie Teil eines größeren Ganzen und diesem ganz entsprechend den Partnern einer Symbiose verbunden ist.

Ausgenommen von dieser partnerschaftlichen Abstimmung blieb aber jener Bereich, der eigentlich die Grundversorgung der Bevölkerung, insbesondere jene der Städte, gewährleisten soll, die Landwirtschaft. Im halben Jahrhundert des fortschrittlichen technischen Umweltschutzes entwickelte sie sich ganz anders, weg von der Abstimmung mit der Allgemeinheit und hin zur Massentierhaltung, zur hochgradig industrialisierten Pflanzenproduktion und neuerdings zur Produktion von »grüner Energie«. Anders als die Abwässer der Menschen werden die Ausscheidungen der Nutztiere in Form von Gülle nach wie vor ungereinigt übers Land ausgebracht. In der Pflanzenproduktion wird Gift in Mengen eingesetzt, die bei Weitem das übersteigen, was die Industrie früher freigesetzt hatte. Das ganze Land wird überdüngt, weil die agrarischen Nutzflächen maximale Produktionsleistung erbringen sollen. Waren in den ersten Jahrzehnten des 20. Jahrhunderts, als die Versorgung der Bevölkerung mit Getreide nur knapp ausgereicht hatte, 30 bis 50 Kilogramm Stickstoff pro Hektar und Jahr (als Reinstickstoff, nicht in seinen chemischen, in Düngestoffen verwendeten Verbindungen gerechnet) als Vollwertdüngung angestrebt worden, so liegen die Werte nunmehr seit Jahrzehnten um oder über 200 Kilogramm pro Hektar und Jahr. Gülle flutet alljährlich unser Land in Mengen, die das Mehrfache der menschlichen Abwässer ausmachen. Diese werden aber

mit hohem technischen Aufwand und großen Kosten in Kläranlagen gereinigt. Eine der Folgen von Güllewirtschaft und überhöhter Düngung ist die Schwierigkeit, Trinkwasser ausreichender Qualität fördern zu können. Die Landwirte widersetzen sich mit allen Kräften der Ausweisung von Wasserschutzgebieten, weil sie in diesen nicht mehr so stark oder gar nicht mehr düngen dürften. Hinzu kommen riesige Mengen von Arzneimitteln, allen voran Antibiotika, die in der Massentierhaltung eingesetzt werden. Sie bringen die Gefahr mit sich, dass sich Keime entwickeln, gegen die keine Antibiotika mehr wirken, die multiresistenten Keime. Durch den großflächigen Wechsel zum Maisanbau, bei dem der Boden bis in den Sommer hinein von den Pflanzen vollkommen unzureichend bedeckt wird, nimmt die Abschwemmung von fruchtbarem Oberboden bei den frühsommerlichen Starkregen zu. Die Hochwassergefahr wird durch den Oberflächenabfluss verstärkt. Gülle belastet die Luft mit klimawirksamen Gasen und beeinträchtigt die Lebensqualität der Menschen in Dörfern und Kleinstädten der ländlichen Regionen durch ihren Gestank.

Längst kann sich kein Industriezweig mehr dermaßen massive Umweltbelastungen und Beeinträchtigungen der Bevölkerung leisten wie die Landwirtschaft. Weshalb diese Privilegierung? Was bietet sie der Gesellschaft, vor allem der Stadtbevölkerung als Ausgleich? Extrem billige Nahrung, wenn die Preise im Supermarkt für Fleisch, Milch und Getreideprodukte zugrunde gelegt werden. Doch die günstigen Preise sagen nichts darüber, wie sie zustande kommen und was sie uns wirklich kosten. Das Agrarsystem verschleiert die Subventionen, die der Landwirtschaft aus den Steuermitteln zufließen. Die Kosten für die Bereitstellung von Trinkwasser und für die Maßnahmen der Wasserwirtschaft, die mit den Folgen der agrarischen Flächennutzung verbunden sind, bleiben getrennt. Sie schlagen sich nicht in den Lebensmittelpreisen nieder. Auch die Hochwasserschäden begleicht die Allgemeinheit, obwohl diese ganz wesentlich von Maisanbau, Bachbegradigung, Fehlen von Pufferzonen entlang der Gewässer und Mangel an Polderflächen an den großen Flüssen verursacht werden. Die Agrarlandschaft wurde großmaschinengerecht umgestaltet, ohne dass die Folgen bedacht wurden und Schäden, die sich daraus ergeben, von den Verursachern getragen werden.

Unberücksichtigt bleiben auch die Verluste an Natur, die von der industrialisierten Landwirtschaft ausgehen. Die Tier- und Pflanzenwelt der Fluren schwindet. Es singen kaum noch Lerchen. Hasen und Rebhühner werden rar, bunte Blumen gibt es fast nicht mehr im Hochleistungsgrün des Dauergrünlandes. Im Bild sind sie in eine Ecke gerückt, aber als Flächenanteil viel zu groß dargestellt. Tatsächlich gibt es vielfältige Natur auf den Fluren nur noch in winzigen Resten. Wer Schmetterlinge sehen möchte, muss in Stadtgärten und Parkanlagen danach suchen. Die Fluren sind öde geworden, großflächig vereinheitlicht und damit immer weniger »Landschaft« und immer ausgeprägter reine Produktionsfläche. Der bei Weitem größte Anteil der Rückgangs- und Verlustursachen von Tieren und Pflanzen beruht auf den direkten und indirekten Auswirkungen der Landwirtschaft. All diesen Tatsachen zum Trotz blieb sie ausgenommen von den Beschränkungen und Anforderungen des Naturschutzgesetzes. Auch in der Nutztierhaltung muss sie das Tierschutzgesetz nahezu nicht beachten. Für Hunde, Katzen, Hamster, Meerschweinchen und sonstige Heimtiere gelten ungleich strengere Vorschriften bezüglich ihres Wohlergehens als für Schweine, Kühe und Hühner.

Darüber hinaus wirkt unsere Landwirtschaft global. Sie importiert Futtermittel, ohne die sie die weit überhöhten Viehbestände in den Ställen nicht ernähren könnte. In Südamerika sind Flächen tropischer und subtropischer Wälder kaum vorstellbarer Größen für den Anbau von Soja gerodet worden. Europäisches Stallvieh, in besonderem Umfang auch deutsches, frisst damit tropische Lebensvielfalt. Das verschärft die Lebensbedingungen für die arme Bevölkerung. Denn der Futtermittelexport bringt Devisen, aber keine Grundnahrungsmittel für die Menschen in den Tropenländern. Mit dem Transport der Millionen Tonnen Futtermittel in die EU und der damit verbundenen Waldvernichtung in den Tropen und Subtropen ist die Landwirtschaft global zur Hauptbelastung der Erdatmosphäre und größter Vernichter von Biodiversität geworden. Und zur schlimmsten Konkurrenz für die Landwirtschaft in der Dritten Welt, die sich der Massenproduktion der Europäer und Nordamerikaner nicht erwehren kann.

Das war nicht immer so. Bis Mitte des 20. Jahrhunderts erzeugte die Landwirtschaft zu wenig. Den Bauern ging es schlecht. Sozial gehörten sie zur untersten Schicht. Viele hungerten, wie große Teile der Gesamtbevölkerung. Die Ernten hingen ab von den Unwägbarkeiten der Witterung und vom Ausmaß des Befalls mit Schädlingen oder Krankheiten. Zu Tausenden, zu Millionen wanderten Bauern im 18. und 19. Jahrhundert in die Neuen Welten der europäischen Kolonien; insbesondere nach Amerika aus. Das Land, das sie in Europa zur Verfügung hatten, trug nicht genug. Große Teile der Erde wurden durch die Landwirtschaft europäisiert; auch solche, für die das europäische System der Landbewirtschaftung nicht passte, wie die nährstoffarmen Böden der feuchten Tropen. Flächengröße musste ausgleichen, was an Flächenleistung der Böden nicht ausreichte. Das hieß roden, roden, roden ... In weniger als drei Jahrhunderten verloren dadurch die USA (ohne Alaska) über 90 Prozent des Waldes und fast alles, was vorher Prärie war.

In der zweiten Hälfte des 20. Jahrhunderts erfassten die Rodungen hauptsächlich die tropischen Regenwälder, nachdem davor bereits ein Großteil der tropischen und subtropischen Savannen kultiviert worden war. Kein anderes Wirken der Menschen hat die Erde so sehr verändert wie die Landwirtschaft. Daher hängt von ihr die Zukunft des blauen Planeten ab. Doch nicht ihr, sondern Industrie und Verkehr, der Bau- und Siedlungstätigkeit gelten die regional-, wie auch die globalpolitischen Aktivitäten. Die angestrebte Nachhaltigkeit kann deshalb auf keinen Fall erreicht werden, wenn es mit der Landwirtschaft so weitergeht wie bisher.

Gibt es aber überhaupt eine Alternative bei der wachsenden Weltbevölkerung? Siebeneinhalb Milliarden Menschen leben gegenwärtig (2016). Millionen kommen Jahr für Jahr hinzu. In einigen Jahrzehnten werden es zehn oder mehr als zehn Milliarden sein, und alle benötigen Nahrung. Muss da nicht genutzt werden, was sich nutzen lässt? Dieser Eindruck wird erweckt, trifft aber in vielen Staaten nicht zu. So folgen die Entwicklungen in der deutschen Landwirtschaft ganz offensichtlich völlig anderen Zielvorgaben. Die Sicherung der Ernährung der Menschheit ist es nicht. Die Landwirtschaft wird umstrukturiert auf Erzeugung von Energie, »Grüner Energie«, weil sie seit Jahrzehnten weit mehr produziert, als Bedarf besteht und verbraucht werden kann. Die hochgradig staatlich subventionierte Agrarproduktion funktioniert nicht, wie sie sollte. Sie belastet Böden, Wasser und Luft, vernichtet Biodiversität bei uns und global und macht den Bauern in der Dritten Welt unüberwindbare Konkurrenz. Sie trägt damit zum Hunger in der Welt bei, nicht zu dessen Bekämpfung. Sie ist, um das Thema dieses Buches heranzuziehen, keine Symbiose, sondern Raubbau; mehr Parasitismus an der Gesellschaft und an der Erde als Partner und Versorger. Dies gilt es zu ändern. Das Prinzip Symbiose gibt die Lösung vor. Stadt und Land, Landwirtschaft und globale Gemeinschaft müssen durch Abgleich der unterschiedlichen Interessen und Notwendigkeiten für alle Beteiligten vorteilhaft werden. Unsere Landwirtschaft darf nicht länger so viel produzieren wie gegenwärtig durch Ausbeutung anderer Regionen. Das eigene Land bildet die Lebensgrundlage. Diese gilt es zu erhalten und nachhaltig zu nutzen. Ohne undurchsichtige Subventionen kämen faire Preise zustande. Und es würden die Kosten sichtbar, die durch bestimmte, jedoch nicht nachhaltige Formen der Bewirtschaftung entstehen. Diese Lasten dürfen nicht länger auf die Allgemeinheit abgewälzt werden. In der Landwirtschaft steht an, was mit der Industrie in der Ära des Umweltschutzes in der zweiten Hälfte des 20. Jahrhunderts vollzogen wurde. Sie muss umwelt- und sozialverträglich werden. Den Rahmen hierfür gibt die Symbiose vor. Sie hat, von örtlichen und kurzzeitigen Ausnahmen abgesehen, in der Landwirtschaft noch nie richtig funktioniert. Zumeist waren die Bauern die Armen, die Benachteiligten und die Ausgebeuteten. Die Umkehrung auf Ausbeutung der Gesellschaft und der Erde ist keine Lösung.

Wer zu sehr zum Parasiten wird, dessen wird man sich entledigen. Und wer zu schlecht behandelt wird, muss irgendwann kollabieren – und reißt das ganze System mit in den Abgrund.

Das Zusammenleben unterschiedlicher Partner ist nicht leicht. Es ergibt sich nicht von selbst. Alle Symbiosen der Natur, die genauer erforscht worden sind, haben das gezeigt. Ihr Zustandekommen benötigte Tausende oder Millionen von Jahren, bis die Gemeinschaften funktionierten. So lange können und dürfen die arbeitsteiligen Gesellschaften und die globalisierte Menschheit nicht warten. Faire, ausgewogene Lösungen sind dringend nötig – im Interesse aller.

Nachwort

Symbiosen interessierten mich schon seit Langem. Als naturwissenschaftlicher Zeichner hatte ich wiederholt mit Themen zu tun, die das Zusammenleben unterschiedlicher Arten betrafen. Bei vielen Reisen nach Zentralafrika und Asien konnte ich diese Besonderheiten der Natur selbst erleben. Richtig Feuer gefangen habe ich schließlich auf einer Reise nach Costa Rica. Nirgends sind symbiotische Lebensgemeinschaften so augenfällig wie in den dortigen, so gut zugänglichen tropischen Wäldern. In Costa Rica beobachtete ich Prachtbienen, die sich mit Orchideenduft einparfümierten, um ihren Weibchen zu gefallen. Dabei bestäubten sie ganz nebenbei die Blüten. Fasziniert von solchen Erlebnissen schuf ich bereits vor Ort verschiedene Skizzen, die ich dann zuhause Stück für Stück sehr genau recherchierte und anschließend in meine Bilderwelt umsetzte.

Meinem Freund Josef H. Reichholf gefielen die Bilder und das Thema so gut, dass er meinte, wir sollten doch ein Buch daraus machen. Meine Bildtafeln wären bestens geeignet, Interesse an den Symbiosen zu wecken.

Mit den Symbiosen-Bilderwelten versuche ich, die Sachbuchillustration in einen künstlerisch kreativeren Bereich zu übersetzen und damit meine persönliche Art der Naturbetrachtung auszudrücken.

Entstanden ist schließlich eine enge Zusammenarbeit zwischen dem Textautor, dem Evolutionsbiologen Josef H. Reichholf, und mir, dem Zeichner; eine Symbiose, über die ich mich besonders freue.

Johann Brandstetter August 2016

Johann Brandstetter, 1959 in Altötting/Bayern geboren, war zunächst Restaurator und wechselte später ins Fach der Illustration. Im Laufe der letzten fünfundzwanzig Jahre hat Brandstetter fast 200 Bücher bebildert, seine Arbeiten wurden mehrfach ausgezeichnet. Studienreisen nach Zentralafrika, Asien und Mittelamerika inspirierten ihn zum Bilderzyklus *Symbiosen*. In Zusammenarbeit mit seinem Freund Josef H. Reichholf entstanden daraus das Buch *Symbiosen. Das erstaunliche Miteinander in der Natur* und eine Ausstellung.

Josef H. Reichholf, 1945 in Aigen am Inn geboren, studierte Biologie, Chemie, Geografie und Tropenmedizin. Bis 2010 leitete Reichholf die Sektion Ornithologie und die Hauptabteilung Wirbeltiere an der Zoologischen Staatssammlung in München. Über viele Jahre lehrte er Evolutionsbiologie, Tiergeografie, Ökologie und Naturschutz an beiden Münchner Universitäten. Er unternahm Forschungsreisen in die ganze Welt und verfasste mehr als vierzig Bücher, die in insgesamt 17 Sprachen übersetzt wurden.

NATURKUNDEN Nº 35
Zweite Auflage Berlin 2018

NATURKUNDEN
herausgegeben von Judith Schalansky
erscheinen bei Matthes & Seitz Berlin
ermöglicht durch Jan Szlovak, Hamburg

Göhrener Straße 7, 10437 Berlin
info@matthes-seitz-berlin.de
info@naturkunden.de

Typografie Tom Mrazauskas
Einband Pauline Altmann
Illustration Johann Brandstetter
Schrift Edita von Pilar Cano, Aspen von Ludwig Übele
Herstellung Hermann Zanier, Berlin
Papier 115 g/m² Schleipen Fly 05 spezialweiß, 1,2 faches Volumen
Druck und Bindung Pustet, Regensburg

ISBN 978-3-95757-366-7

www.naturkunden.de
www.matthes-seitz-berlin.de